Perspectives agricoles de l'OCDE et de la FAO 2015-2024

Cet ouvrage est publié sous la responsabilité du Secrétaire général de l'OCDE et celle du Directeur général de la FAO. Les opinions et les interprétations exprimées ne reflètent pas nécessairement les vues de l'OCDE ou des gouvernements de ses pays membres ou celles de l'Organisation des Nations Unies pour l'alimentation et l'agriculture (FAO).

Ce document et toute carte qu'il peut comprendre sont sans préjudice du statut de tout territoire, de la souveraineté s'exerçant sur ce dernier, du tracé des frontières et limites internationales, et du nom de tout territoire, ville ou région.

Les appellations employées dans ce produit d'information et la présentation des données qui y figurent n'impliquent de la part de l'Organisation des Nations Unies pour l'alimentation et l'agriculture (FAO) aucune prise de position quant au statut juridique ou au stade de développement des pays, territoires, villes ou zones ou de leurs autorités, ni quant au tracé de leurs frontières ou limites.

Les noms de pays et territoires employés dans ce document sont ceux qu'utilise la FAO.

Merci de citer cet ouvrage comme suit :
OCDE/Organisation des Nations Unies pour l'alimentation et l'agriculture (2015), *Perspectives agricoles de l'OCDE et de la FAO 2015*, Editions OCDE, Paris.
http://dx.doi.org/10.1787/agr_outlook-2015-fr

ISBN 978-92-64-23209-9 (imprimé)
ISBN 978-92-64-23210-5 (PDF)

Annuel : Perspectives agricoles de l'OCDE et de la FAO
ISSN 1563-0455 (imprimé)
ISSN 1999-1150 (en ligne)

FAO :
ISBN 978-92-5-208808-0 (imprimé)
E-ISBN 978-92-5-208814-1 (PDF)

Les données statistiques concernant Israël sont fournies par et sous la responsabilité des autorités israéliennes compétentes. L'utilisation de ces données par l'OCDE est sans préjudice du statut des hauteurs du Golan, de Jérusalem-Est et des colonies de peuplement israéliennes en Cisjordanie aux termes du droit international.

La position de l'ONU sur la question de Jérusalem figure dans la Résolution 181 (II) du 29 novembre 1947 et dans des résolutions postérieures à cette date de l'Assemblée générale et du Conseil de sécurité relatives à cette question.

Crédits photo : Couverture © ASO FUJITA/amanaimagesRF/Thinkstock photos; © agustavop/Thinkstock photos; © Magone/Thinkstock photos; © m-kojot/Thinkstock photos; © luknaja/Thinkstock photos; © wiratgasem/Thinkstock photos; © tomasworks/Thinkstock photos

Les corrigenda des publications de l'OCDE sont disponibles sur : *www.oecd.org/about/publishing/corrigenda.htm*.

Avant-propos

Les Perspectives agricoles 2015-24 *sont le fruit de la collaboration entre l'Organisation de coopération et de développement économiques (OCDE) et l'Organisation des Nations Unies pour l'alimentation et l'agriculture (FAO). Les deux organisations mettent en commun leurs connaissances spécialisées sur les produits, les politiques et les pays, ainsi que les informations fournies par leurs pays membres afin de produire tous les ans une analyse des perspectives des marchés nationaux, régionaux et mondiaux des produits agricoles de base pour la décennie à venir. Le chapitre 2 sur le Brésil a été préparé avec l'aide d'analystes associés au Ministère de l'Agriculture, de l'Élevage et de l'Approvisionnement brésilien (MAPA) et à la Société brésilienne de recherche agricole (Embrapa). Toutefois, les informations et projections contenues dans le présent rapport demeurent sous la responsabilité de l'OCDE et de la FAO et ne reflètent pas nécessairement les vues des Institutions brésiliennes.*

Les projections de référence présentées visent, non pas à prédire l'avenir, mais à présenter un scénario plausible de ce qui pourrait se passer compte tenu des hypothèses retenues au sujet des conditions macroéconomiques, de l'orientation actuelle des politiques agricoles et commerciales, des conditions météorologiques, des tendances lourdes de la productivité et de l'évolution des marchés internationaux. Les projections décrites et analysées sont celles de la production, de la consommation, des stocks, des échanges et des prix des différents produits agricoles pour la période comprise entre 2015 et 2024. En règle générale, l'évolution des marchés est représentée par le taux de croissance annuel ou la variation en pourcentage entre l'année 2024 et la période de référence de trois ans, 2012-14.

Les projections établies pour chaque produit sont soumises à l'examen critique d'experts d'institutions nationales de pays collaborateurs et d'organisations internationales de produits avant d'être parachevées et publiées. Les risques et incertitudes qui les entourent sont étudiés dans un certain nombre de scénarios envisageables et dans le cadre d'une analyse stochastique montrant de quelle manière la situation du marché peut différer des projections de référence déterministes.

Les Perspectives agricoles *complètes, y compris les chapitres plus détaillés par produit, toute l'annexe statistique ainsi que la base de données documentée qui comprend les données historiques et les projections, sont mis à disposition sur le site internet conjoint de l'OCDE et de la FAO : www.agri-outlook.org. Le rapport publié des* Perspectives agricoles 2015 *contient : une vue d'ensemble de l'agriculture mondiale et ses perspectives ; une analyse en profondeur des perspectives de l'agriculture brésilienne et un examen de quelques défis que rencontre le secteur ; des aperçus pour chacun des produits avec les tableaux statistiques associés. Le chapitre plus détaillé par produit figure sur la version du rapport accessible sur OECD iLibrary.*

Remerciements

Cette édition des *Perspectives agricoles* a été préparée conjointement par les Secrétariats de l'OCDE et de la FAO.

À l'OCDE, les personnes de la division des Échanges et marchés agro-alimentaires qui ont contribué à l'écriture de ce rapport des *Perspectives* et à l'élaboration du scénario de référence sont : Marcel Adenäuer, Jonathan Brooks (Chef de Division), Annelies Deuss, Armelle Elasri (coordinatrice de la publication), Hubertus Gay, Céline Giner, Gaëlle Gouarin, Pete Liapis, Claude Nenert, Koki Okawa, Graham Pilgrim et Grégoire Tallard (coordinateur des *Perspectives*). Le Secrétariat de l'OCDE est reconnaissant pour les contributions fournies par les experts invités Makgoka Lekganyane (Ministère de l'Agriculture, des Forêts et de la Pêche d'Afrique du Sud), Stephen MacDonald (Ministère de l'Agriculture des États-Unis), Juanita Rafajlovic (Ministère de l'Agriculture et de l'agro-alimentaire du Canada) et Yumei Zhang (Académie chinoise des sciences agricoles). L'organisation des réunions et la préparation de la publication ont été assurées par Martina Abderrahmane, Marina Giacalone-Belkadi, Aurelia Nicault et Özge Taneli-Ziemann. L'assistance technique pour la préparation de la base de données des *Perspectives* a été assurée par Eric Espinasse et Frano Ilicic. Beaucoup d'autres collègues du Secrétariat de l'OCDE et les délégués des pays membres ont apporté des commentaires utiles sur les versions préliminaires de ce rapport.

A la FAO, l'équipe d'économistes et de responsables produit de la division des Produits et Échanges qui a contribué à cette édition est composée de Abdolreza Abbassian, ElMamoun Amrouk, Pedro Arias, Boubaker Ben-Belhassen (Directeur de la division EST), Concepcion Calpe, Emily Carroll, Kaison Chang, Merritt Cluff, Maria Adelaide D'Arcangelo, Michael Griffin, Yasmine Iqbal, Ekaterina Krivonos, Pascal Liu, Holger Matthey (chef d'équipe), Natalia Merkusheva, Jamie Morrison, Shirley Mustafa, Masato Nakane, Adam Prakash, Shangnan Shui, Timothy Sulser and Peter Thoenes. Nous remercions Shesadri Banerjee, expert invité du Conseil national de la recherche en économie appliquée en Inde. Marion Delport et Tracy Davids du Bureau pour la politique alimentaire et agricole à l'Université de Pretoria ont rejoint l'équipe en tant que consultantes. Stefania Vannuccini du département des pêches et de l'aquaculture de la FAO a aussi contribué, avec le soutien technique de Pierre Charlebois. Des Conseils sur les ressources naturelles et les questions relatives aux biocarburants ont été apportés par Marco Colangeli, Olivier Dubois et Michela Morese du Global Bioenergy Partnership (GBEP). L'assistance en recherche et la préparation de la base de données ont été fournies par Claudio Cerquiglini, Julie Claro, Emanuele Marocco, Marco Milo, Mauro Pace et Pedro Sousa. Plusieurs autres collègues de la FAO et les institutions des pays membres ont contribué à l'amélioration de ce rapport au travers de détails et de commentaires très utiles. De l'équipe d'édition de la FAO, James Edge, Michelle Kendrick, Yongdong Fu et Juan-Luis Salazar ont apporté une aide précieuse sur les questions de publication et de communication.

Le chapitre 2 des *Perspectives*, « Agriculture du Brésil : perspectives et défis », a été préparé par les secrétariats de l'OCDE et de la FAO, avec le soutien de Paola Fortucci et la collaboration de collègues brésiliens. De la représentation permanente de la FAO au Brésil, Alan Jorge Bojanic et Gustavo Chianca ont grandement contribué, et leurs collègues Katia Lucia dos Santos Medeiros et Helena Carrascosa ont apporté de précieux conseils et commentaires sur les premières versions. Julio Cesar Worman (FAO TCRS) et Juliana Rossetto (FAO Brésil) ont fourni des informations sur la coopération sud-sud. Andrea Polo Galante (FAO ESN) ont apporté de plus amples informations sur la sécurité alimentaire et l'évolution de la nutrition au Brazil. Ce chapitre a également bénéficié d'un large éventail de contributions de la part de plusieurs experts brésiliens : Antônio Salazar Pessôa Brandão (Université de Rio de Janeiro), Jose Gasques, Antonio Luiz Machado de Moraes, Carlos Augusto Mattos Santana, Benedito Rosa (Ministère de l'Agriculture, de l'Elevage et de l'Approvisionnement), Geraldo Martha, Geraldo Souza (Société brésilienne de recherche agricole), Marcelo Castello Branco Cavalcanti, Andre Luiz Ferreira dos Santos, Euler João Geraldo da Silva, Ricardo Nascimento e Silva do Valle, Pedro Nino de Carvalho, Angela Oliveira da Costa (Sociéte de recherche sur l'énergie), Antonio Carlos Kfouri Aidar, Cesar Cunha Campos, Felippe Cauê Serigatti, Fernando Naves Blumenschein, Inez Lopes, Mauro de Rezende Lopes, and Felipe Serigati (Fondation Getulio Vargas).

Les commentaires et conseils reçus de la part de la Commission Européenne, de Sergio René Araujo-Enciso de l'unité Agrilife du Joint Research Centre (JRC-IPTS à Seville), et de Koen Dillen de la Direction générale de l'Agriculture et du Développement Rural sont particulièrement appréciés.

Enfin, l'information et les commentaires fournis par le Comité Consultatif International du Coton, le Conseil International des Céréales et l'Organisation Internationale du Sucre sont vivement appréciés.

Table des matières

Sigles et abréviations 11
Résumé 15

Partie I
Vue d'ensemble et chapitre spécial

Chapitre 1. Vue d'ensemble des *Perspectives Agricoles 2015-2024* 21
- Le contexte : Divergence entre les marchés des productions végétales et animales en 2014 22
- La consommation : la croissance de la consommation reste plus forte dans les régions du monde en développement 30
- La production : la croissance de la production se concentre dans les régions les moins contraintes en termes de ressources 37
- Les échanges : Les échanges pour développer la production de tous les produits agricoles de base, sauf les biocarburants 46
- Les prix : Les prix réels suivent une tendance à la baisse à long terme 53
- Notes 65

Chapitre 2. L'agriculture brésilienne : perspectives et enjeux 67
- Introduction 68
- Tendances et perspectives de l'agriculture brésilienne 70
- Perspectives agricoles du Brésil 78
- Effets des politiques gouvernementales sur les marchés agricoles brésiliens 100
- Enjeux stratégiques 115
- Notes 117
- Références 119

Chapitre 3. Aperçu par produit 121
- Céréales 122
- Oléagineux et produits oléagineux 125
- Sucre 128
- Viande 130
- Produits Laitiers 133
- Poisson 136
- Biocarburants 139
- Coton 141
- Notes 144

Annexe : tableaux de l'aperçu par produit 145

Partie II
Les chapitres plus détaillés de chaque produit ainsi que le glossaire, la méthodologie et l'annexe statistique sont disponibles en ligne sur : *http://dx.doi.org/10.1787/agr_outlook-2015-fr*

Tableaux

1.1. Taux de participation supposés aux programmes de la loi agricole américaine pour les principaux produits agricoles 44
2.1. Résumé des niveaux de production des autres produits au Brésil 98
3.A1.1. Projections mondiales des céréales 146
3.A1.2. Projections mondiales des oléagineux 148
3.A1.3. Projections mondiales du sucre 149
3.A1.4. Projections mondiales des viandes 150
3.A1.5. Projections mondiales du secteur laitier : Beurre et fromage 151
3.A1.6. Projections mondiales du secteur laitier : Poudres et caséine 152
3.A1.7. Projections mondiales de la pêche et l'aquaculture 153
3.A1.8. Projections mondiales des biocarburants: Éthanol 155
3.A1.9. Projections mondiales des biocarburants: Biodiesel 156
3.A1.10. Projections mondiales du coton 157

Graphiques

1.1. Taux de croissance moyens du PIB sur 2005-14 et 2015-24 25
1.2. Évolution de l'indice des prix à la production (IPP) et de l'indice des prix à la consommation (IPC) dans l'Union européenne et au Brésil 28
1.3. Variations de l'Indice des prix à la production (IPP) et de l'Indice des prix à la consommation (IPC) pour une sélection de pays 29
1.4. Principales utilisations des céréales dans les pays développés et en développement 31
1.5. Apport calorique par habitant dans les pays les moins avancés, dans les autres pays en développement et dans les pays développés 32
1.6. Production de racines et de tubercules entre 1994 et 2013 34
1.7. Les débouchés des racines et tubercules dans le monde 35
1.8. Apport de protéines par habitant dans les pays les moins avancés, dans les autres pays en développement et dans les pays développés 36
1.9. Perspectives de croissance de la production végétale dans les pays les moins avancés, les autres pays en développement et les pays développés 38
1.10. Variation des superficies cultivées et des rendements dans la région Asie-Pacifique 39
1.11. Variation des superficies cultivées et des rendements dans la région Amérique latine et Caraïbes 39
1.12. Part des produits agricoles dans l'aide couplée totale de l'Union européenne 42
1.13. Perspectives de croissance de la production animale dans les pays les moins avancés, dans les autres pays en développement et dans les pays développés .. 45
1.14. Part de la production échangée en 2024 par rapport à 2012-14 47
1.15. Concentration des exportations par produit en 2024 48
1.16. Concentration des importations par produit en 2024 49
1.17. Importations mensuelles de porc et de volaille de la Fédération de Russie, 2014 . 52
1.18. Évolution à moyen terme des prix des produits agricoles en termes réels ... 53
1.19. Prix réels du maïs à long terme entre 1908 et 2024 54
1.20. Relation entre le prix des céréales secondaires et le prix du pétrole brut en 2024 56
1.21. Effets des prix mondiaux sur les pays du G20 à revenus élevés 57

1.22. Prix des céréales secondaires en valeurs nominales, avec les variations tirées de l'analyse stochastique 59
1.23. Évolution des prix agricoles en valeurs nominales, avec les variations tirées de l'analyse stochastique 61
1.24. Évolution des prix nominaux des biocarburants, du coton et du poisson, avec les variations tirées de l'analyse stochastique 62
1.25. Incertitude des prix en 2024 par scénario 64
2.1. Production agricole du Brésil, 1990-2013 71
2.2. Structure des exploitations brésiliennes, 2006 72
2.3. Tendances de la production agricole et de la productivité totale des facteurs du Brésil, 1975-2013 73
2.4. Commerce agroalimentaire du Brésil, 1995-2013 74
2.5. Destination des exportations agricoles brésiliennes, 2000-13 74
2.6. Tendances des superficies consacrées à la production des cultures au Brésil 79
2.7. Croissance des rendements des céréales, de la canne à sucre et du coton au Brésil 80
2.8. Production, consommation et exportations brésiliennes d'oléagineux 81
2.9. Production, consommation animale et exportations de tourteaux protéiques au Brésil 82
2.10. Production, consommation et exportations brésiliennes d'huile végétale 83
2.11. Effet de l'évolution de la croissance économique de la Chine sur le secteur agricole brésilien 85
2.12. Production, consommation, exportations et stocks de céréales secondaires au Brésil 86
2.13. Ventilation de la canne à sucre entrant dans la production d'éthanol et de sucre au Brésil 88
2.14. Consommation, production et échanges nets d'éthanol au Brésil 89
2.15. Production, consommation, stocks et exportations de coton au Brésil 90
2.16. Production de volaille et de viande bovine et porcine au Brésil 91
2.17. Production, consommation et exportations brésiliennes de volaille 92
2.18. Production, consommation et exportations brésiliennes de viande bovine 93
2.19. Production, consommation et exportations brésiliennes de viande porcine 94
2.20. Consommation par habitant de produits laitiers au Brésil 95
2.21. Production et consommation halieutiques au Brésil 99
2.22. Niveau et composition du soutien aux producteurs au Brésil et dans d'autres pays 105
2.23. Part des services d'intérêt général (ESSG) dans le soutien total (EST) 105
3.1. Prix mondiaux des céréales 123
3.2. Exportations d'oléagineux et de produits oléagineux par origine 127
3.3. Production, consommation et ratio stocks/consommation 128
3.4. Prix mondiaux de la viande 131
3.5. Exportations de produits laitiers, par origine 134
3.6. Production halieutique et aquacole 137
3.7. Évolution des prix mondiaux des biocarburants 140
3.8. Consommation de coton des principaux pays consommateurs 142

Suivez les publications de l'OCDE sur :

 *http://twitter.com/OECD_Pubs*

 *http://www.facebook.com/OECDPublications*

 *http://www.linkedin.com/groups/OECD-Publications-4645871*

 *http://www.youtube.com/oecdilibrary*

 *http://www.oecd.org/oecddirect/*

Ce livre contient des...

StatLinks

Accédez aux fichiers Excel® à partir des livres imprimés !

En bas des tableaux ou graphiques de cet ouvrage, vous trouverez des *StatLinks*. Pour télécharger le fichier Excel® correspondant, il vous suffit de retranscrire dans votre navigateur Internet le lien commençant par : *http://dx.doi.org*, ou de cliquer sur le lien depuis la version PDF de l'ouvrage.

Suivez FAO sur :

 *www.twitter.com/FAOstatistics*
www.twitter.com/FAOnews

 *www.facebook.com/UNFAO*

 *www.linkedin.com/company/fao*
#AgOutlook

 *www.youtube.com/user/FAOVideo*

Sigles et abréviations

ACP	Afrique, Caraïbes et Pacifique (pays d'Afrique, des Caraïbes et du Pacifique)
ACR	Accord commercial régional
AIE	Agence internationale de l'énergie
ALE	Accord de libre-échange
ALENA	Accord de libre-échange nord-américain
ANP	Agence nationale brésilienne du pétrole, du gaz naturel et des biocarburants (Brésil)
ARC	Assurance contre les risques agricoles (disposition de loi agricole aux États-Unis)
ARC-CO	Assurance contre le risque agricole, seuil au niveau du comté (disposition de loi agricole aux États-Unis)
ARC-IC	Assurance contre le risque agricole, seuil au niveau de l'exploitation (disposition de loi agricole aux États-Unis)
BRICS	Brésil, Fédération de Russie, Inde, Chine et Afrique du sud
BRIICS	Brésil, Fédération de Russie, Inde, Indonésie, Chine et Afrique du sud
CEI	Communauté des États indépendants
CFP	Politique commune de la pêche (Union européenne)
CIC	Conseil international des céréales
CNUCED	Conférence des Nations Unies sur le commerce et le développement
CSP	Programme de bonne gestion de l'environnement (États-Unis)
cts	cents
CV	Coefficient de variation
DCP	Dépenses de consommation privée
DER	Directive sur les énergies renouvelables (Union européenne)
E10	Mélange de carburants contenant 10 % de biocarburant en volume
E15	Mélange de carburants contenant 15 % de biocarburant en volume
E85	Mélange de carburants contenant 85 % de biocarburant en volume
E100	Mélange de carburants contenant 100 % de biocarburant en volume
EISA	Loi sur l'indépendance et la sécurité énergétiques de 2007 (États-Unis)
El Niño	Situation climatique liée à la température de grands courants marins
EPA	Agence pour la protection de l'environnement (États-Unis)
epc	équivalent poids carcasse
esb	équivalent sucre brut
ESB	Encéphalopathie spongiforme bovine
ESP	Estimation du soutien aux producteurs
esr	équivalent sucre raffiné
ESSG	Estimation du soutien aux services d'intérêt général
Est	estimation
EST	Estimation du soutien total
f.a.b.	franco à bord (prix à l'exportation)

FAO	Organisation des Nations Unies pour l'alimentation et l'agriculture
FIDA	Fond international du développement agricole
FMI	Fonds monétaire international
G20	Groupe réunissant les 20 économies développées et en développement les plus puissantes (cf. glossaire)
GBEP	Partenariat mondial pour la bioénergie
GDPD	Indice implicite des prix du PIB
GES	Gaz à effet de serre
Gl	Gigalitre
GIEC	Groupe d'experts intergouvernemental sur l'évolution du climat
ha	hectare
HFCS	Sirop de maïs à haute teneur en fructose
hl	hectolitre
ICG	Conseil international des céréales
IDE	Investissement direct étranger
IFPRI	Institut international de recherche sur les politiques alimentaires
IPC	Indice des prix à la consommation
IPP	Indice des prix à la production
kg	kilogramme
kt	millier de tonnes
La Niña	Situation climatique liée à la température de grands courants marins
lb	livre
MERCOSUR	Mercado Común del Sur (marché commun entre plusieurs pays d'Amérique latine)
MGS	Mesure globale du soutien
Mha	million d'hectares
mn	million
Mn l	million de litres
MPP	Programme de protection des marges (des producteurs laitiers) (États-Unis)
mrd	milliard
mrd l	milliard de litres
mrd t	milliard de tonnes
Mt	million de tonnes
NPF	Nation la plus favorisée
OCDE	Organisation de coopération et de développement économiques
OGM	Organisme génétiquement modifié
OMC	Organisation mondiale du commerce
p.a.	par an
PAC	Politique agricole commune (Union européenne)
pac	prêt à cuire
PAM	Programme alimentaire mondial
pcp	poids carcasse parée
PIB	produit intérieur brut
PISA	Programme international pour le suivi des acquis des élèves
PLC	Assurance contre la diminution des prix (disposition de loi agricole aux États-Unis)
PMA	Pays les moins avancés
PPA	Peste porcine africaine

PTF	Productivité totale de facteurs
pv	Poids vif
RFS2	Norme sur les carburants renouvelables (disposition de la loi sur l'énergie aux États-Unis)
RPU	Régime de paiement unique (Union européenne)
STAX	Plan de protection supplémentaire du revenu (disposition de loi agricole aux États-Unis)
t	tonne
t/ha	tonne/hectare
TEC	Tarif extérieur commun
TSA	Tout sauf les armes (Union européenne)
UE	Union européenne
UE-15	L'Union européenne à 15 États membres jusqu'en 2004
UE-28	L'Union européenne à 28 États membres
vDEP	virus de la diarrhée épidémique porcine

Sigles et abréviations spécifiques au Brésil

ABC	Agence de Co-operation brésilienne
AGF	Aquisição do Governo Federal
BNDES	Banque nationale de développement économique et social
CIDE	Contribuição sobre Intervenção do Domínio Econônomico
COFINS	Social Contribution Tax
CONAB	Companhia Nacional de Abastecimento
Embrapa	Société brésilienne de recherche agricole
EPE	Empresa de Pesquisa Energética
FGV	Fundação Getulio Vargas
IBGE	Institut brésilien de la géographie et des statistiques
ICMS	Imposto sobre Circulação de Mercadorias e Serviços
ICO	Organisation internationale du café
MAPA	Ministère de l'agriculture, de l'élevage et de l'alimentation
MDA	Ministère du développement agraire
PAA	Programa de Aquisição de Alimentos
PGPAF	Programa de Garantia de Preços para a Agricultura Familiar
PIS	Taxe sociale d'intégration
PRONAF	Programme national de renforcement de l'agriculture familiale

Devises

ARS	Peso argentin
AUD	Dollar australien
BDT	Taka bangladais
BRL	Real (Brésil)
CAD	Dollar canadien
CLP	Peso chilien
CNY	Yuan chinois
DZD	Dinar algérien
EGP	Livre égyptienne
EUR	Euro (Union européenne)

IDR	Roupie indonésienne
INR	Roupie indienne
JPY	Yen japonais
KRW	Won coréen
MXN	Peso mexicain
MYR	Ringgit malaisien
NZD	Dollar néo-zélandais
PKR	Roupie pakistanaise
RUB	Rouble russe
SAR	Riyal saoudien
UAH	Hryvnia ukrainienne
USD	Dollar des États-Unis
UYU	Peso uruguayen
ZAR	Rand d'Afrique du Sud

Résumé

Les prix des produits végétaux et animaux ont suivi des tendances diverses en 2014. S'agissant des cultures, des récoltes abondantes deux années de suite ont accentué la pression existante sur les prix des céréales et des oléagineux. Dans le domaine de l'élevage, la contraction de l'offre, due à des facteurs tels que la reconstitution des troupeaux et des maladies, a porté les prix de la viande à un niveau exceptionnellement élevé, tandis que ceux des produits laitiers ont fortement chuté après avoir atteint des sommets historiques. De nouvelles corrections des facteurs à court terme de l'offre et de la demande sont attendues en 2015, avant que les facteurs à moyen terme ne prennent le relais.

En valeur réelle, les prix de l'ensemble des produits agricoles devraient baisser au cours des dix ans à venir, grâce à la croissance de la production, soutenue par la croissance tendancielle de la productivité, la diminution des prix des intrants, dépassant l'augmentation de la demande, moins prononcée qu'auparavant. Bien que ce mouvement soit conforme à la tendance à la baisse sur le long terme, les prix devraient se maintenir à un niveau plus élevé que dans les années qui ont précédé la flambée de 2007-08. La consommation par habitant de produits de base sera proche de la saturation dans beaucoup d'économies émergentes et la reprise de l'économie mondiale sera globalement timide, ce qui freinera à la demande.

La demande change surtout dans les pays en développement, où la croissance démographique, même plus lente qu'auparavant, se conjugue à la hausse des revenus par habitant et à l'urbanisation pour faire augmenter la consommation d'aliments. L'élévation des revenus amène les consommateurs à diversifier leur alimentation et à accroître les apports de protéines animales comparativement aux apports de féculents. C'est pourquoi l'on s'attend à ce que les prix de la viande et des produits laitiers soient élevés par rapport à ceux des produits végétaux, et à ce que les prix des céréales secondaires et des oléagineux utilisés pour nourrir le bétail augmentent par rapport à ceux des aliments de base. Ces tendances structurelles sont dans certains cas compensées par des facteurs particuliers, comme la stagnation de la demande d'éthanol de maïs.

La baisse des prix du pétrole exerce une pression sur les prix, essentiellement parce qu'elle se répercute sur le coût de l'énergie et des engrais. En outre, du fait de cette baisse, la production de biocarburants de première génération n'est généralement pas rentable sans obligations d'incorporation ou d'autres incitations. On ne s'attend pas à ce que l'action publique entraîne une hausse notable de la production de biocarburants aux États-Unis et dans l'Union européenne. En revanche, la production d'éthanol de canne à sucre devrait augmenter au Brésil sous l'effet de la majoration du taux d'incorporation obligatoire dans l'essence et d'incitations fiscales, et la production de biodiesel est activement encouragée en Indonésie.

En Asie, en Europe et en Amérique du Nord, l'augmentation de la production agricole sera imputable presque exclusivement à l'amélioration des rendements, tandis qu'en Amérique du Sud, cette dernière devrait se conjuguer à un accroissement de la surface agricole. La progression de la production prévue en Afrique est modeste, encore que de nouveaux investissements puissent la stimuler sensiblement, de même que les rendements.

D'après les projections, les exportations de produits agricoles de base vont se concentrer dans un nombre de pays plus restreint, alors que les importations vont se répartir entre un grand nombre d'entre eux. Le fait que les marchés mondiaux de certains produits essentiels ne soient approvisionnés que par un nombre relativement limité de pays accroît les risques de marché, notamment ceux qui sont liés aux catastrophes naturelles ou à l'adoption de mesures commerciales à l'origine de perturbations. Globalement, les échanges devraient croître plus lentement qu'au cours de la décennie précédente, mais se maintenir au même niveau en proportion de la production et de la consommation mondiales.

Le scénario de référence actuel reflète les conditions fondamentales de l'offre et de la demande qui prévalent sur les marchés agricoles mondiaux. Cependant, les *Perspectives* sont sujettes à un large éventail d'incertitudes, dont certaines font l'objet d'une analyse stochastique. Si l'on projette dans le futur les variations passées des rendements, des prix du pétrole et de la croissance économique, il est très probable que les marchés internationaux connaissent au moins un choc grave au cours des dix années qui viennent.

L'essentiel par produits

- Céréales : le niveau élevé des stocks et la baisse des coûts de production accentuent encore la diminution des prix nominaux des céréales à court terme, mais une demande soutenue et la remontée des coûts de production devraient les faire repartir à la hausse à moyen terme.
- Oléagineux : la forte demande de tourteaux protéiques entraînera une nouvelle augmentation de la production. La composante aliment du bétail contribuera donc fortement à la rentabilité globale des oléagineux, et la hausse de la production de soja s'en trouvera de nouveau stimulée, en particulier au Brésil.
- Sucre : l'augmentation de la demande dans les pays en développement devrait aider les prix à abandonner leur bas niveau, et entraîner de nouveaux investissements dans le secteur. Le marché sera fonction de la rentabilité du sucre par rapport à celle de l'éthanol au Brésil, premier producteur, et il restera instable du fait du cycle de production du sucre dans certains grands pays producteurs d'Asie.
- Viande : la production devrait répondre à un accroissement des marges, la baisse des prix des céréales fourragères étant à même de rétablir la rentabilité dans ce secteur qui a dû composer avec des prix des aliments du bétail particulièrement élevés et volatils pendant la majeure partie de la décennie écoulée.
- Produits halieutiques et aquacoles : d'après les projections, la production augmentera de près de 20 % d'ici 2024. On s'attend à ce que la production de l'aquaculture dépasse les captures totales de la pêche en 2023.
- Produits laitiers : les exportations devraient être concentrées dans les quatre premiers pays d'origine, à savoir la Nouvelle-Zélande, l'Union européenne, les États-Unis et l'Australie, où les possibilités d'accroissement de la demande intérieure sont limitées.

- Coton : les prix seront contenus à court terme par la réduction des stocks massifs de la république populaire de Chine (Chine), mais ils se rétabliront et demeureront relativement stables pendant le reste de la période de projection. D'ici 2024, aussi bien les prix réels que les prix nominaux devraient rester en dessous des niveaux atteints en 2012-14.
- Biocarburants : la consommation d'éthanol et de biodiesel devrait croître plus lentement pendant la décennie à venir. Selon les projections, le niveau de la production dépendra des politiques menées par les grands pays producteurs. Tant que les prix du pétrole resteront bas, les échanges de biocarburants devraient rester modestes en pourcentage de la production mondiale.

Brésil

L'édition des *Perspectives* de cette année contient un chapitre spécial sur le Brésil. Classé parmi les dix premières économies du monde, ce pays est aussi le deuxième producteur de produits agricoles et alimentaires de la planète. Il est en passe de se placer au premier rang des fournisseurs en répondant à la hausse de la demande mondiale, imputable principalement à l'Asie.

La croissance de l'offre devrait découler de nouvelles améliorations de la productivité, moyennant une hausse des rendements des cultures, la conversion de certains pâturages en superficies cultivées et l'intensification de l'élevage. Des réformes structurelles et une réorientation du soutien au profit d'investissements favorisant la productivité, par exemple dans les infrastructures, pourraient encourager ce mouvement, tout comme des accords commerciaux à même d'améliorer l'accès à des marchés étrangers.

Le Brésil a obtenu des résultats notables dans la lutte contre la faim et la réduction de la pauvreté. S'agissant de cette dernière, le développement agricole offre de plus en plus de possibilités, dans le domaine de certaines cultures vivrières mais aussi dans celui des produits qui ont une valeur élevée, comme le café, les produits horticoles et les fruits tropicaux. Pour en tirer parti, les politiques de développement rural doivent être plus ciblées.

La croissance de l'agriculture brésilienne peut être écologiquement durable. L'augmentation de la production va continuer de résulter davantage des gains de productivité que de l'accroissement des superficies et la pression exercée sur les ressources naturelles devrait être atténuée par des initiatives de protection de l'environnement et de préservation des ressources, qui prendront par exemple la forme d'un soutien en faveur des pratiques culturales durables, de la conversion de superficies cultivées dégradées en pâturages et de l'intégration de systèmes de culture et d'élevage.

PARTIE I

Vue d'ensemble et chapitre spécial

PARTIE I

Chapitre 1

Vue d'ensemble des *Perspectives Agricoles* 2015-2024

Ce chapitre donne un aperçu de la dernière série de projections quantitatives à moyen terme relatives aux marchés agricoles mondiaux et nationaux. Ces projections englobent la production, la consommation, les stocks, les échanges et les prix de 25 produits agricoles pour la période 2015 à 2024. Le chapitre débute avec une analyse de la situation des marchés agricoles en 2014 et décrit les principales hypothèses macroéconomiques et d'action publique qui sous-tendent les projections. Par la suite, les tendances de production et de consommation sont examinées, mettant l'accent sur la consommation en protéines et calories. Le chapitre examine aussi la structure des échanges et fait part de la relative concentration des exportations et de la dispersion des importations des pays pour différents produits. Ce chapitre se termine par les projections des prix mondiaux agricoles, et une analyse stochastique illustre combien l'environnement macroéconomique et les niveaux de rendement peuvent affecter les projections. Au cours des dix prochaines années, une baisse des prix mondiaux réels des produits agricoles devrait s'opérer, même si les niveaux resteront supérieurs aux niveaux antérieurs à 2007.

Le contexte : Divergence entre les marchés des productions végétales et animales en 2014

À l'issue d'une période de prix exceptionnellement élevés des produits agricoles, de bonnes récoltes dans les principales régions de production ont permis une reconstitution des stocks et une baisse des prix au cours de la campagne de 2013 (voir la définition de la campagne dans le glossaire). En 2014, les conditions de production sont restées favorables, si bien que les prix des céréales, des graines oléagineuses et du sucre ont continué à baisser. Malgré la baisse des cours des céréales fourragères, les prix de la viande ont atteint des niveaux record en 2014, la réduction des cheptels, conjointement avec plusieurs épidémies, ayant empêché que l'offre s'adapte assez rapidement. Les prix des produits laitiers étaient élevés au premier semestre de l'année 2014 mais ils ont chuté au second semestre, tandis que les prix du poisson ont connu une légère baisse en 2014 tout en restant plus élevés qu'en 2013.

Des récoltes record pour le maïs et le blé ont eu pour conséquence une chute des prix des céréales et des stocks abondants en 2014, les cours du blé atteignant leur plus faible niveau depuis 2010. La production mondiale de riz a été légèrement moins élevée en 2014 qu'en 2013, mais les prix du riz sur le marché international sont restés sous pression. Au niveau mondial, la consommation de riz a dépassé la production pour la première fois depuis dix ans, ce qui a entraîné une réduction des stocks.

La production de graines oléagineuses a atteint un nouveau record mondial au cours de la campagne de 2014, la plus forte progression étant celle de la production de soja. La consommation n'ayant pas suivi le même rythme, les prix des graines oléagineuses ont baissé. Les prix des huiles végétales sont aussi restés sous pression, la production et la demande ayant toutes deux connu un taux de croissance moins élevé. La demande croissante a rendu le tourteau protéique relativement cher par rapport aux céréales fourragères.

Les prix internationaux du sucre ont continué de baisser, la production dépassant la consommation pour la cinquième saison consécutive. Cette baisse a été particulièrement prononcée en raison de la dévaluation du réal brésilien par rapport au dollar américain. La saison en cours devrait être un tournant décisif, avec une croissance pratiquement nulle de la production mondiale de sucre, les hausses observées en Europe ayant été contrebalancées par d'importantes réductions au Brésil et au Pakistan. Cependant, ce tournant ne devrait pas être suffisant et au début de la période étudiée, certains des principaux producteurs de sucre devraient réduire leur production en réponse à la baisse des prix.

Les prix de la plupart des produits de la filière de la viande, en particulier la viande bovine, ont atteint des niveaux record en 2014. Parallèlement, la recrudescence du virus de la diarrhée épidémique porcine (PED) aux États-Unis et de la peste porcine africaine au Belarus et dans l'Union européenne a fortement affecté l'offre et les prix de la viande porcine. Les prix de la viande ovine ont aussi augmenté en 2014, après plusieurs années de réduction des cheptels en Nouvelle-Zélande résultant de la transformation des élevages de moutons en exploitations laitières, plus rentables. Étant donné la substituabilité entre les différents types de viande, les prix élevés de la viande bovine, du mouton et du porc ont aussi eu pour conséquence une hausse des prix de la volaille.

La fin de l'année 2013 a été marquée par des prix élevés des produits laitiers, en raison d'un déficit de production en Chine en 2013 et d'une baisse de la production de lait au premier semestre de 2013 par rapport à l'année précédente aux États-Unis, dans l'Union européenne, en Nouvelle-Zélande et en Australie. En début d'année 2014, les prix des produits laitiers ont commencé à baisser dans le contexte d'une réduction de la demande d'importation en Chine, d'une hausse de la production des plus gros exportateurs et de l'interdiction prononcée par la Fédération de Russie sur les importations de fromages en provenance de plusieurs des grands pays producteurs.

La production, la consommation et les échanges de poisson ont atteint en 2014 des niveaux record. Les prix du poisson et des produits à base de poisson sont restés élevés au cours du premier semestre de 2014, après les prix élevés des aliments pour animaux en 2012 et en 2013. Plus tard dans l'année, les prix ont diminué en raison d'un accroissement de l'offre de certaines espèces de poissons et d'une baisse de la demande au Japon et dans plusieurs pays d'Europe, mais ils sont restés plus élevés qu'en 2013.

En 2014, la production mondiale de coton a de nouveau dépassé la consommation, tandis que les stocks mondiaux ont augmenté pour la cinquième année consécutive et les prix internationaux ont continué à baisser. L'accumulation des stocks est due essentiellement à la politique de stockage de la Chine. Par ailleurs, ce pays a limité son soutien aux producteurs de coton et réduit ses quotas d'importation, et ces deux changements ont eu des répercussions sur le marché mondial du coton en 2014.

Les prix de l'éthanol et du biodiesel ont continué à baisser en 2014, par suite de la diminution des prix de la matière première des biocarburants et d'une forte chute des prix du pétrole brut au cours du second semestre. L'environnement politique est resté incertain, en l'absence de décisions claires concernant les mandats et les objectifs de production de biocarburants, que ce soit aux États-Unis ou dans l'Union européenne.

Les projections qui figurent dans les *Perspectives* tiennent compte des conditions actuelles du marché pour chaque produit agricole ainsi que des évolutions macroéconomiques et politiques. Les principales hypothèses en matière de macroéconomie et de politique sur lesquelles repose le scénario de référence sont présentées dans l'encadré 1.1. Une des hypothèses macroéconomiques les plus remarquables concerne la baisse du prix du pétrole brut, qui avait perdu en février 2015 près de 50 % des niveaux de juillet 2014. Le prix du pétrole brut Brent de référence devrait atteindre 88.1 USD le baril en 2024. Les autres influences macroéconomiques sont une croissance modérée du PIB dans les pays de l'OCDE, une croissance du PIB plus lente dans les grandes économies de marché émergentes, un ralentissement de la croissance démographique mondiale, une faible inflation dans les pays de l'OCDE, et un dollar fort. Les projections incluent aussi une évaluation détaillée des variations des indices des prix à la production (IPP) et des indices des prix à la consommation (IPC) (voir encadré 1.2), ce qui améliore la représentation des prix à la consommation dans le modèle.

Encadré 1.1. **Hypothèses en matière macroéconomique et politique**

Principales hypothèses sur lesquelles repose le scénario de référence

Les *Perspectives* se présentent comme un scénario de référence considéré comme plausible compte tenu d'une série d'hypothèses. Ces hypothèses décrivent un environnement macroéconomique et démographique spécifique dont dépend l'évolution de la demande et de l'offre de produits de l'agriculture et de la pêche et de l'aquaculture. Ces facteurs généraux sont présentés ci-dessous.

La continuation d'une reprise modérée et inégale est le plus probable

Dans l'ensemble, l'économie mondiale continue de fonctionner à petite vitesse. Le taux de croissance mondiale, de 3 % depuis sept ans, est inférieur de plus d'un point de pourcentage à celui de la période 2000-07. La croissance des échanges internationaux reste également inférieure à la tendance. Les récents résultats économiques contrastés dans les principales régions de l'OCDE se poursuivent. Les États-Unis et le Royaume-Uni ont dépassé les pics atteints par leurs PIB respectifs avant la crise, le Japon a à peine atteint le sien, et la zone euro, dans son ensemble, reste en deçà, encore qu'il existe des différences considérables d'un pays à un autre au sein de la zone euro. La situation sur le marché du travail s'améliore aux États-Unis, au Royaume-Uni et au Japon, mais pas dans la zone euro. Dans la seule zone OCDE, on recense onze millions de chômeurs de plus qu'en 2007. La poursuite de ce ralentissement pourrait mettre la zone euro dans une situation proche de la stagnation persistante, avec une croissance et une inflation bien plus faibles.

La croissance diverge aussi entre les grandes économies de marché émergentes. L'Inde et la Chine restent les grands pays dont la croissance est la plus rapide. À court terme, seule une croissance modeste est prévisible au Brésil et en Russie, ce dernier pays étant confronté à de nombreux obstacles, notamment des prix du pétrole bas.

Une légère amélioration de la croissance mondiale est attendue au cours des deux prochaines années, mais elle devrait rester inférieure aux rythmes moyens atteints au cours de la décennie ayant précédé la crise, avec des divergences marquées entre les principales économies et d'importants risques et vulnérabilités. Par ailleurs, dans de nombreux pays, le chômage restera bien supérieur à ses niveaux d'avant la crise.

Les hypothèses macroéconomiques retenues dans les *Perspectives agricoles* sont fondées sur les *Perspectives économiques de l'OCDE* (novembre 2014) et sur les *Perspectives économiques mondiales* (octobre 2014) du Fonds monétaire international.

La croissance du PIB réel dans les pays de l'OCDE a augmenté progressivement et a atteint 2.2 % en 2014 ; elle devrait être plus forte encore en 2015 et atteindre 2.5 %. À moyen terme, elle devrait se maintenir à 2.2 % par an en moyenne. Les pays membres de l'UE-15, considérés globalement, devraient se rétablir progressivement après la petite récession de 2013, et leur taux de croissance, de 1.2 % en 2014, devrait atteindre 1.4 % en 2015 et 1.9 % en 2016. On devrait ensuite observer une croissance moyenne modérée de 1.7 % par an au cours des dernières années de la période de projection.

Parmi les pays de l'OCDE, le Chili, l'Australie et la Turquie devraient être ceux qui afficheront la plus forte croissance au cours de la prochaine décennie, avec des taux respectifs de 4.1 %, 3.5% et 3.5 %, suivis par la Corée du Sud avec un taux de croissance annuel de 3.2 %. La reprise devrait rester modérée aux États-Unis, au Mexique et en Nouvelle-Zélande dans les dix ans à venir, avec des taux de croissance annuelle respectifs de 2.6 %, 2.8 % et 2.6 %, tandis que le Canada devrait connaître une croissance annuelle moyenne de 2.1 %. Le Japon devrait connaître une faible croissance moyenne, de 1% par an, au cours de la prochaine décennie.

Il est prévu désormais que l'Inde dépasse la Chine et affiche la plus forte croissance au cours de la prochaine décennie, avec un taux de croissance annuel moyen de 6.6 %. Les perspectives de croissance de la Chine ont été révisées à la baisse, de 5.2 % par an, et la croissance moyenne du Brésil et de l'Afrique du Sud devrait aussi être plus faible que prévu, respectivement de 2.6 % et de 2.7 % par an. La Fédération de Russie devrait se rétablir rapidement au cours de la décennie à venir, avec un taux de croissance annuel moyen de 3.1 % après une croissance légèrement positive en 2014. L'Argentine aussi devrait se rétablir rapidement dans les dix ans à venir, rebondir après la petite récession de 2014 et retrouver un taux moyen de croissance de 3.5 % par an.

Encadré 1.1. **Hypothèses en matière macroéconomique et politique** *(suite)*

En Asie et en Afrique, les pays en développement devraient connaître une croissance forte, mais dans la plupart des cas, pas aussi forte qu'au cours de la décennie écoulée. En Asie, les Philippines et la Malaisie devraient atteindre des taux de croissance plus élevés qu'au cours de la précédente décennie, en moyenne de 6.0 % et de 5.0 % par an respectivement. Cependant, en général, la croissance plus lente de l'Union européenne, du Japon et de la Chine devrait entraîner une pression à la baisse sur la croissance de cette région du monde. Les pays d'Afrique subsaharienne devraient afficher une croissance forte, tirée par l'Éthiopie et le Mozambique avec des taux de croissance annuelle respectifs, au cours de la période de projection, de 8.0 % et de 7.8 %. Les pays d'Afrique du Nord devraient aussi connaître une croissance rapide, mais moins rapide que les pays de la région subsaharienne. Par comparaison avec ces deux régions du monde, la croissance des pays d'Amérique latine devrait être plus faible, en partie à cause de prix des produits de base moins élevés. Le taux de croissance annuel moyen de la Colombie devrait être de 4.5 % sur les dix prochaines années.

Graphique 1.1. **Taux de croissance moyens du PIB sur 2005-14 et 2015-24**

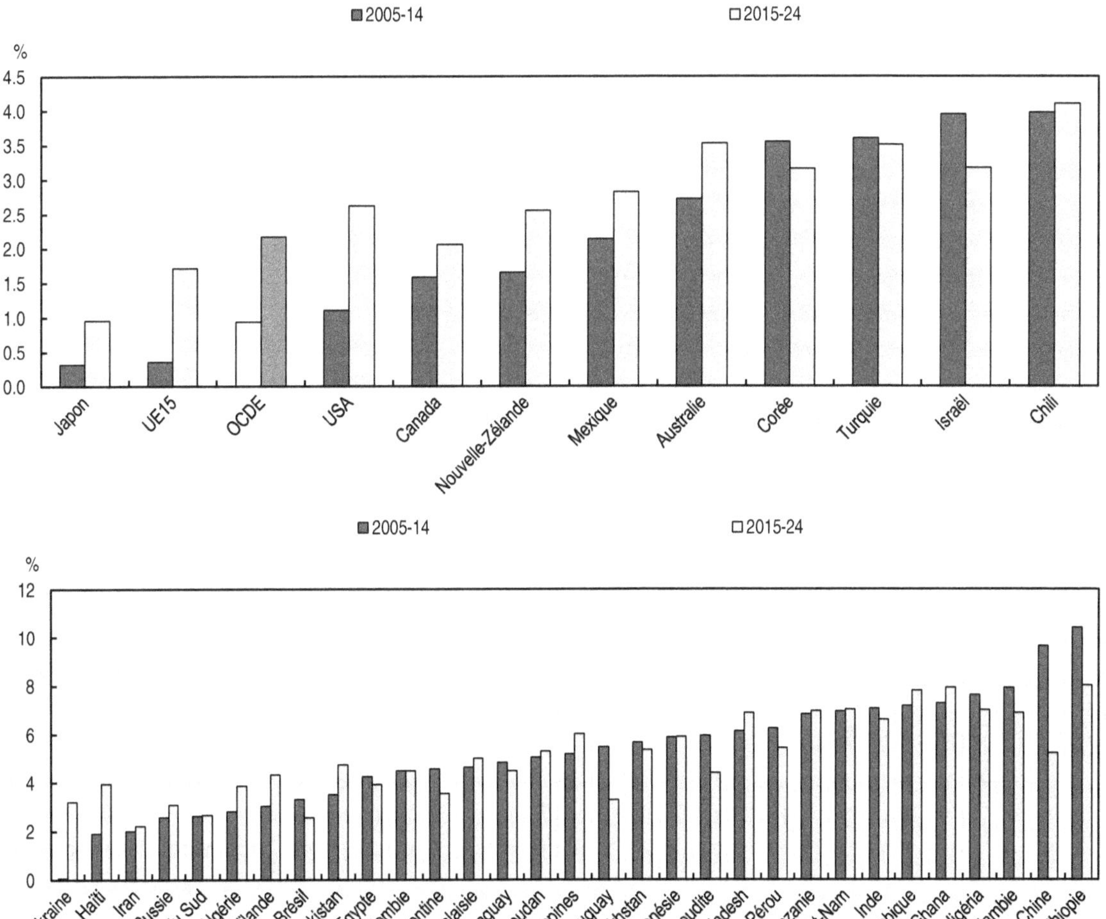

Source : OCDE/FAO (2015), « Perspectives agricoles de l'OCDE et de la FAO », *Statistiques agricoles de l'OCDE* (base de données), *http://dx.doi.org/10.1787/agr-outl-data-fr.*

StatLink http://dx.doi.org/10.1787/888933232562

Encadré 1.1. **Hypothèses en matière macroéconomique et politique** *(suite)*

Une croissance démographique qui va se ralentir

La croissance démographique mondiale devrait se ralentir et plafonner à 1 % par an au cours de la prochaine décennie, avec un total de plus de 8 milliards de bouches à nourrir en 2024. Un ralentissement de la croissance est attendu dans toutes les régions du monde et dans la plupart des pays, y compris l'Inde dont la population s'accroîtra néanmoins de 139 millions d'individus. En 2024, la population mondiale aura augmenté de 768 millions, dont près de la moitié dans la région Asie et Pacifique, même si le taux de croissance dans cette région du monde est inférieur au taux de croissance observé au cours de la décennie écoulée.

Concernant les pays de l'OCDE, la population devrait diminuer dans les dix ans à venir en Europe et au Japon. Dans le cas du Japon, la population aura diminué de plus de 3 millions d'habitants en 2024. Dans l'Union européenne, la croissance se poursuit au rythme de 0.13 % par an. L'Australie, la Turquie et le Mexique sont parmi les pays de l'OCDE ceux qui présentent les prévisions de taux de croissance démographique les plus élevées.

La Fédération de Russie est aussi un pays dans lequel la population devrait se réduire, de 4.8 millions d'habitants dans la décennie à venir. La croissance démographique mondiale est toujours tirée par les pays en développement, et parmi ces derniers, ce sont les pays d'Afrique qui devraient connaître la plus forte croissance démographique, de 2.42 % par an, soit moins qu'au cours de la dernière décennie.

L'inflation diffère d'un pays à un autre

L'inflation dans les pays de l'OCDE est mesurée par le déflateur des dépenses de consommation privée. Elle devrait se maintenir à un faible niveau dans la zone OCDE en raison du ralentissement durable et des récentes chutes des prix du pétrole et des denrées, surtout dans la zone euro, aux États-Unis et au Japon. L'inflation devrait rester inférieure aux objectifs dans la plupart des pays de l'OCDE et se maintenir à 2.2 % par an au cours de la prochaine décennie.

Dans la zone euro, l'inflation a chuté et est maintenant proche de zéro. À court terme, la zone euro est confrontée au risque de déflation, si la croissance stagne ou si l'inflation continue à se réduire.

Au Japon, après une longue période de déflation, l'inflation est redevenue positive en 2014 mais elle est restée bien au-dessous de l'objectif de 2 % fixé par la Banque du Japon. Néanmoins, au cours de la prochaine décennie, l'inflation devrait atteindre 2.1 % par an.

Malgré une période prolongée de croissance modérée, les tensions inflationnistes sous-jacentes restent importantes dans un certain nombre de grandes économies de marché émergentes. Selon les prévisions, les pressions inflationnistes devraient se relâcher peu à peu. Des dépréciations substantielles des taux de change ont fait monter les prix dans certains pays, parmi lesquels la Russie.

Le dollar devrait rester fort

Le taux de change nominal sur la période 2015-24 dépend principalement des différentiels d'inflation par rapport aux États-Unis (variations faibles en valeurs réelles). Les hypothèses relatives aux taux de change au cours de la prochaine décennie sont caractérisées par un dollar américain fort par rapport aux autres devises, en concordance avec le redressement de l'économie américaine. Les taux de change nominaux s'ajustent en fonction des taux d'inflation.

La dépréciation de la monnaie devrait être très prononcée au cours de la prochaine décennie dans certains pays comme le Brésil, l'Inde, l'Afrique du Sud ou la Turquie. À l'inverse, la Rouble russe devrait s'apprécier d'ici 2024.

Encadré 1.1. **Hypothèses en matière macroéconomique et politique** *(suite)*

Une chute des prix de l'énergie

Le prix mondial du pétrole jusqu'en 2013 est tiré de la mise à jour à court terme des *Perspectives économiques de l'OCDE* n° 96 (novembre 2014). Pour 2014, on utilise le prix spot quotidien moyen annuel, tandis que le prix spot quotidien moyen pour décembre 2014 est utilisé comme prix du pétrole pour 2015. Les prix du pétrole brut Brent, à partir de 2016, devraient augmenter au même rythme que ce que prévoient les Perspectives énergétiques mondiales (*World Energy Outlook*) (AIE, novembre 2014).

Les prix du pétrole ont nettement diminué au second semestre de 2014, ce qui reflète une demande mondiale affaiblie conjuguée à une meilleure offre. En termes nominaux, au cours de la période étudiée, les prix devraient augmenter de 3.7 % par an en moyenne, de 63.8 USD le baril en 2015 à 88.1 USD le baril en 2024.

Considérations de politique publique

Les politiques publiques jouent un rôle important sur les marchés des produits de l'agriculture et de la pêche et de l'aquaculture, les réformes modifiant souvent la structure des marchés. Des réformes comme les paiements découplés et les progrès continus vers l'élimination du soutien direct des prix font que les politiques publiques auront un effet moins direct sur les décisions de production dans un certain nombre de pays. Néanmoins, les mesures de protection vis-à-vis des importations, de soutien interne et d'intervention sur les prix continuent de jouer un rôle important dans de nombreux pays en développement, avec des impacts croissants qui reflètent l'importance accrue de ces pays sur les marchés et dans les échanges internationaux.

Les projections concernant les États-Unis tiennent compte de la loi sur l'agriculture de 2014 (Farm Bill). Le nouveau dispositif de paiement du Farm Bill a été intégré au modèle, bien que les taux définitifs de participation des agriculteurs aux différents programmes n'aient pas encore été disponibles au moment de la finalisation des projections. Cependant, les hypothèses ont été alignées sur celles retenues par le bureau budgétaire du Congrès américain (Congressional Budget Office) dans son référentiel de mars 2015. Par ailleurs, l'agence américaine pour la protection de l'environnement (Environmental Protection Agency ou EPA) n'a pas encore publié les règles finales relatives aux mandats en matière de biocarburants de 2014 et de 2015. Dans ces *Perspectives*, on suppose que les niveaux des mandats relatifs aux biocarburants aux États-Unis dépendent de l'évolution de la consommation d'essence, de la teneur limite en éthanol et du développement limité de l'industrie de l'éthanol cellulosique.

La réforme de la Politique agricole commune (PAC) dans l'Union européenne est maintenant pleinement intégrée dans les projections, avec notamment les choix de mise en œuvre faits par les pays membres en août 2014.

Encadré 1.2. **Leçons tirées de l'évolution récente des mesures des IPP et des IPC**

Les *Perspectives agricoles de l'OCDE et de la FAO* projettent à moyen terme l'évolution, pour les principaux produits agricoles, de l'offre, de la demande, des échanges ainsi que des prix à la production et à la consommation finale. Afin de compléter cette base de données et de permettre de nouveaux types de regroupement de l'information, les indices des prix à la production (IPP) et les indices des prix à la consommation (IPC) ont été calculés pour tous les pays sur la base de données historiques. Ces indices ne sont basés que sur les produits alimentaires couverts par les *Perspectives agricoles de l'OCDE et de la FAO* : produits laitiers, sucres, viandes et produits halieutiques et aquacoles, céréales et graisses. Le panier d'indices de prix harmonisé selon la définition de la COICOP comporte un éventail de marchandises plus élargi.

Les mesures de l'IPC sont déjà publiées dans la base de données agricoles de l'OCDE et de la FAO pour les différentes catégories de produits alimentaires étudiées. Elles ont été regroupées pour former des données de niveau supérieur. L'indice des prix à la consommation au niveau d'un pays correspond à la somme des IPC au niveau des produits pondérés par la part de la valeur associée à l'utilisation du produit dans la valeur totale de la consommation des aliments sur une base annuelle. De même, il a été possible de calculer, pour chaque pays de la base de données, un indice des prix à la production correspondant au même regroupement de produits alimentaires, mais au stade de la production agricole. L'IPP est le pourcentage de variation annuelle des prix payés aux agriculteurs pour leur production. Le poids total de l'IPP est la part de la valeur de la production d'un produit donné dans la valeur totale de la production.

Graphique 1.2. **Évolution de l'indice des prix à la production (IPP) et de l'indice des prix à la consommation (IPC) dans l'Union européenne et au Brésil**

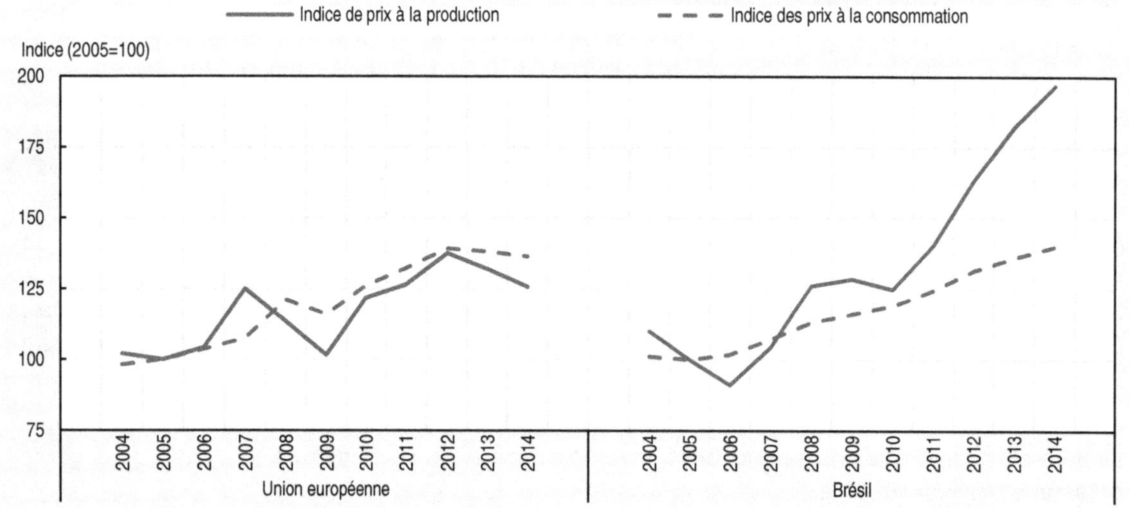

Source : OCDE/FAO (2015), « Perspectives agricoles de l'OCDE et de la FAO », *Statistiques agricoles de l'OCDE* (base de données), *http://dx.doi.org/10.1787/agr-outl-data-fr*

StatLink http://dx.doi.org/10.1787/888933232575

Cette section décrit l'évolution historique récente des mesures d'IPP et d'IPC calculées dans le contexte des *Perspectives agricoles de l'OCDE et de la FAO*. Le Graphique 1.2 représente l'évolution de ces indices pour l'Union européenne et le Brésil entre 2004 et 2014. Il existe des différences importantes d'un pays à un autre. Pour l'Union européenne, le pic de l'IPP observé en 2007 est reflété avec un décalage par la mesure de l'IPC. Cependant, la baisse des prix des produits agricoles qui a suivi ce pic a entraîné une réduction plus modeste de l'IPC. Dernièrement, la mesure de l'IPC est toujours restée supérieure à celle de l'IPP dans l'Union européenne, les deux indices évoluant dans le même sens et diminuant légèrement à la fin de la période.

Encadré 1.2. **Leçons tirées de l'évolution récente des mesures des IPP et des IPC** *(suite)*

Concernant le Brésil, l'historique des deux indices est très différent, en particulier entre 2010 et 2014. L'IPP s'accroît fortement en raison des prix élevés, sur le marché international, de produits à forte valeur ajoutée comme la viande bovine, et dans une moindre mesure les graines oléagineuses, et de la dépréciation du réal. Du côté de la consommation, la hausse des prix a été relativement moins importante, comme le reflète l'évolution des IPC (Graphique 1.2). Ceci est dû principalement à une concurrence accrue au stade du commerce de détail et à la part plus réduite de la viande et des céréales dans le panier du consommateur.

Graphique 1.3. **Variations de l'Indice des prix à la production (IPP) et de l'Indice des prix à la consommation (IPC) pour une sélection de pays**

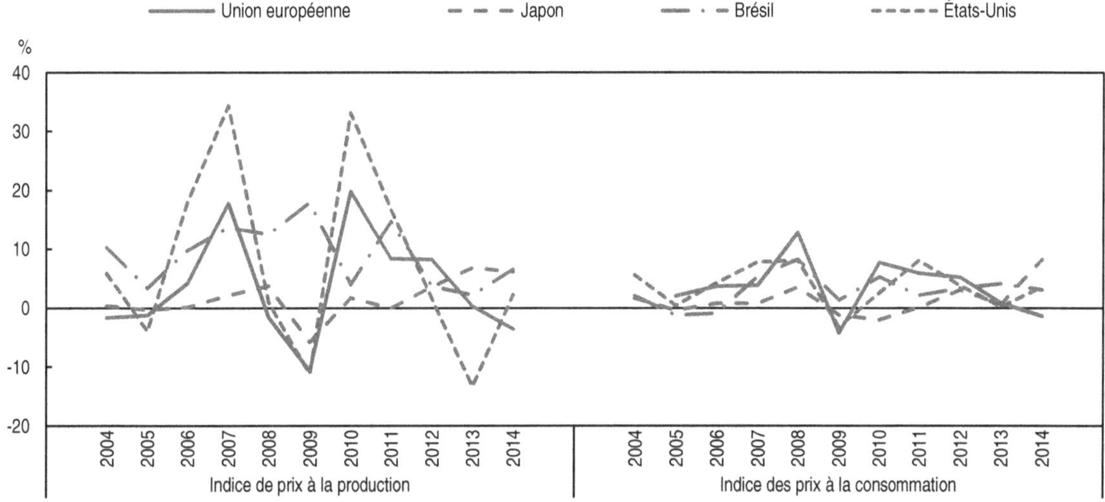

Source : OCDE/FAO (2015), « Perspectives agricoles de l'OCDE et de la FAO », *Statistiques agricoles de l'OCDE* (base de données), *http://dx.doi.org/10.1787/agr-outl-data-fr*.

StatLink http://dx.doi.org/10.1787/888933232585

Les indices IPP et IPC donnent une vision d'ensemble de l'évolution des prix aux différents stades de la production dans la chaîne d'approvisionnement alimentaire. Le Graphique 1.3 représente l'historique récent des variations de l'IPP et de l'IPC pour une sélection de pays. Ce graphique met en évidence les disparités dans l'évolution des prix à la production et à la consommation. Sur la période 2004-14, l'IPC a généralement été moins volatil que l'IPP. Les principales raisons de cette moindre volatilité sont le fait que les produits agricoles ne représentent qu'une petite part de la valeur des produits alimentaires et le fait que la structure de la chaîne d'approvisionnement alimentaire se caractérise par une concentration en fin de chaîne de revendeurs au détail qui exploitent leur pouvoir de monopsone, en tant qu'acheteurs, et exercent une concurrence sur les prix au stade de la vente au consommateur final. Le illustre aussi le problème de la transmission des prix asymétrique tout au long de la chaîne d'approvisionnement alimentaire, à savoir que les baisses de prix à la production ne sont répercutées que partiellement au niveau du consommateur final.

1. Les mesures d'IPC et d'IPP ont été calculées sur une longue période. Des calculs similaires seront entrepris dans les *Perspectives* futures sur la période de projection. L'étude approfondie de l'historique des relations entre les deux indices permet d'améliorer quelque peu la représentation des prix à la consommation dans le cadre de modélisation AGLINK/COSIMO.
2. La COICOP fait référence à la Nomenclature des dépenses par fonction, telle qu'elle est définie par la Division de statistique de l'ONU : *http://unstats.un.org/unsd/cr/registry/regcs.asp?Cl=5&Co=01.1&Lg=2*.
3. Le panier harmonisé comprend : pain et céréales ; viande ; poisson et fruits de mer ; lait, fromage et œufs ; huiles et graisses ; fruits ; légumes ; sucre, confiture, miel, chocolat et confiserie, sel ; autres produits alimentaires.
4. Les parts de la viande bovine et des graines oléagineuses dans l'IPP au Brésil ont été en moyenne de 28 % et de 20 % respectivement sur la période 2004-14.
5. Les coûts d'étiquetage empêchent les revendeurs de corriger continuellement leurs prix.

La consommation : la croissance de la consommation reste plus forte dans les régions du monde en développement

La demande de produits agricoles s'est accrue rapidement au cours de la dernière décennie, sous l'effet prédominant de la hausse de la demande dans les pays en développement. La croissance démographique régulière, la hausse du revenu par habitant et l'urbanisation continue ont eu pour effet non seulement d'accroître la demande totale de produits alimentaires, mais aussi de permettre aux consommateurs des pays en développement, plus particulièrement dans les grandes économies d'Asie, de diversifier leur régime alimentaire et de consommer davantage de protéines par rapport à leurs rations traditionnelles de féculents. Dans les pays développés, la saturation des niveaux de consommation et la croissance démographique limitée font que la consommation de produits alimentaires est stagnante. Cependant, l'instauration de mesures d'action publique visant à accroître la sécurité énergétique et à mieux protéger l'environnement ont encouragé la production de biocarburants, d'où une demande accrue pour les matières premières utilisées dans cette production.

Ces mêmes facteurs vont continuer à influer sur les perspectives de croissance de la demande au cours de la période prise en compte dans ces *Perspectives*, mais le redressement de l'économie mondiale, généralement insuffisant et inégal, se traduira par une augmentation de la demande de produits agricoles de base à un rythme plus lent qu'au cours de la décennie écoulée. Les différences de revenus et de croissance démographique entraîneront des différences significatives en termes de croissance de la consommation entre les différentes régions du monde. Les pays d'Asie, en expansion rapide, continueront de représenter la plus grande part de la consommation alimentaire additionnelle, tandis qu'en Afrique, la croissance démographique et la hausse des niveaux de revenu se traduiront par une hausse des niveaux de consommation totale. En revanche, en raison de la croissance limitée de la consommation alimentaire dans les régions du monde en développement et d'un secteur des biocarburants très stagnant, les taux de croissance seront réduits dans les pays développés.

Compte tenu d'une demande de biocarburants stagnante, la demande de céréales dépendra surtout de l'alimentation fourragère

Dans les pays développés davantage qu'ailleurs, l'émergence des biocarburants et d'autres utilisations industrielles a joué un rôle important dans la croissance de la demande de céréales au cours de la dernière décennie. L'utilisation des céréales secondaires (principalement le maïs) pour fabriquer des biocarburants a presque triplé entre 2004 et 2014, sachant que la quantité de céréales secondaires consommées pour produire des biocarburants transformés a augmenté de près de 40 % au cours de cette décennie. Cependant, sur l'ensemble de la période étudiée, la baisse significative des prix du pétrole brut a eu pour conséquence une demande de biocarburants très dépendante des mesures rendant leur utilisation obligatoire. Aux États-Unis, la part de biocarburant obligatoire pouvant être constituée d'éthanol fabriqué à partir du maïs reste limitée par le plafond E10[1] qui, conjointement avec la diminution de la consommation d'essence à moyen terme, réduit les perspectives de croissance. En conséquence, les possibilités que se poursuive l'accroissement de la demande de biocarburants sont limitées, surtout aux États-Unis et dans l'Union européenne.

Les céréales restent les produits agricoles les plus consommés et leur consommation mondiale s'accroîtra de près de 390 Mt d'ici 2024, les céréales secondaires constituant plus de la moitié de cet accroissement. Par rapport à la décennie écoulée, pendant laquelle l'utilisation fourragère a été responsable de 36 % de la croissance de la consommation de céréales secondaires, la demande pour cette utilisation sur la période étudiée sera responsable de pas loin de 70 % de la consommation des céréales secondaires. L'importance des aliments pour animaux dans la croissance de la consommation est plus forte encore dans les régions développées du monde, où la consommation d'autres céréales comme le blé et le riz, destinées surtout à l'alimentation humaine, reste relativement stable (Graphique 1.4). L'importance grandissante de la demande de fourrage transparaît également dans la transformation des céréales oléagineuses en aliments pour animaux, qui devrait croître de 20 % au cours de la période étudiée.

Graphique 1.4. **Principales utilisations des céréales dans les pays développés et en développement**

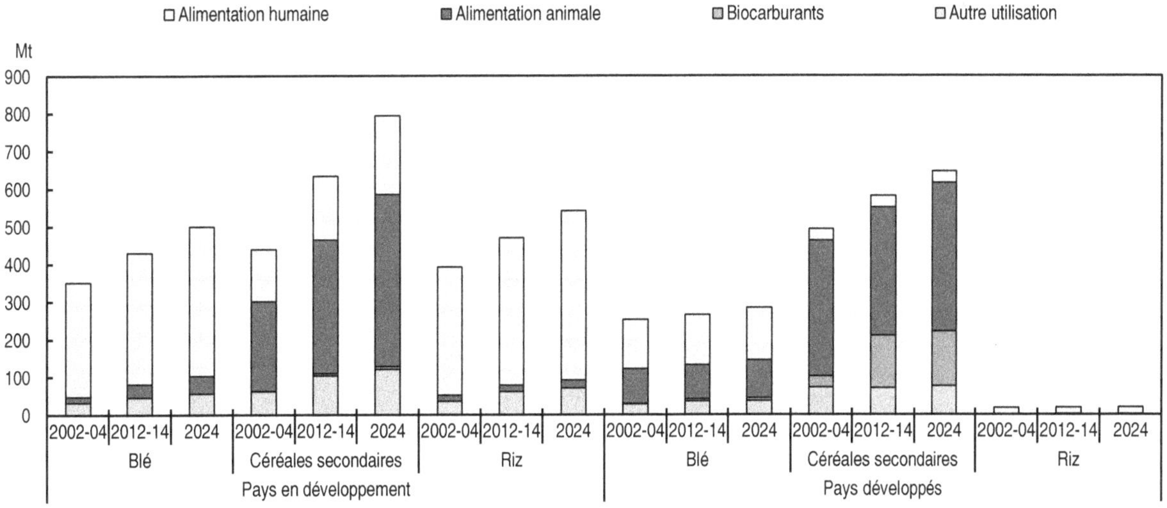

Source : OCDE/FAO (2015), « Perspectives agricoles de l'OCDE et de la FAO », *Statistiques agricoles de l'OCDE* (base de données), *http://dx.doi.org/10.1787/agr-outl-data-fr*.

StatLink http://dx.doi.org/10.1787/888933232595

Dans les régions du monde en développement, près de 60 % de la consommation totale de céréales entre 2012 et 2014 était le fait de l'alimentation humaine, ce qui fait contraste avec les pays développés où l'alimentation humaine n'a représenté que 10 % de leur consommation totale. Au cours de la période prise en compte dans l'étude, la consommation alimentaire des pays développés s'accroîtra de 49 Mt de blé et de 57 Mt de riz, soit une augmentation très légèrement moindre qu'au cours de la décennie écoulée. Néanmoins, la demande croissante de nourriture pour animaux reste le principal déterminant de la croissance de la consommation de céréales. Au niveau mondial, la consommation supplémentaire de céréales secondaires se montera à 225 Mt sur la décennie, dont 70 % constituée de la demande d'aliments fourragers, tandis que plus de 68 Mt supplémentaires de graines oléagineuses seront utilisées pour produire de la nourriture pour animaux, soit des taux de croissance annuelle moyenne respectifs de 1.6 % et de 1.47 %.

L'apport calorique dans les régions en développement continue de croître et de se diversifier

Dans la plupart des cultures, les céréales restent le principal aliment de base quotidien et la source la plus importante d'énergie alimentaire. La hausse des revenus, l'évolution des préférences et l'urbanisation ont entraîné une diversification alimentaire, si bien que les céréales ne représentent plus aujourd'hui que 37 % de l'apport calorique total obtenu à partir des produits agricoles pris en compte dans les *Perspectives* dans les pays développés, mais encore 71 % dans les pays les moins avancés et 54 % dans les autres pays en développement (Graphique 1.5). Au niveau mondial, l'apport calorique total devrait croître, mais à un taux différent selon les régions et selon les niveaux de revenu. En augmentation de 6 % sur la période de projection de 10 ans, l'apport calorique total dans les pays les moins avancés devrait dépasser 2 000 kcal par habitant et par jour en 2024, ce qui reste nettement en deçà du niveau des pays développés. Les économies en développement, à l'exclusion des moins avancées, sont celles qui présentent la plus forte croissance de l'apport calorique par habitant, jusqu'à près de 2 800 kcal par habitant et par jour en 2024 soit à peine moins que l'apport calorique projeté pour les régions développées, dans lesquelles l'apport calorique total ne peut continuer à croître que de façon limitée.

Graphique 1.5. **Apport calorique par habitant dans les pays les moins avancés, dans les autres pays en développement et dans les pays développés**

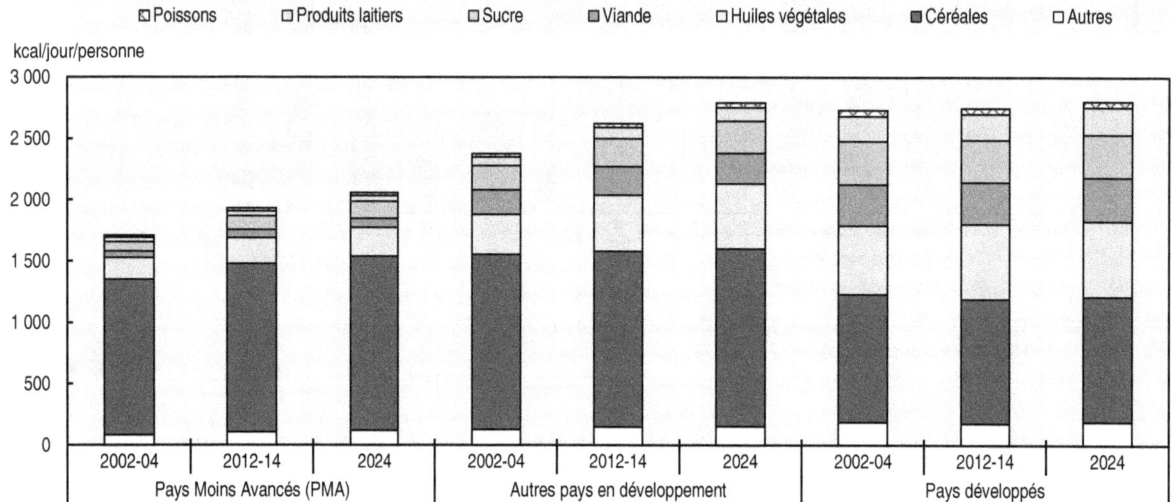

Note : La catégorie « autres » inclut les œufs, les racines et les tubercules. Les légumes, les fruits, les légumes secs et autres aliments ne sont pas pris en compte dans ce graphique.
Source : OCDE/FAO (2015), « Perspectives agricoles de l'OCDE et de la FAO », *Statistiques agricoles de l'OCDE* (base de données), *http://dx.doi.org/10.1787/agr-outl-data-fr*.

StatLink http://dx.doi.org/10.1787/888933232607

La hausse des niveaux absolus mise à part, les composantes de l'apport calorique total provenant des produits de base modélisés continuent de se diversifier, ce qui traduit l'évolution des préférences alimentaires associées à la hausse des niveaux de revenu, à l'urbanisation et aux changements dans les habitudes de consommation. La quantité de calories tirée des céréales n'augmentera que de façon marginale au cours des dix prochaines années, mais la consommation croissante d'aliments pratiques et pré-cuisinés entraîne une hausse de la demande de sucre et d'huiles végétales, des constituants qui représentent l'essentiel du surcroît d'apport calorique dans les régions en développement. La consommation mondiale de sucre par habitant augmentera d'environ 1.03 % par an tandis que la hausse moyenne annuelle de la consommation d'huiles végétales par habitant sera de 0.84 %, mais concernant ces deux types de produits, cette croissance de la consommation se produira pour plus de 95 % dans les pays en développement. Les huiles végétales, en particulier, sont une source abordable de graisses, et en 2024 la quantité quotidienne de calories tirée des huiles végétales dans les pays émergents dépassera 530 kcal par habitant, contre 615 kcal par habitant dans les pays développés. En 2024, malgré une augmentation au cours de la période de projection, la quantité quotidienne de calories tirée des huiles végétales dans les pays les moins avancés représentera moins de 40 % des niveaux observés dans les pays développés. Cependant, après les céréales, les huiles végétales restent la plus importante source d'énergie alimentaire dans les régions du monde les moins développées.

Les légumes, les fruits et les légumineuses sont aussi des éléments essentiels de notre alimentation : ils apportent des vitamines et des minéraux et ils sont nécessaires pour une alimentation équilibrée. Ils ne sont pas représentés sur les graphiques dans la mesure où ils ne font pas partie des produits de base pris en compte dans les *Perspectives*. Dans les régions les moins avancées, les racines et les tubercules sont une importante source alternative de féculents et une source d'énergie peu coûteuse qui représente près de 5 % de l'apport calorique total. L'encadré 1.3 fournit plus de détails en la matière.

Encadré 1.3. **Le nouveau rôle des racines et des tubercules**

Les racines (p.ex. manioc, patate douce, igname) et les tubercules (p.ex. pomme de terre et taro) sont des végétaux riches en amidon. Ils sont principalement destinés à l'alimentation humaine (tels quels ou transformés) et, comme la plupart des autres cultures vivrières, ils peuvent servir à produire des aliments pour animaux ou bien de l'amidon, de l'alcool, de l'éthanol, ainsi que des boissons fermentées. Quand ils ne sont pas transformés, ils deviennent rapidement périssables une fois récoltés, ce qui limite les possibilités d'échanges et de stockage.

Au sein de la famille des racines et tubercules, c'est la pomme de terre qui domine la production mondiale, devançant de loin le manioc. En termes d'importance alimentaire à l'échelle mondiale, la pomme de terre se classe quatrième derrière le maïs, le blé et le riz. Elle apporte davantage de calories, pousse plus vite tout en nécessitant moins de terres, et elle peut être cultivée sous une plus grande variété de climats que toutes les autres cultures vivrières. La pomme de terre est aussi étroitement liée au développement économique, du moins sur un plan historique. Parce qu'elle représente une source d'énergie bon marché et facile à cultiver, elle est considérée comme ayant délivré les travailleurs de leur attachement à la terre et ayant ainsi permis la révolution industrielle en Angleterre et ailleurs dans le Nord de l'Europe au XIXe siècle.

Cependant, la nette prédominance de la pomme de terre décline aujourd'hui au profit du manioc. L'étude de la croissance de la production du manioc montre en effet que celle-ci progresse actuellement de nettement plus de 3 % par an, soit près de trois fois la croissance démographique. Le manioc est cultivé principalement dans la ceinture tropicale et dans certaines des régions les plus pauvres du monde, et sa production a doublé en l'espace d'à peine plus de deux décennies. Le dynamisme du manioc est tel qu'il s'agit actuellement de la culture vivrière dont la production progresse le plus vite au niveau mondial. La façon dont évoluent les cultures de racines et de tubercules fait apparaître une fracture géographique de plus en plus marquée entre les rôles contrastants de ces produits de base dans les économies agricoles.

Encadré 1.3. **Le nouveau rôle des racines et des tubercules** *(suite)*

Autrefois considéré comme une culture de subsistance, le manioc est aujourd'hui perçu comme un produit essentiel en termes de valeur ajoutée, de développement rural et de lutte contre la pauvreté, de sécurité alimentaire, de sécurité énergétique et de bénéfices macroéconomiques. Ces facteurs ont entraîné une commercialisation rapide et des investissements à grande échelle pour développer la transformation du manioc, et ont donc contribué de façon significative à l'expansion mondiale de cette culture.

La production du manioc demande peu d'intrants et laisse aux agriculteurs une grande flexibilité en termes de programmation de la récolte, les cultures pouvant rester sur place longtemps après avoir atteint leur maturité. Le manioc est d'autant plus important pour les stratégies d'adaptation au changement climatique qu'il supporte bien les aléas météorologiques, notamment la sécheresse. Comparé aux autres denrées de base, le manioc est avantageux du point de vue du prix et de la diversité des utilisations possibles. Sous forme de farine de manioc de haute qualité (FMHQ), le manioc intéresse de plus en plus les gouvernements des pays d'Afrique en tant que culture stratégique permettant de réduire les importations de céréales qui, dans un passé récent, ont été sujettes à une forte volatilité des prix. L'obligation de mélange avec de la farine de blé permet de réduire le volume des importations de blé, et par conséquent, d'alléger la facture des importations et de préserver les précieuses devises étrangères. Dans le même ordre d'idées, la recherche de la sécurité énergétique en Asie et l'obligation d'ajouter de l'éthanol à l'essence favorisent également l'industrie du manioc, avec la création de distilleries utilisant le manioc comme matière première pour la fabrication d'éthanol. Concernant les échanges commerciaux, le manioc transformé se révèle compétitif au niveau mondial face à la fécule de maïs et aux céréales destinées à l'alimentation animale.

Au contraire, la pomme de terre se limite principalement à un usage alimentaire et prend une place importante dans les habitudes alimentaires dans les régions développées, plus particulièrement en Europe et en Amérique du Nord. Alors que la consommation alimentaire globale de pommes de terre dans ces régions est très importante et pourrait être arrivée à saturation, la possibilité que la consommation augmente plus vite que la population dans cette partie du monde reste limitée, hormis une substitution avec d'autres cultures vivrières. En fait, la pomme de terre, qui constitue l'essentiel du secteur des racines et tubercules dans les pays développés, est en déclin depuis plusieurs décennies et la croissance de sa production est devenue très inférieure à la croissance de la population. Néanmoins, grâce à un essor de son utilisation alimentaire dans les régions en développement, la production de pommes de terre au niveau mondial a pu maintenir une certaine dynamique de croissance.

Graphique 1.6. **Production de racines et de tubercules entre 1994 et 2013**

Décomposition par type (à gauche) et par région (à droite)

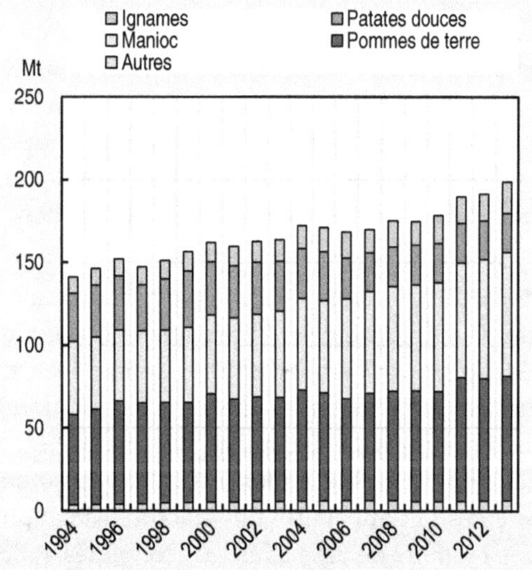

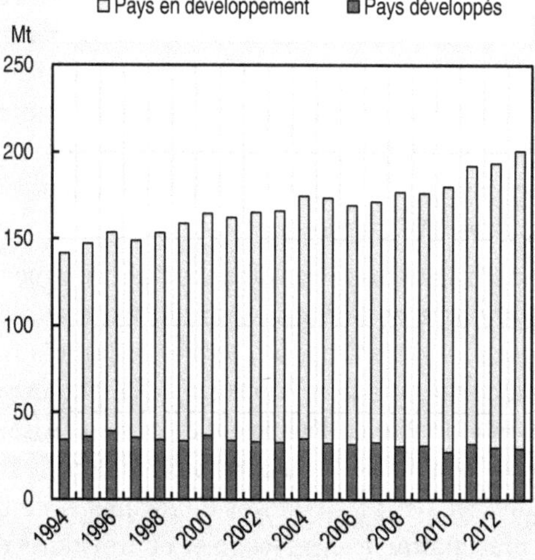

Source : FAOSTAT (2015), FAO, *http://faostat.fao.org.*

StatLink http://dx.doi.org/10.1787/888933232612

Encadré 1.3. **Le nouveau rôle des racines et des tubercules** *(suite)*

À l'instar de la culture des autres racines comestibles, la culture mondiale de la patate douce a diminué au cours de ces dernières années, en raison principalement d'une diminution rapide de la superficie qui lui est consacrée en Chine, pays qui en est le premier producteur (et cette tendance ne montre aucun signe de renversement). Dans l'ensemble, comme pour la pomme de terre, la demande pour la patate douce et les autres racines et tubercules alimentaires moins prédominantes bride le potentiel de croissance, compte tenu de la viabilité commerciale limitée d'une exploitation diversifiée. En conséquence, les préférences de consommation ainsi que les prix jouent un rôle important dans l'évolution de la consommation.

Compte tenu de l'évolution des tendances en matière de culture de racines alimentaires entre les différentes régions et de leurs déterminants, la production et la consommation de ces denrées dans le monde devraient croître de près de 19 % au cours de la prochaine décennie, tandis que la croissance dans les régions du monde en développement pourrait atteindre 2 % par an, à comparer avec une croissance négative dans les régions développées. D'ici 2024, la contribution des racines comestibles à l'alimentation dans le monde devrait s'accroître de 1.3 kg par an par habitant, principalement sous l'influence des consommateurs du continent africain dont la consommation de racines et de tubercules pourrait dépasser 55 kg par an. Concernant les biocarburants et autres applications, une croissance de la demande de 23 % est prévue dans ces secteurs au cours des dix prochaines années.

Graphique 1.7. **Les débouchés des racines et tubercules dans le monde**

Poids sec, 1994-2024

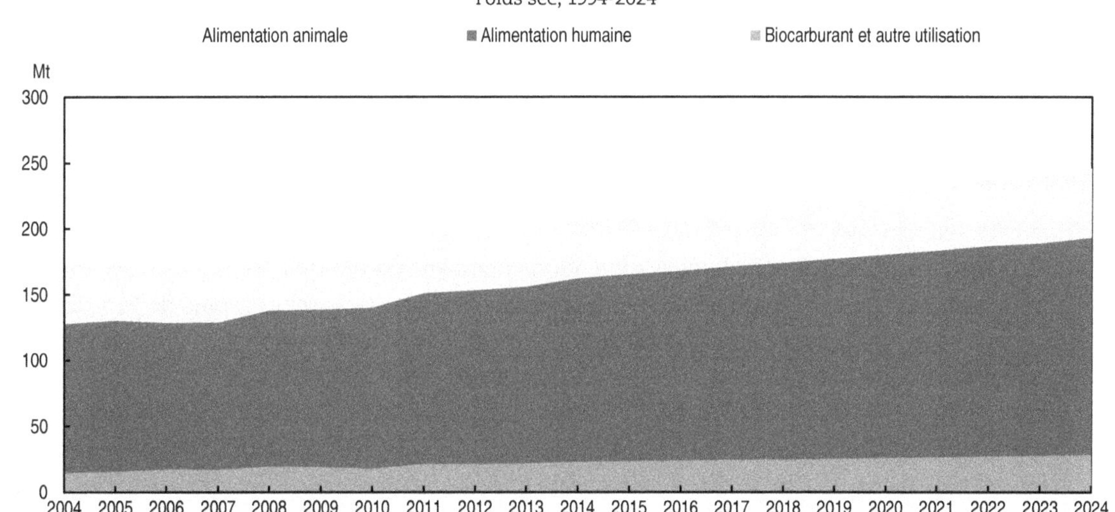

Source : OCDE/FAO (2015), « Perspectives agricoles de l'OCDE et de la FAO », *Statistiques agricoles de l'OCDE* (base de données), *http://dx.doi.org/10.1787/agr-outl-data-fr*.

StatLink http://dx.doi.org/10.1787/888933232628

Malgré une croissance robuste de l'apport en protéines à l'échelle mondiale, les niveaux absolus de consommation par habitant restent inégaux

Contrairement à l'apport calorique total, qui reste stagnant pour l'essentiel dans les pays développés, l'apport en protéines par habitant continue de croître dans tous les pays, quel que soit leur niveau de revenu (Graphique 1.8). La variation des préférences et des niveaux de revenu entre les différentes régions du monde entraîne des différences en termes de niveaux absolus d'apport en protéines et de sources de ces apports. Dans les pays les moins avancés, 60 % de l'apport en protéines total proviendra des céréales en 2024, ce qui représente 2 points de pourcentage de moins par rapport à la période de référence, tandis que la part de la viande dans l'apport total en protéines sera comprise entre 9 % dans les pays les moins avancés et près de 26 % dans les pays développés, avec une tendance à la hausse.

Graphique 1.8. **Apport de protéines par habitant dans les pays les moins avancés, dans les autres pays en développement et dans les pays développés**

Poissons · Produits laitiers · Viande · Céréales · Autres

g/jour/personne

2002-04 · 2012-14 · 2024 — Pays Moins Avancés (PMA)
2002-04 · 2012-14 · 2024 — Autres pays en développement
2002-04 · 2012-14 · 2024 — Pays développés

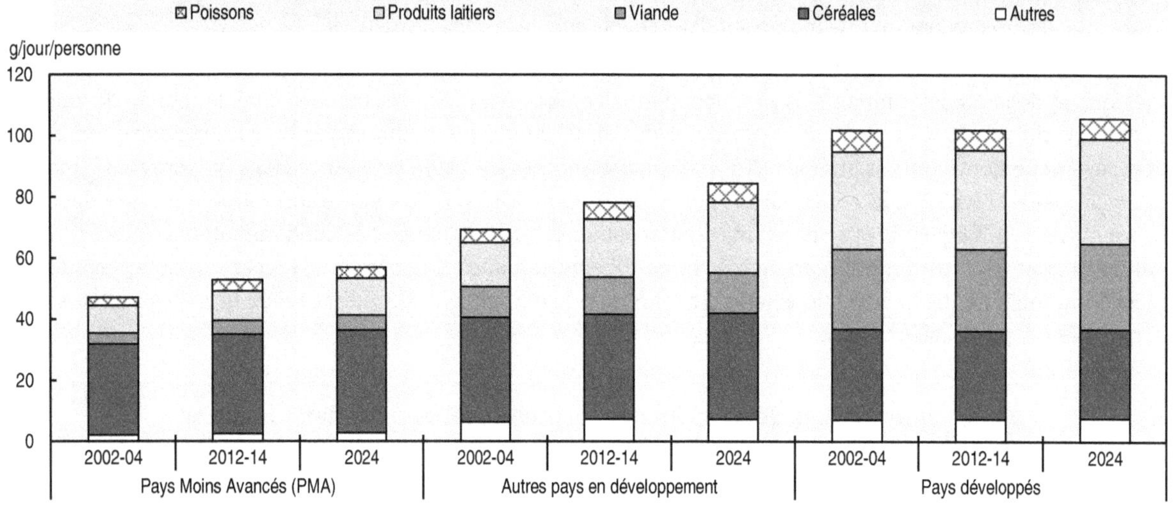

Note : La catégorie « autres » inclut le sucre, les huiles végétales, les œufs, les racines et les tubercules. Le sucre et les huiles végétales représentent des parts négligeables dans la consommation totale de protéines. Les légumes, les fruits, les fruits secs et autres aliments ne sont pas pris en compte dans ce graphique.

Source : OCDE/FAO (2015), « Perspectives agricoles de l'OCDE et de la FAO », *Statistiques agricoles de l'OCDE* (base de données), *http://dx.doi.org/10.1787/agr-outl-data-fr*.

StatLink *http://dx.doi.org/10.1787/888933232639*

La consommation mondiale de viande augmentera en moyenne de 1.4 % par an, ce qui donnera en 2024 une consommation supplémentaire de 51 Mt représentant plus de 16 % du supplément d'apport en protéines. La consommation de viande augmentera plus vite dans les pays en développement, mais en 2024 les niveaux absolus de consommation par habitant y resteront inférieurs de plus de moitié à ceux des pays développés. Généralement considérée comme une viande accessible et saine, à faible teneur en graisses et faisant l'objet de peu d'interdits religieux, la volaille est prédominante dans la consommation de viande, avec une croissance annuelle moyenne de 2 %. En 2024, la volaille représentera la moitié de la quantité supplémentaire de viande consommée. En revanche, la consommation de viande porcine a atteint son niveau de saturation dans un certain nombre des régions dont la croissance était traditionnellement rapide et elle progresse de moins de 1 % par an, si bien que la viande préférée à l'échelle mondiale est la volaille. La consommation des viandes bovine et ovine, relativement plus chères, augmentera de 1.3 % et de 1.9 % par an respectivement sur la période de projection, en raison d'une demande croissante en Asie et au Moyen-Orient. Le poisson est aussi une source de protéines importante et abordable, surtout dans les pays en développement. La consommation mondiale de poisson en 2024 devrait être supérieure de 19 % à celle de la période de référence, d'où une contribution à l'apport total de protéines voisine de 6.5 % dans les pays développés et en développement en 2024.

La consommation de produits laitiers connaît une croissance rapide depuis une dizaine d'années et représente une source importante de protéines alimentaires. Au niveau mondial, la demande de produits laitiers s'accroîtra de 23 % au cours de la période de projection de dix ans et avoisinera les 48 Mt en 2024. Cette croissance reste la plus forte dans les pays en développement, et compte tenu d'une préférence pour les produits laitiers frais dans ces régions du monde, près de 70 % de la production supplémentaire de produits laitiers sera consommée fraîche. Dans la catégorie des produits laitiers transformés, la consommation de fromage devrait continuer de représenter la plus grande part, la demande progressant à un taux annuel moyen de 1.6 % tandis que la consommation de beurre connaîtra la croissance la plus rapide, de 1.9 % par an en moyenne.

La production : la croissance de la production se concentre dans les régions les moins contraintes en termes de ressources

La croissance de la demande de produits agricoles reste robuste sur la période de projection, et elle induit une augmentation substantielle de la production. Cette croissance est considérablement moins forte qu'au cours de la décennie écoulée, où les prix étaient propices à des investissements à grande échelle dans des terres agricoles considérées comme de simples actifs (encadré 1.4). Par ailleurs, l'évolution permanente des préférences alimentaires influera sur les niveaux de prix relatifs, desquels dépendront les décisions de production. À mesure que croît la demande de viande et de produits laitiers, la production de céréales secondaires et de tourteaux protéiques, qui représente la plus grosse part des rations alimentaires types du bétail, augmente également. En revanche, la production de céréales essentiellement consommées sous forme d'alimentation humaine progresse à un rythme plus lent.

À l'échelon mondial, plus de 320 Mt supplémentaires de céréales seront produites en 2024, dont 180 Mt de céréales secondaires, ce qui représentera plus de la moitié de la production supplémentaire (Graphique 1.9). Seulement 10 % de la production supplémentaire de céréales secondaires sera produite dans les pays les moins avancés, contre 48 % dans les autres pays en développement et 42 % dans les pays développés. La production de céréales oléagineuses s'accroîtra elle aussi de plus de 20 % sur la même période, si bien que la production de produits à base d'oléagineux connaîtra également une progression importante. La production de tourteau protéique devrait croître de 23 % et atteindre 355 Mt en 2024, tandis que la production d'huiles végétales augmentera de 24 % sur la même période. La croissance de la production d'huiles végétales se ralentit considérablement dans les pays qui produisent traditionnellement des cultures à haut rendement en huiles, comme le tournesol ou le colza, ce qui tient en partie à la croissance limitée de la production de biodiesel, dont les huiles végétales constituent la principale matière première. En revanche, la forte demande de tourteau protéique entraîne une expansion des cultures de graines oléagineuses, et ces cultures se concentrent dans des zones qui produisaient traditionnellement du soja pour sa forte teneur en protéines.

Malgré une demande robuste au niveau mondial, les possibilités d'accroître la production sont restreintes par des facteurs comme les limites à l'expansion des terres agricoles, le souci de protéger l'environnement et les changements dans l'environnement politique. De ce fait, la dynamique de croissance de la production diffère selon les régions. Concernant les produits agricoles de base étudiés dans ces *Perspectives*, la production agricole mondiale a connu un taux de croissance de 2.2 % par an au cours de la décennie écoulée, sous l'effet d'une forte croissance dans les pays d'Europe de l'Est y compris la Fédération de Russie (3.3 %), en Afrique (2.9 %) et dans la région de l'Asie et du Pacifique (2.9 %). En Europe occidentale, la croissance annuelle de l'agriculture n'a été que de 0.7 %,

Graphique 1.9. **Perspectives de croissance de la production végétale dans les pays les moins avancés, les autres pays en développement et les pays développés**

Augmentation en volume et en pourcentage, en 2024 par rapport à 2012-14

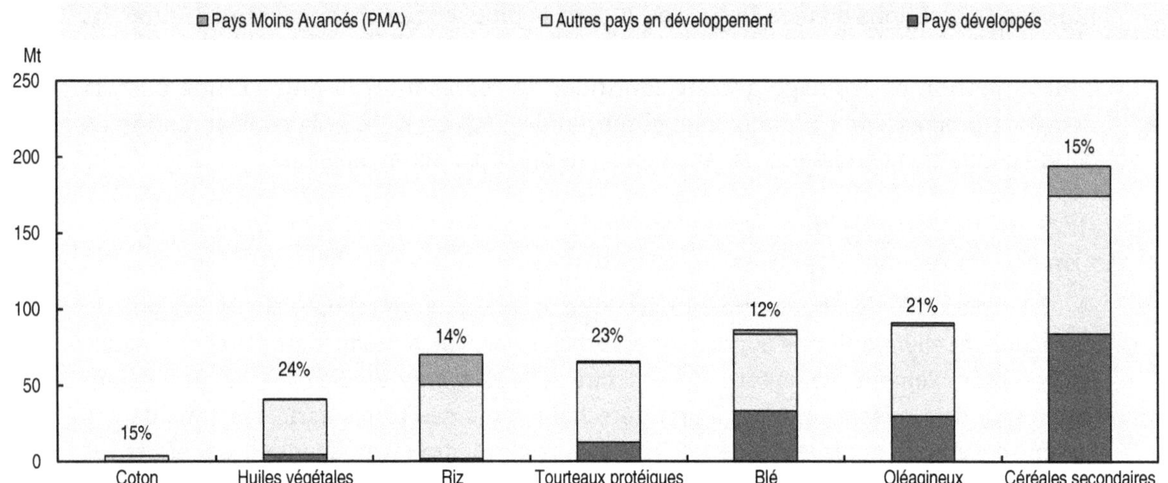

Source : OCDE/FAO (2015), « Perspectives agricoles de l'OCDE et de la FAO », *Statistiques agricoles de l'OCDE* (base de données), *http://dx.doi.org/10.1787/agr-outl-data-fr*.

StatLink http://dx.doi.org/10.1787/888933232642

tandis qu'en Amérique du Nord elle a été de 1.5 %. Au cours de la prochaine décennie, la croissance de l'agriculture mondiale devrait se ralentir pour se situer autour de 1.5 % par an, en raison d'une croissance plus lente dans toutes les régions, le ralentissement le plus notable ayant lieu en Europe de l'Est et dans la Fédération de Russie avec une croissance annuelle de 1.3 % seulement, la croissance de l'agriculture dans la région de l'Asie et du Pacifique étant de 1.7 %. Cependant, l'Afrique et la zone Amérique latine et Caraïbes seront en tête avec des taux de croissance annuelle respectifs de 2.4 % et de 1.8 %.

Dans la région Asie-Pacifique, la rareté des terres et des ressources naturelles est un facteur particulièrement contraignant, aussi le progrès continu de la productivité sera-t-il un déterminant essentiel de la croissance de la production. Dans ces régions, la superficie des cultures de céréales secondaires restera relativement stable, et la croissance de la production sera rendue possible par des rendements plus élevés. Compte tenu des limitations en termes de superficie cultivée totale, l'expansion des cultures de graines oléagineuses se fera aux dépens de cultures de céréales comme le riz et le blé, qui sont consommées principalement comme denrées alimentaires (Graphique 1.10).

En revanche, les contraintes en termes de terrains et de ressources naturelles sont moins lourdes dans la région Amérique latine et Caraïbes, où la plus forte croissance de la production est liée à la fois à l'expansion des terres cultivables et à l'amélioration des rendements (Graphique 1.11). Les graines oléagineuses et les céréales secondaires y prévalent déjà dans les cultures, et en réponse à une forte demande de tourteau protéique, la superficie des cultures d'oléagineux s'étend en moyenne de 1.2 % par an sur la période de projection. Une plus grande part de la superficie cultivée supplémentaire sera consacrée à la culture des graines oléagineuses, mais sans que cette expansion se fasse au détriment d'autres cultures importantes sachant que les surfaces de culture des céréales secondaires augmenteront aussi de 0.7 % par an, et les surfaces de cultures de blé de 0.6 % par an. L'Afrique, et plus particulièrement l'Afrique subsaharienne, est aussi une région dans laquelle le terrain disponible reste abondant, et la superficie totale cultivée y augmentera de

Graphique 1.10. **Variation des superficies cultivées et des rendements dans la région Asie-Pacifique**

Pourcentage moyen d'évolution annuelle en 2024 par rapport à 2012-14

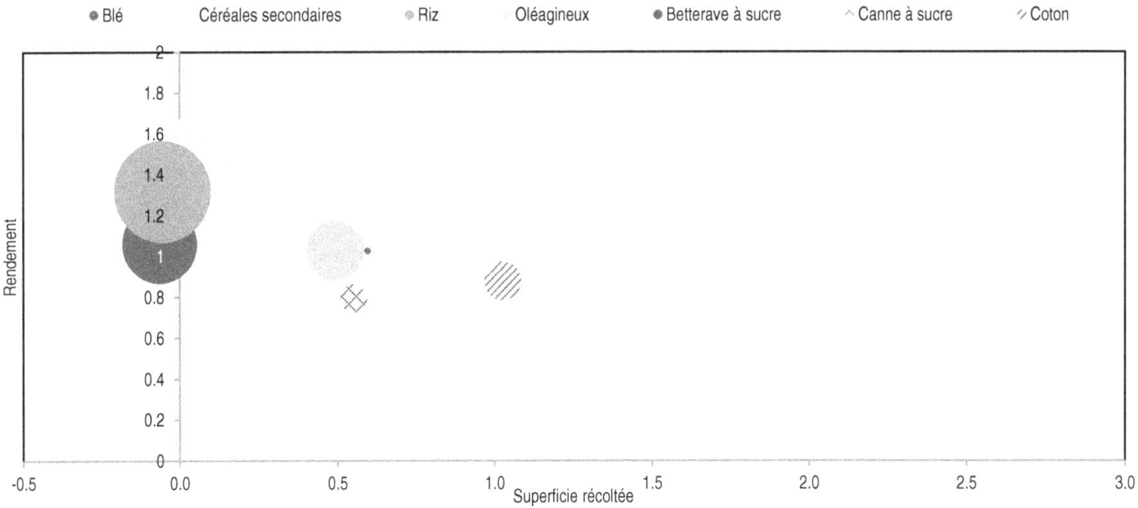

Note : Les axes représentent les pourcentages annuels moyens de variation du rendement et de la superficie exploitée sur la période de projection (2015-24), et la taille des bulles indique la part de la superficie totale de terres arables sur la période de référence (2012-14).
Source : OCDE/FAO (2015), « Perspectives agricoles de l'OCDE et de la FAO », *Statistiques agricoles de l'OCDE* (base de données), *http://dx.doi.org/10.1787/agr-outl-data-fr*.

StatLink http://dx.doi.org/10.1787/888933232659

Graphique 1.11. **Variation des superficies cultivées et des rendements dans la région Amérique latine et Caraïbes**

Pourcentage moyen d'évolution annuelle en 2024 par rapport à 2012-14

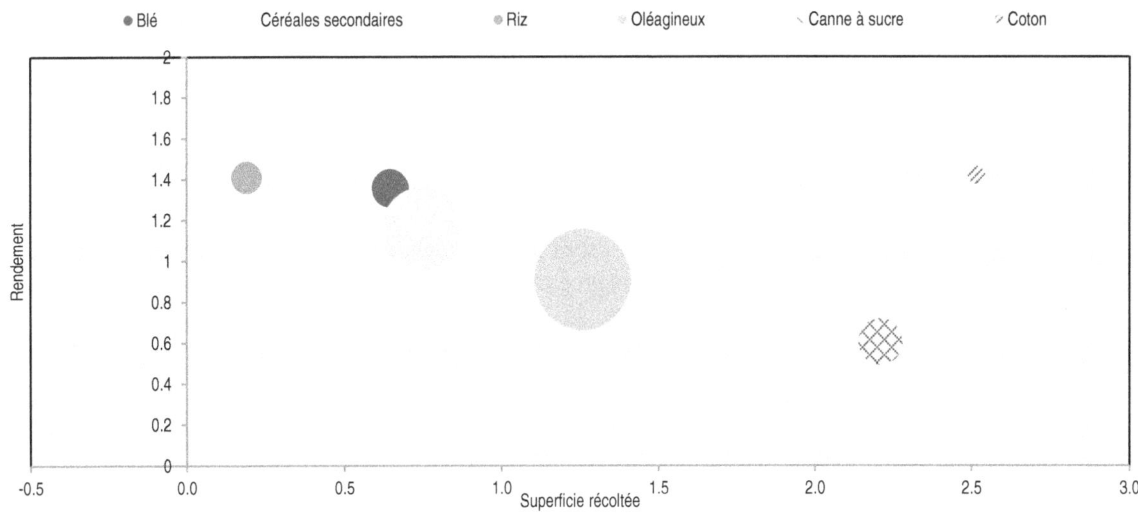

Note : Les axes représentent les pourcentages annuels de variation des rendements et des superficies exploitées sur la période de projection (2015-24), et la taille des bulles indique la part de la superficie arable totale sur la période de référence (2012-14).
Source : OCDE/FAO (2015), « Perspectives agricoles de l'OCDE et de la FAO », *Statistiques agricoles de l'OCDE* (base de données), *http://dx.doi.org/10.1787/agr-outl-data-fr*.

StatLink http://dx.doi.org/10.1787/888933232667

plus de 10 % au cours des dix prochaines années. Compte tenu de l'importance du maïs comme culture vivrière dans cette région du monde, la plus grande partie de la superficie supplémentaire sera consacrée à la culture de céréales secondaires. Malgré des progrès continus, des écarts de productivité demeurent et les rendements des cultures en Afrique restent nettement inférieurs aux moyennes mondiales. De nouveaux investissements en capacité de production agricole pourraient permettre d'accroître la production dans cette région du monde.

Encadré 1.4. **Des investissements responsables dans l'agriculture**

L'investissement agricole, notamment l'investissement direct national et étranger, peut avoir des impacts positifs et permettre des transformations aux niveaux local, national et régional. Augmenter l'investissement agricole est en effet une stratégie à moyen et long terme particulièrement importante et efficace pour accroître la production agricole, promouvoir la croissance économique, lutter contre la pauvreté et renforcer la sécurité alimentaire.

L'investissement agricole est une exigence fondamentale dans les régions du monde où la faim et la pauvreté sont les plus répandues. L'investissement dans l'agriculture est une des grandes priorités de l'action publique pour cette décennie, après la flambée des prix des denrées alimentaires et de l'énergie en 200708. Encouragés par des avis exprimés dans les médias internationaux, les investisseurs ont vu dans l'agriculture une opportunité d'investissement, soit dans des entreprises pour produire par exemple des biocarburants, soit pour simplement spéculer sur les prix des terrains. Si certains investissements avaient de bonnes chances de générer des profits, il était à craindre que d'autres causent plus de mal que de bien car ils présentaient des risques significatifs pour les collectivités locales, pour les pouvoirs publics, pour les investisseurs ou pour l'environnement. L'affectation de ces terres et l'avenir de ceux qui y habitent ont suscité une inquiétude croissante au plan international. En réponse à cette inquiétude, la communauté internationale et les gouvernements du G20 ont appelé à prendre des initiatives pour promouvoir un investissement agricole responsable qui limiterait les risques et maximiserait les opportunités, en particulier dans le domaine de la sécurité alimentaire.

Différentes tentatives ont été faites d'élaborer des cadres normatifs qui permettraient non seulement de s'attaquer à ces problèmes, mais aussi de promouvoir ou d'imposer un investissement agricole indispensable et plus adapté. Il s'agit par exemple des *Principes pour un investissement responsable dans l'agriculture et les systèmes alimentaires* élaborés en 2014 par le Comité de la sécurité alimentaire mondiale, des *Principes pour un investissement responsable dans l'agriculture qui respecte les droits, les modes de vie et les ressources* élaborés conjointement par la FAO, la CNUCED, le FIDA et la Banque mondiale en 2009, et des Recommandations de l'OCDE et de la FAO pour des filières agricoles responsables, actuellement en cours d'élaboration, qui présentent une synthèse des normes existantes. Ces instruments volontaires, qui sont complémentaires, fournissent des cadres permettant aux intéressés d'élaborer des politiques nationales, des stratégies, des cadres de réglementation, des programmes de responsabilité sociétale des entreprises, des accords individuels et des contrats.

D'après l'analyse présentée dans ces *Perspectives agricoles de l'OCDE et de la FAO*, les niveaux de prix des produits agricoles qui ont suscité des investissements à grande échelle au cours de cette décennie diminueront considérablement au cours de la décennie à venir. La rentabilité de la production de biocarburants est sous la pression des prix bas des combustibles non renouvelables, et les prix des denrées alimentaires reviennent à leur tendance séculaire à la baisse à long terme. Les nouvelles prévisions ne sont sans doute pas de nature à faire perdurer l'enthousiasme actuel pour l'investissement dans l'agriculture, mais ce n'est pas une raison pour renoncer à ces instruments normatifs. Bien au contraire, l'adoption d'instruments normatifs permettra de rendre les investissements profitables aussi bien pour les investisseurs que pour les collectivités bénéficiaires, et elle devrait donc avoir un impact positif sur la production agricole à moyen terme.

Bien qu'il ne représente qu'une petite partie du total des superficies cultivées à l'échelle mondiale, le coton est une culture dynamique, dont les surfaces cultivées vont augmenter de 6 % sur la période de projection de dix ans. La croissance de la production se concentre cependant sur des surfaces à haut rendement, si bien qu'au niveau mondial, les améliorations du rendement se limiteront à 1.1 % par an en moyenne. Néanmoins, la conjonction de l'expansion des terres et des améliorations du rendement a pour conséquence une croissance robuste de la production dans la plupart des régions, la Chine étant le seul pays producteur important dans lequel la production ne va pas augmenter.

Les mesures de politique publique continuent à influencer les décisions de production de biocarburants

L'évolution du secteur des biocarburants au cours de la décennie écoulée a été fortement influencée par la mise en place de diverses mesures d'action publique, notamment des mesures de soutien et des obligations de mélanges. En période de prix élevés des carburants fossiles, l'utilisation de l'éthanol comme additif d'octane a connu une croissance rapide. Cependant, compte tenu de l'hypothèse de prix du pétrole significativement moins élevés sur la période de projection, la production de biocarburants dépendra étroitement des mesures rendant leur utilisation obligatoire. Aux États-Unis et dans l'Union européenne, ces mesures ne devraient pas entraîner une production de biocarburants significativement plus importante au cours des dix prochaines années, et la croissance limitée de la production aux États-Unis sera imputable principalement à l'éthanol ligno-cellulosique provenant de la biomasse.

Au Brésil, en revanche, les obligations de mélange d'éthanol ont récemment été portées à 27 % et des taxes différenciées ont été mises en place, qui favorisent l'industrie de l'éthanol hydrique produit localement. Les *Perspectives* se fondent aussi sur l'hypothèse que les prix des carburants automobiles sur le marché national resteront supérieurs aux prix internationaux au cours des premières années de la période de projection et que des problèmes logistiques limiteront les possibilités d'importation d'éthanol à court terme. En conséquence, l'industrie brésilienne de l'éthanol, qui est rentable, devrait produire dans la prochaine décennie les deux tiers de l'offre supplémentaire mondiale d'éthanol, la canne à sucre en étant la principale matière première. La production mondiale de canne à sucre augmentera de 21 % sur la période de projection et la part de la production mondiale de canne à sucre destinée à la production d'éthanol devrait passer de 20 % au cours de la période de référence (2012-14) à 25 % en 2024. Près de 60 % de la production supplémentaire de canne à sucre proviendra du Brésil, qui est le principal producteur de canne à sucre. À partir d'un niveau de référence certes peu élevé, la production africaine de sucre connaîtra aussi une expansion substantielle dans les dix prochaines années, en raison d'un accroissement de la production en Afrique subsaharienne ainsi qu'en Égypte. La canne à sucre représentera 86 % de la production totale de sucre au cours de la prochaine décennie ; cependant, la croissance de la production de betteraves à sucre dans la Fédération de Russie et l'Union européenne devrait être marginale après l'abolition des quotas qui aura lieu en 2017.

Encadré 1.5. **Mise en œuvre de changements dans les politiques agricoles de l'Union européenne et des États-Unis**

La loi agricole américaine de 2014 (aussi appelée Farm Bill) et la réforme de la Politique agricole commune (PAC) de l'Union européenne de 2013 prévoient une souplesse de mise en œuvre considérable. Aux États-Unis, la nouvelle loi prévoit que les choix doivent être faits par les agriculteurs, tandis que dans l'Union européenne, les décisions doivent être prises aux niveaux national et infranational. Dans le *Rapport sur les perspectives* de l'année dernière, la réforme de la PAC était en partie incluse, sachant que la décision de mise en œuvre devait être prise en août 2014. La nouvelle loi agricole américaine n'y est pas incluse car les décisions finales n'ont été disponibles qu'à un stade tardif du processus. Néanmoins, une description des principaux éléments de ces deux changements stratégiques est présentée dans les *Perspectives de l'OCDE et de la FAO* de 2014. Les deux changements sont pleinement intégrés dans les *Perspectives* actuelles, avec des hypothèses spécifiques concernant leur mise en œuvre.

Concernant la réforme de la PAC de 2013, un certain nombre de choix ont été prévus par les États membres. Un taux forfaitaire de 30 % du paiement direct total de 42 milliards EUR est prévu pour des mesures d'écologisation, et il est prévu un paiement de base découplé de 55 % en moyenne, qui varie de 12 % à Malte à 68 % en Irlande. Une disposition générale de la réforme de la PAC de 2013 permet de lier, dans une certaine mesure, les paiements directs à la production. À l'exception de l'Allemagne, tous les pays membres ont choisi de tirer parti de cette flexibilité, les paiements couplés à la production devant représenter 4.2 milliards EUR par an, soit en moyenne 10 % des paiements du premier pilier. Trois pays, la Belgique, la Finlande et le Portugal, ont obtenu des dispenses spéciales, leurs parts proposées des paiements du premier pilier ayant dépassé la limite de 13 % plus 2 % pour les protéagineux. Malte accordant moins de 3 millions EUR d'aide couplée, n'est pas contraint par le pourcentage limite.

Graphique 1.12. **Part des produits agricoles dans l'aide couplée totale de l'Union européenne**

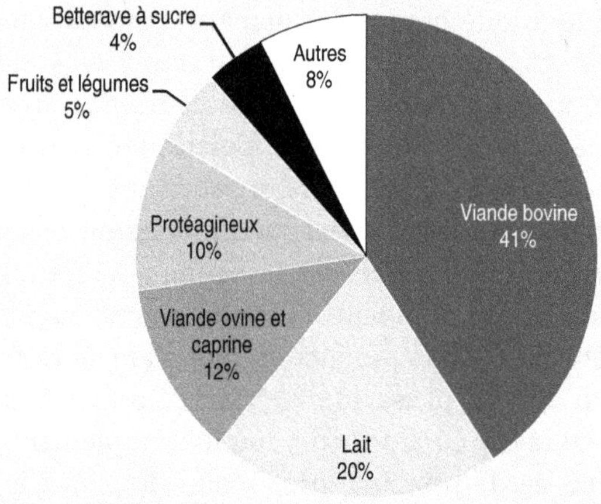

Source : Commission européenne, *http://ec.europa.eu/agriculture/direct-support/direct-payments/index_en.htm.*

StatLink http://dx.doi.org/10.1787/888933232672

De nombreux produits agricoles profitent des paiements couplés, mais six secteurs représentent plus de 90 % du total de l'aide couplée dans l'Union européenne (Graphique 1.12). Ces secteurs sont la viande bovine (avec une part de 41 %) dans 24 États membres, le lait (20 %) dans 19 États membres, les ovins et les caprins (12 %) dans 22 États membres, les protéagineux (10 %) dans 16 États membres, les fruits et les légumes (5 %) dans 19 États membres et la betterave à sucre (4 %) dans 10 États membres. La plupart des paiements couplés sont la continuation d'une aide couplée déjà existante dans le cadre de la PAC précédente, ou bien, comme dans le cas du lait et de la betterave à sucre, une compensation pour la suppression des quotas de production en 2015 et en 2017 respectivement.

Encadré 1.5. **Mise en œuvre de changements dans les politiques agricoles de l'Union européenne et des États-Unis** *(suite)*

La part de l'aide couplée a augmenté et constitue un changement notable dans le développement à long terme d'une aide moins couplée dans l'Union européenne. D'après les règles, l'aide couplée est orientée (réservée aux secteurs ou régions dans lesquelles des types spécifiques d'élevage ou des activités agricoles spécifiques connaissent des difficultés), limitée (accordée dans des limites quantitatives définies en fonction de superficies et de rendements fixés ou d'un nombre d'animaux donné) et destinée à inciter les bénéficiaires à maintenir les niveaux actuels de production dans les secteurs ou régions en question. Par ailleurs, les États membres peuvent choisir de réduire le taux de paiement aux bénéficiaires qui reçoivent des paiements dépassant 150 000 EUR et ils disposent d'une flexibilité accrue pour le transfert de fonds entre le premier pilier et le second (programmes de développement rural). Ces deux options ont un moindre impact sur les marchés des produits agricoles. Les nouvelles enveloppes d'aide couplée ont été intégrées dans la préparation de ces *Perspectives*.

La loi agricole américaine de 2014 a supprimé les paiements directs que les agriculteurs recevaient indépendamment de la qualité de leur récolte et des prix des produits. Deux nouveaux programmes par produit sont créés, une assurance contre la diminution des prix (Price Loss Coverage, ou PLC) et une assurance contre les risques agricoles (Agriculture Risk Coverage, ou ARC). Ces nouveaux programmes d'aide sont disponibles pour la plupart des cultures à l'exception du coton, et les agriculteurs doivent faire un choix unique entre les deux programmes pour le 7 avril 2015 concernant les années de récolte 2014 à 2018. Par ailleurs, les producteurs ont eu également la possibilité de mettre à jour la superficie de référence en utilisant la surface cultivée de chacun des produits couverts rapportée à la moyenne sur 4 ans des superficies cultivées ou considérées comme cultivées de l'ensemble des cultures sur la base de la période 2009-12. Pour le coton, qui n'est pas éligible pour le programme ARC ni pour le programme PLC, un nouveau plan de protection appelé plan de protection supplémentaire du revenu (Stacked Income Protection plan, ou STAX) a été élaboré.

Le dispositif PLC instaure un seuil de prix, et les paiements sont liés à une superficie de base et à un prix de référence imposé par la loi. Le dispositif ARC est un programme d'aide basé sur les revenus offrant aux agriculteurs deux options, l'une sur la base d'un seuil au niveau du comté (ARC-CO), l'autre sur la base d'un seuil au niveau de l'exploitation agricole (ARC-IC). Dans les deux cas, l'aide sera versée si les recettes chutent au-dessous de 86 % du montant de référence lié à la moyenne olympique sur les cinq années qui précèdent. Au titre des dispositifs ARC-CO et PLC, le produit concerné n'a pas besoin d'être cultivé pour que le paiement soit accordé. Les paiements sont calculés en fonction de 85 % de la superficie de référence applicable pour la culture concernée. Le dispositif ARC-IC exige un ensemencement ou des intentions d'ensemencement pour la culture concernée sur 65 % de la superficie éligible. Les paiements ARC-CO et ARC-IC sont plafonnés à 10 % du revenu de référence.

Les taux de participation à chacun des deux programmes ne sont pas encore connus au moment de la rédaction de ce rapport. Dans les projections, il est supposé que toutes les exploitations agricoles participent à l'un des dispositifs, ARC-IC, ARC-CO ou PLC (Tableau 1.1). Davantage de producteurs de soja et de maïs sont supposés participer aux programmes ARC, tandis que davantage de producteurs de blé sont supposés participer au programme PLC.

Aux États-Unis, la nouvelle loi agricole a réorganisé l'aide à la production laitière. Le Margin Protection Program (MPP) est un programme volontaire de gestion du risque destiné aux producteurs laitiers, qui leur assure une protection quand leur marge de production moyenne calculée entre le prix du lait au niveau national et le coût moyen national du fourrage devient inférieure à un certain montant en dollars fixé par le producteur pour une période de deux mois consécutifs, à savoir janvier/février, mars/avril, mai/juin, juillet/août, septembre/octobre ou novembre/décembre. Dans le cadre du Dairy Product Donation Program (DPDP), les produits laitiers sont achetés pour être distribués aux Américains à faibles revenus quand la marge laitière devient inférieure à un seuil fixé par la loi.

Encadré 1.5. **Mise en œuvre de changements dans les politiques agricoles de l'Union européenne et des États-Unis** *(suite)*

Tableau 1.1. **Taux de participation supposés aux programmes de la loi agricole américaine pour les principaux produits agricoles**

	ARC-CO		ARC-IC		PLC	
	2014-18	2019-24	2014-18	2019-24	2014-18	2019-24
Soja	44.1%	30.0%	14.7%	10.0%	41.2%	60.0%
Maïs	45.0%	27.2%	15.0%	9.1%	40.0%	63.7%
Blé	30.2%	20.9%	10.1%	6.9%	59.7%	72.2%

Note: ARC-CO signifie Agriculture Risk Coverage – county option (assurance contre le risque agricole, seuil au niveau du comté), ARC-IC signifie Agriculture Risk Coverage – individual option (assurance contre le risque agricole, seuil au niveau de l'exploitation), PLC signifie Price Loss Coverage (assurance contre la diminution des prix).

StatLink http://dx.doi.org/10.1787/888933232816

Le progrès de la rentabilité sous-tend la croissance dans le secteur de l'élevage

Depuis plusieurs années, la production de viande a souffert des coûts élevés et particulièrement volatils des aliments pour animaux, qui ont réduit les marges des producteurs. Des années de liquidation des cheptels dans les principales régions de production bovine, conjointement avec plusieurs épidémies, ont restreint l'offre en 2014. En conséquence, les prix de la viande ont atteint des niveaux records, malgré une nette baisse des coûts des aliments pour animaux, ce qui a représenté un retour de la rentabilité dans le secteur de l'élevage. Des ratios favorables entre les prix de la viande et les prix des aliments pour animaux sur la période de projection soutiendront la croissance de la production, surtout dans des filières comme la volaille et le porc, dont les processus de production reposent sur l'utilisation intensive de céréales fourragères. Un cycle de production court permet au secteur de la volaille, en particulier, de réagir rapidement à une amélioration de la rentabilité, et la production, sous-tendue par une demande robuste, devrait s'accroître de 24 % sur la période de projection. En conséquence, ce sont 26 Mt supplémentaires de viande de volaille qui seront produites dans le monde en 2024 et qui représenteront plus de la moitié de la production supplémentaire de viande. La production de viande porcine augmentera de 12 % au cours de la même période, soit une offre additionnelle de 13 Mt (Graphique 1.13).

Les pays les moins avancés, qui sont moins dépendants des céréales fourragères pour leur production de volaille et de viande porcine, représenteront une part très limitée de la production additionnelle. La croissance est plutôt dominée par les autres pays en développement, dans lesquels des prix réduits des aliments pour animaux entraînent une plus grande intensification, et donc une utilisation croissante des aliments du bétail dans le système de production. En 2024, ces pays en développement, à l'exclusion des pays les moins avancés, représenteront 58 % du supplément de production de volaille et 77 % du supplément de production de viande porcine. Dans un certain nombre de régions du monde développé, la législation environnementale, conjointement avec une réglementation plus stricte en matière de protection des animaux, limite les possibilités d'une expansion accrue, si bien que la croissance de la production est plus lente.

Graphique 1.13. **Perspectives de croissance de la production animale dans les pays les moins avancés, dans les autres pays en développement et dans les pays développés**

Augmentation en volume et en pourcentage en 2024 par rapport à 2012-14

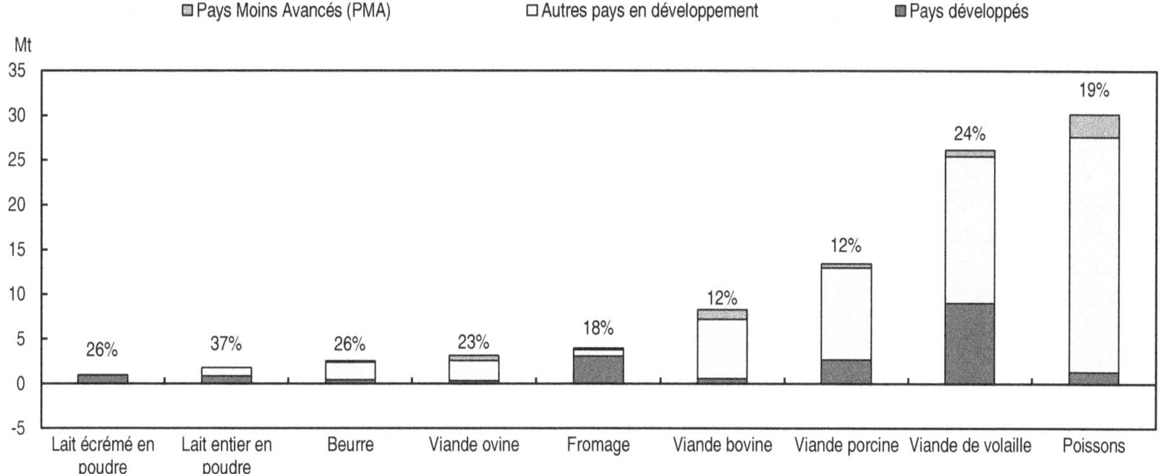

Source : OCDE/FAO (2015), « Perspectives agricoles de l'OCDE et de la FAO », *Statistiques agricoles de l'OCDE* (base de données), *http://dx.doi.org/10.1787/agr-outl-data-fr*.

StatLink http://dx.doi.org/10.1787/888933232681

La production bovine présente une plus grande flexibilité dans les régimes alimentaires, et la production extensive dans les pays les moins avancés représente 13 % du supplément de 8 Mt de viande bovine produite en 2024. Les pays en développement, à l'exclusion des pays les moins avancés, continuent de prédominer et représentent 79 % de la production bovine supplémentaire : ensemble, le Brésil, la Chine et l'Inde représentent 42 % de l'offre de production supplémentaire. Au niveau mondial, la production de viande ovine augmentera à un rythme plus élevé qu'au cours de la dernière décennie, et en 2024, juste un peu moins de 40 % des 3 Mt supplémentaires produites proviendront de Chine. Elle est largement basée sur la pâture, et plus particulièrement en Nouvelle-Zélande, un des plus gros exportateurs de viande ovine, elle reste influencée par la concurrence du secteur laitier pour la pâture.

Au cours de la décennie écoulée, la croissance de la production de lait a été le résultat d'une expansion du troupeau laitier, les rendements moyens ayant diminué en moyenne de 0.2 % par an en raison d'une croissance rapide du troupeau laitier dans les régions à faible rendement. Sur la période de projection, la production de lait devrait croître de 1.8 % par an en moyenne, la plus grande partie du supplément de lait provenant des pays en développement, notamment de l'Inde qui doit dépasser l'Union européenne et devenir le plus gros producteur mondial de lait. En raison de coûts moins élevés, l'utilisation d'aliments pour bétail va s'accroître au sein du système de production, avec pour conséquence une production de lait plus importante par vache laitière. De ce fait, dans les pays en développement, la croissance de la production de lait sera attribuable à la fois à l'expansion du cheptel et aux gains de productivité. En revanche, le cheptel laitier devrait décliner dans la plupart des pays développés, par suite de gains de productivité et de restrictions en termes de disponibilité de l'eau et des terres.

Tout au long de la période de projection, la production des quatre principaux types de produits laitiers suivra la même tendance que la production de lait. La production de beurre et la production de poudre de lait entier progresseront plus vite, respectivement de 2.2 % par an et de 2.7 % par an, ces produits provenant en majeure partie des pays en développement.

Cependant, la production de fromage et la production de poudre de lait écrémé se concentrent dans les pays développés, et parallèlement à une croissance plus lente de la production de lait dans ces pays, elles augmenteront respectivement de 1.5 % et de 1.8 % par an en moyenne.

La production halieutique et aquacole augmentera de plus de 30 Mt au cours de la période de projection, et 96 % de cette augmentation proviendra des pays en développement. L'aquaculture reste un des secteurs alimentaires connaissant la plus forte croissance. Cette croissance sera moins rapide que pendant la dernière décennie, mais l'aquaculture assurera la majorité de la production supplémentaire du secteur et sa production dépassera celle de la pêche en 2023. La pêche reste néanmoins prédominante pour certaines espèces, et elle constitue, surtout dans les pays en développement, une source de protéines abordable.

Les échanges : Les échanges pour développer la production de tous les produits agricoles de base, sauf les biocarburants

À l'exception des biocarburants, les volumes d'échanges de la plupart des produits agricoles devraient croître au cours de la période de projection. Les obligations d'utilisation de l'éthanol de pointe aux États-Unis[2] restant très limitées, on peut douter du développement d'un commerce bilatéral d'éthanol entre le Brésil et les États-Unis à moyen terme. Le coton, le sucre et la volaille devraient connaître la plus forte croissance des échanges au cours de la période de projection, autour de 3 % par an en volume. La croissance relativement forte du commerce du coton est alimentée par le retour de la Chine sur les marchés mondiaux dans la seconde moitié de la période de projection et par la demande soutenue d'importation de coton de la part des pays producteurs de textiles.

La décélération projetée de la trituration d'oléagineux en Chine entraînera un ralentissement de la croissance des échanges de graines d'oléagineux. Malgré une baisse au cours de la période de projection, les prix de la viande resteront élevés par rapport aux normes historiques, ce qui stimulera la production dans les pays en développement qui sont importateurs nets et provoquera un ralentissement de la croissance des échanges par rapport à la dernière décennie. Le commerce du poisson subit aussi l'impact de la hausse des prix, des coûts de transport élevés et du ralentissement de la croissance de la production de l'aquaculture.

Les produits peu transformés destinés à l'alimentation humaine ou animale sont les produits les plus échangés

La part de la production céréalière qui est échangée restera stable au cours de la période de projection (graphique 1.14). Le blé sera toujours la céréale la plus échangée en 2024 avec 22 % de sa production exportée, et ce pourcentage s'approchera de 13 % pour les céréales secondaires et de 10 % pour le riz. La part de la production de tourteau protéique échangée sur les marchés internationaux devrait décroître sur la période de projection, de 28 % en 2012-14 à 25 % en 2024. C'est la conséquence directe de l'expansion de la production de bétail dans les principaux pays producteurs de tourteau protéique, où une part plus importante de la production de tourteau protéique sera utilisée à l'intérieur des frontières, aux dépens des exportations. L'huile végétale est un des produits les plus échangés, environ 40 % de sa production arrivant sur les marchés internationaux, en particulier l'huile de palme d'Indonésie et de Malaisie.

La part des échanges dans la production d'éthanol devrait décroître au cours de la période de projection, sachant que la demande d'importation provenant des principaux pays consommateurs restera sans doute limitée. Les exportations de viande augmenteront

Graphique 1.14. **Part de la production échangée en 2024 par rapport à 2012-14**

Part des exportations nettes dans la production totale

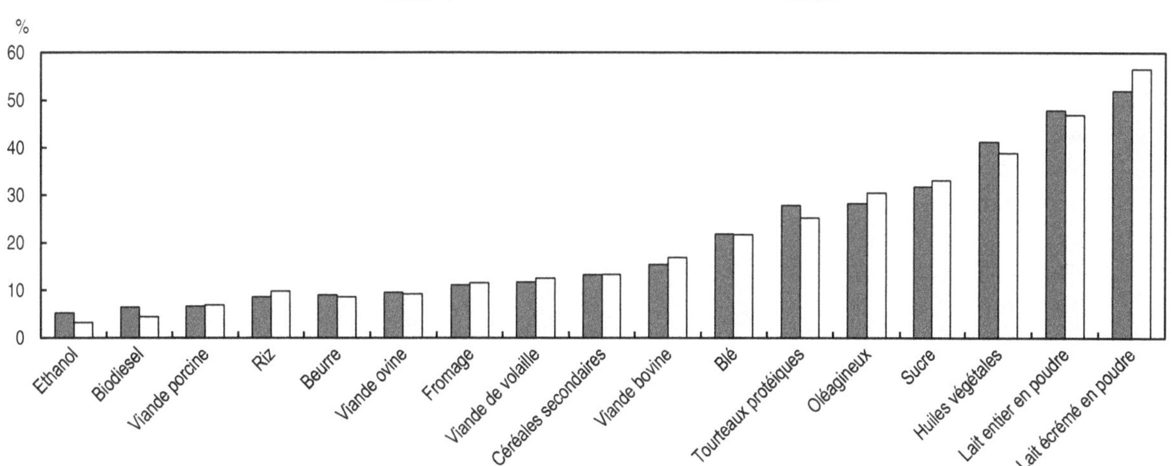

Source : OCDE/FAO (2015), « Perspectives agricoles de l'OCDE et de la FAO », *Statistiques agricoles de l'OCDE* (base de données), *http://dx.doi.org/10.1787/agr-outl-data-fr*.

StatLink http://dx.doi.org/10.1787/888933232693

à un taux similaire par rapport à la production, d'où une constance relative des parts des échanges dans la production totale. Les exportations de l'Union européenne, le deuxième plus grand exportateur de viande, progresseront très légèrement, les contraintes environnementales et la réglementation stricte concernant le bien-être des animaux limitant l'expansion de l'approvisionnement au plan national.

La négociabilité des différents types de produits laitiers varie de façon significative. La poudre de lait entier et la poudre de lait écrémé sont les produits les plus échangés, les échanges de beurre et de fromage sont inférieurs à la moyenne, et les produits laitiers frais (lait liquide, crème fraîche, yaourts, etc.) font l'objet de très peu d'échanges. Bien que la demande de produits laitiers frais soit bien plus importante que la demande de laits en poudre entier et écrémé, leurs échanges sont limités en raison de contraintes relatives aux possibilités de transport (ces échanges ne figurent pas sur le graphique, car ils représentent moins de 1 % de la production mondiale).

La plus grande partie des échanges provient d'un petit nombre d'exportateurs et a pour destinataires un grand nombre d'importateurs

Les exportations de produits agricoles ont tendance à se concentrer sur un petit nombre de pays, tandis que les importations sont surtout dispersées sur un grand nombre de pays. Pour la plupart des produits, le nombre limité d'exportateurs reflète un avantage comparatif dans ces pays en raison de leurs richesses naturelles, de leur politique intérieure et de leurs conditions climatiques. Cependant, la dépendance vis-à-vis d'un petit nombre de pays pour l'approvisionnement d'un certain produit de base accroît le risque que la rupture de l'offre provenant d'un pays, en raison d'une catastrophe naturelle ou de mesures protectionnistes, ait d'importantes répercussions sur les marchés internationaux.

Les graphiques 1.15 et 1.16 représentent respectivement la concentration des exportations et des importations, par pays et par produit agricole. Ces deux graphiques sont des « cartes thermiques » sur lesquelles une zone plus foncée indique une part plus importante des exportations mondiales (graphique 1.15) ou des importations mondiales (graphique 1.16) d'un produit particulier. La comparaison de ces deux graphiques fait ressortir la concentration des exportateurs et la dispersion des importateurs, sachant que le graphique 1.15 est constitué d'un plus petit nombre de zones foncées que le graphique 1.16 mais que ces zones sont généralement plus sombres que sur le graphique 1.16.

En 2024, les États-Unis, l'Union européenne et le Brésil devraient continuer à faire partie des principaux exportateurs. Les États-Unis devraient être le plus gros exportateur de céréales secondaires, de porc et de coton, avec des parts des exportations dans le commerce mondial atteignant respectivement 33 %, 32 % et 24 %. En outre, les États-Unis font partie des cinq premiers exportateurs de blé, de riz, de graines oléagineuses, de tourteau protéique, de viande bovine, de volaille de poisson, de beurre, de fromage et de poudre de lait écrémé. Les

Graphique 1.15. **Concentration des exportations par produit en 2024**

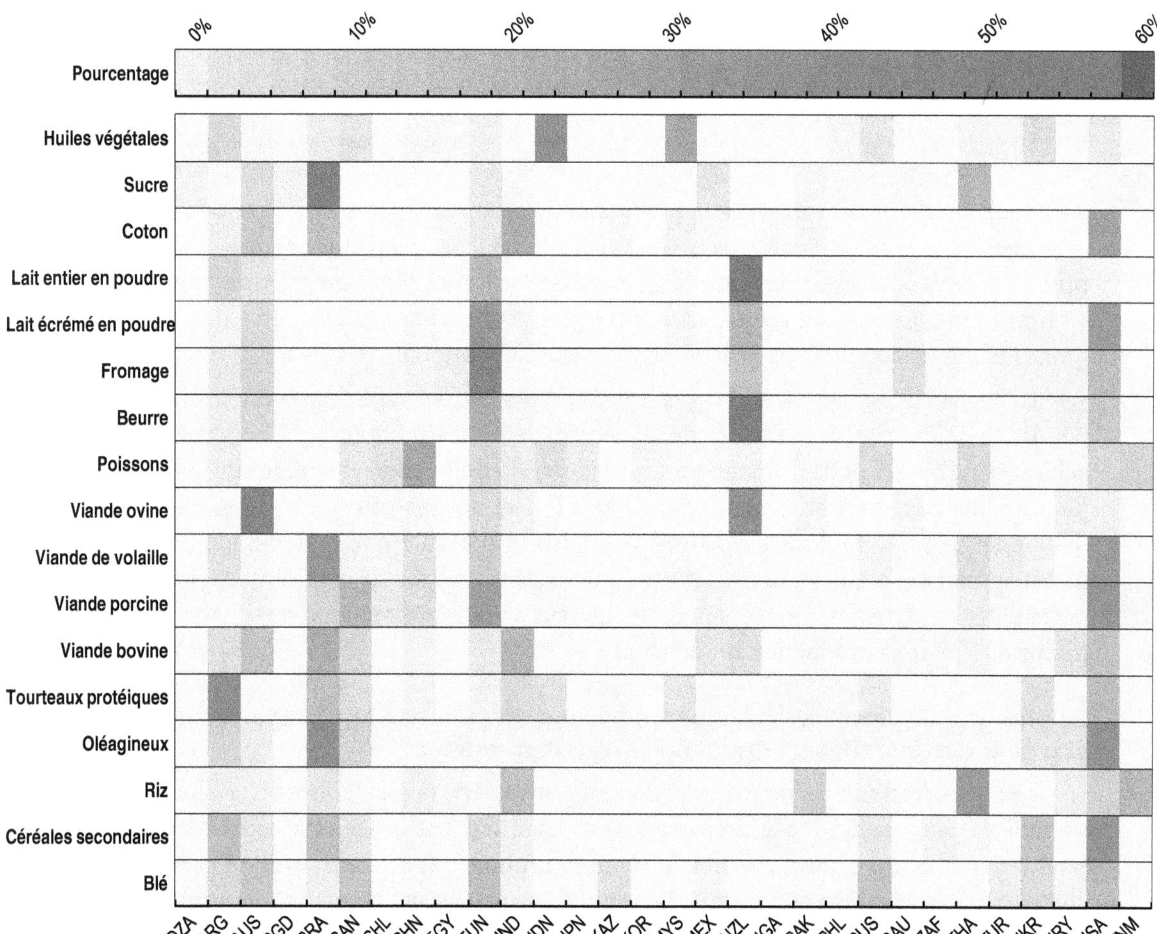

Note : Une zone plus sombre indique une part plus élevée des exportations mondiales d'un produit particulier. Seuls sont représentés les pays présentant une part des exportations relativement importante pour au moins un des produits. Pays : (CAN) Canada, (USA) États-Unis, (EUN) Union européenne, (AUS) Australie, (NZL) Nouvelle-Zélande, (JPN) Japon, (ZAF) Afrique du Sud, (KAZ) Kazakhstan, (RUS) Fédération de Russie, (UKR) Ukraine, (DZA) Algérie, (BRA) Brésil, (CHL) Chili, (MEX) Mexique, (URY) Uruguay, (BGD) Bangladesh, (CHN) Chine, (IND) Inde, (IDN) Indonésie, (KOR) Corée du Sud, (MYS) Malaisie, (PAK) Pakistan, (PHL) Philippines, (THA) Thaïlande, (VNM) Vietnam, (SAU) Arabie Saoudite et (TUR) Turquie.

Source : OCDE/FAO (2015), « Perspectives agricoles de l'OCDE et de la FAO », *Statistiques agricoles de l'OCDE* (base de données), *http://dx.doi.org/10.1787/agr-outl-data-fr*.

StatLink http://dx.doi.org/10.1787/888933232705

Graphique 1.16. **Concentration des importations par produit en 2024**

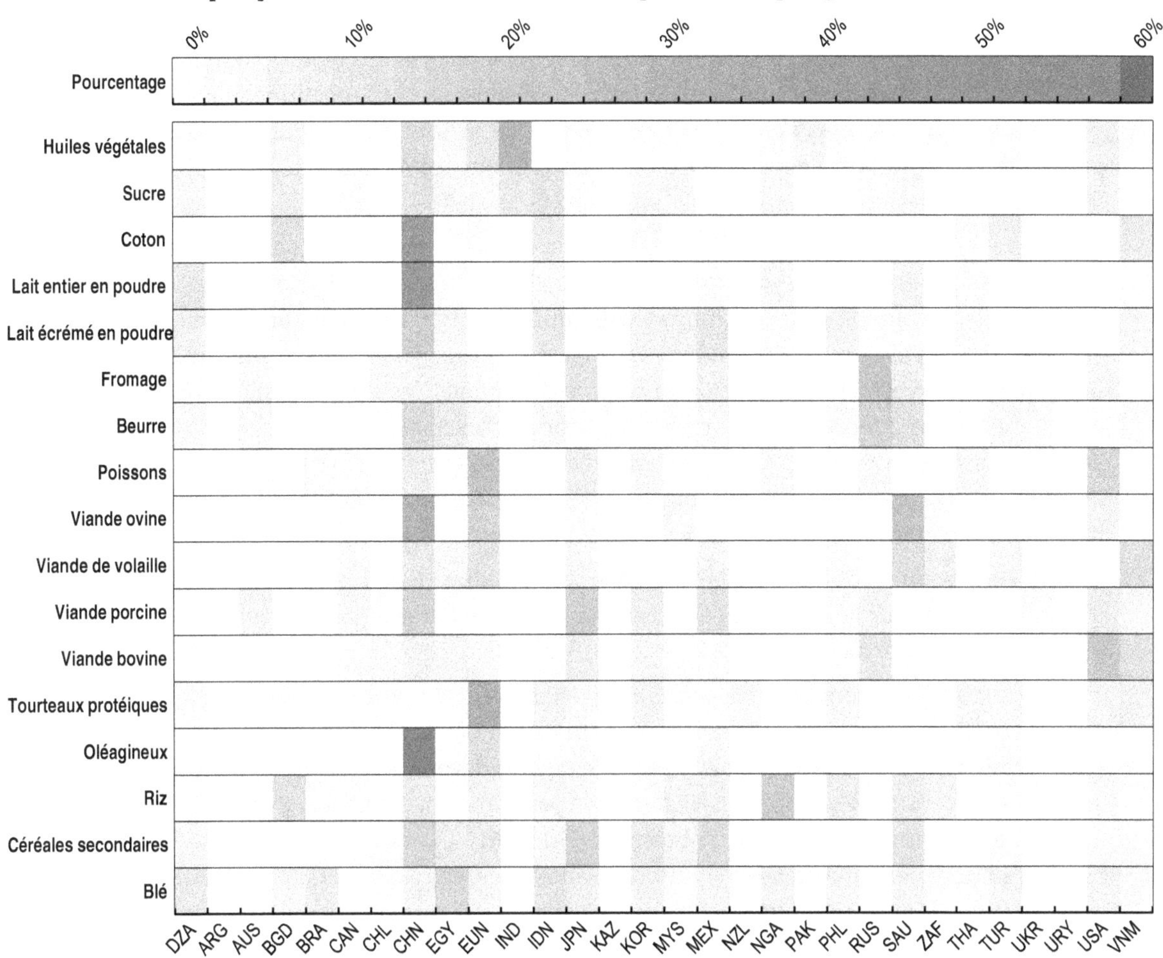

Note : Une zone plus sombre indique une plus forte part des importations mondiales d'un produit particulier. Seuls sont représentés les pays présentant une part relativement importante des importations pour au moins un des produits. Pays : (CAN) Canada, (USA) États-Unis, (EUN) Union européenne, (AUS) Australie, (NZL) Nouvelle-Zélande, (JPN) Japon, (ZAF) Afrique du Sud, (KAZ) Kazakhstan, (RUS) Fédération de Russie, (UKR) Ukraine, (DZA) Algérie, (BRA) Brésil, (CHL) Chili, (MEX) Mexique, (URY) Uruguay, (BGD) Bangladesh, (CHN) Chine, (IND) Inde, (IDN) Indonésie, (KOR) Corée du Nord, (MYS) Malaisie, (PAK) Pakistan, (PHL) Philippines, (THA) Thaïlande, (VNM) Vietnam, (SAU) Arabie Saoudite et (TUR) Turquie.

Source: OCDE/FAO (2015), « Perspectives agricoles de l'OCDE et de la FAO », *Statistiques agricoles de l'OCDE* (base de données), *http://dx.doi.org/10.1787/agr-outl-data-fr*.

StatLink http://dx.doi.org/10.1787/888933232718

exportations américaines de céréales secondaires devraient croître en volume, sachant que selon les prévisions, la demande intérieure de production de biocarburants va se réduire.

Les exportations de produits laitiers resteront aussi très concentrées. En 2024, les États-Unis et l'Union européenne seront chacun responsable d'environ un tiers des exportations de poudre de lait écrémé, tandis que l'Union européenne restera le principal exportateur de fromage avec une part de 40 %. La Nouvelle-Zélande sera le premier exportateur mondial de beurre et de poudre de lait entier, avec des parts d'exportation atteignant respectivement 48 % et 56 %. Certains pays en développement devraient entrer dans l'arène commerciale, notamment l'Argentine et l'Arabie Saoudite qui exporteront l'une de la poudre de lait entier, l'autre du fromage.

En 2024, plus de la moitié des exportations mondiales de sucre proviendront du Brésil. Cette part de marché est inférieure à sa valeur à l'année de référence, sachant que la Thaïlande et l'Australie devraient commencer bientôt à exporter davantage de sucre. Le Brésil sera aussi devenu en 2024 le premier exportateur mondial de viande bovine et de poulet, avec des parts d'exportation respectives de 20 % et de 31 %. Le Brésil et les États-Unis représenteront plus des deux tiers des exportations mondiales de graines oléagineuses, et l'Argentine restera le plus gros exportateur de tourteau protéique avec une part de 36 %. Si les exportations de tourteau protéique et de graines oléagineuses se concentrent sur les Amériques, les exportations d'huile végétale restent dominées par l'Asie.

L'Asie reste la principale source d'exportations d'huile végétale, de riz et de poisson. Les exportations d'huile végétale sont concentrées sur l'Indonésie et la Malaisie, les exportations de riz sur la Thaïlande et le Vietnam, tandis que la Chine et le Vietnam dominent les exportations de poisson. La Thaïlande devrait rester le principal exportateur de riz en 2024. Alors que l'huile végétale fait l'objet d'un commerce mondial, les exportations de riz se font principalement à l'intérieur de cette région du monde. À l'exception de l'Inde, les exportations de riz de tous les pays qui en exportent habituellement, à savoir le Pakistan, la Thaïlande, le Vietnam et les États-Unis, devraient croître. L'Inde devrait conserver sa position de deuxième plus grand exportateur de coton et de viande bovine jusqu'en 2024.

La Fédération de Russie, l'Ukraine et le Kazakhstan devraient renforcer leur rôle d'exportateurs de blé, la Fédération de Russie dépassant le Canada pour devenir le troisième plus gros exportateur de blé d'ici 2024.

Les importations sont plus dispersées et se répartissent sur un groupe de pays plus élargi. Cependant, le graphique 1.15 montre clairement que la Chine sera le principal importateur d'un certain nombre de produits agricoles. Elle devrait devenir le plus gros importateur de graines oléagineuses, de poudre de lait écrémé, de poudre de lait entier, de coton et de mouton, avec des parts d'importation atteignant respectivement 61 %, 15 %, 25 %, 40 % et 20 %. Compte tenu du souci de la Chine de devenir autosuffisante en céréales alimentaires, ces *Perspectives* supposent que les importations de céréales alimentaires n'en seront que plus croissantes, la Chine devenant le deuxième plus gros importateur de céréales secondaires, et elle importera davantage d'orge et de sorgho que de maïs.

L'interdiction d'importation prononcée par la Fédération de Russie sur le fromage et le beurre, entre autres marchandises, ne devrait perturber que temporairement les flux d'échanges (encadré 1.6). En conséquence, la Russie devrait rester la principale destination du fromage et du beurre à moyen terme.

La structure des échanges commerciaux entre les pays développés et les pays en développement devrait se maintenir au cours des dix prochaines années. Le blé, les céréales secondaires, la viande et les produits laitiers seront généralement exportés par les pays développés et importés par les pays en développement. En revanche, le commerce du poisson et du tourteau protéique suivra la direction opposée, l'Union européenne étant le plus gros importateur de ces deux produits. Les échanges, au sein des régions en développement en particulier, seront substantiels pour le riz et les céréales oléagineuses.

Les mesures relatives aux échanges commerciaux et les politiques intérieures (restrictions temporaires des échanges, accords d'échanges bilatéraux, programmes de stockage, etc.) devraient influer significativement sur la structure des échanges. La mise en œuvre de plusieurs accords d'échanges bilatéraux pour des produits comme la viande, le poisson et les produits laitiers est susceptible d'entraîner une diversification des flux d'échanges au cours des dix prochaines années. D'un autre côté, les échanges de produits laitiers et de viande peuvent aussi être soumis à des restrictions, par le biais de barrières temporaires aux échanges motivées par des préoccupations sanitaires et de sécurité des aliments liées à la recrudescence de certaines épidémies. Les mesures de politique intérieure ont souvent des répercussions sur les marchés internationaux. Les programmes de stockage dans les pays exportateurs, par exemple, influent sur la disponibilité des produits de base pour les échanges internationaux. Les sorties des importants stocks de riz qui ont été accumulés en Thaïlande feront baisser les prix sur les marchés internationaux, ce qui pourra dissuader des exportateurs de riz moins compétitifs de pénétrer sur ces marchés.

Encadré 1.6. **Impact mondial des restrictions aux importations de produits agricoles et alimentaires en Russie**

Le 7 août 2014, le gouvernement de la Fédération de Russie a annoncé une restriction des importations d'un vaste ensemble de produits alimentaires, en réponse aux sanctions imposées par certains pays à la Fédération de Russie en raison de la situation en Ukraine. L'interdiction, qui devrait se maintenir pendant un an, concerne les importations de viande bovine, de porc, de volaille, de viandes transformées, de poisson et autres produits de la mer, de lait et de produits laitiers, de légumes, de fruits et de fruits secs en provenance de l'Union européenne, des États-Unis, du Canada, de l'Australie et de la Norvège. Les produits en question représentaient les deux tiers de la dépense alimentaire totale des ménages russes. Trente-six pour cent de ces produits (en valeur) provenaient des pays concernés. Pour certains produits, la part des importations en provenance de ces pays était très élevée : 71 % pour le porc et 53 % pour les poissons et fruits de mer.

Le principal résultat de cette interdiction a été une réorientation des flux d'échanges, une plus grande part des importations de la Russie provenant désormais de pays qui ne sont pas affectés par les restrictions, en particulier les pays d'Amérique du Sud. L'UE et les États-Unis exportent désormais davantage vers les marchés asiatiques que ce que leur fournissaient les pays d'Amérique du Sud. En Russie, cette mesure retentit sur les prix intérieurs, sur la consommation et sur le niveau de vie, et son effet est accentué par les fluctuations des taux de change. Le rouble ayant perdu près de la moitié de sa valeur par rapport au dollar américain entre juillet 2014 et février 2015, les importations sont rapidement devenues plus coûteuses, et préjudiciables au pouvoir d'achat des consommateurs. En conséquence, les prix à la consommation du porc et du poulet ont enregistré une hausse initiale de 27 % en 2014. Une hausse importante des prix a aussi été observée pour les pommes (21 %), bien supérieure à l'IPC général de 11 %.

La viande porcine est un des produits les plus affectés par l'interdiction. La Fédération de Russie va sans doute continuer à accroître sa propre production pour suivre la tendance à long terme, avec des mesures d'aide gouvernementale à l'attention des exploitations agricoles à grande échelle. À ce jour, il n'y a pas eu de croissance majeure des importations de viande bovine en Russie, sachant que ces importations venaient principalement d'Amérique du Sud avant l'interdiction.

Globalement, aucune augmentation notable de la production nationale de viande n'a été observée après la mise en place des restrictions d'importation. Les principaux effets de l'interdiction ont été, tout d'abord, un changement majeur dans les sources d'importation, et en second lieu, une baisse globale des importations de produits agricoles. Au second semestre de 2014, la valeur des importations agricoles et alimentaires de la Fédération de Russie a diminué de 6.4 % par rapport à la même période en 2013, avec une nette diminution vers la fin de l'année 2014 par suite d'une chute brutale du rouble. Parmi les produits affectés, la plus forte chute des importations en 2014 a concerné la viande porcine (41 % en volume). La part de la viande porcine brésilienne dans les flux d'échanges vers la Fédération de Russie est passée de 21 % en moyenne en 2013 à 72 % au cours du dernier trimestre de 2014. Le Brésil a maintenant remplacé l'UE comme principal exportateur de viande porcine vers la Fédération de Russie. Concernant la volaille, la part du Brésil est passée de 9.8 % en 2013 à 25.4 %. Les importations de produits laitiers en provenance de l'UE se sont réduites, tandis que l'Argentine, l'Uruguay et plus particulièrement le Belarus ont augmenté substantiellement leurs exportations. La part du Belarus dans la valeur totale des importations de produits laitiers par la Fédération de Russie est passée d'environ 40 % au début de 2014 à 72 % après les sanctions.

Encadré 1.6. **Impact mondial des restrictions aux importations de produits agricoles et alimentaires en Russie**

(suite)

Les interdictions d'importation s'ajoutent aux restrictions d'accès au marché, lesquelles incluent des mesures sanitaires et phytosanitaires, que la Russie imposait déjà sur certaines importations, par exemple la viande porcine provenant de l'UE, les produits laitiers et carnés d'Ukraine et les fruits de Moldavie. Cependant, au moment de l'interdiction frappant les importations, en août 2014, les autorités russes ont rapidement accordé des certificats phytosanitaires et vétérinaires à un certain nombre de partenaires commerciaux, en particulier aux pays d'Amérique du Sud, ce qui a facilité la réorientation des importations.

Graphique 1.17. **Importations mensuelles de porc et de volaille de la Fédération de Russie, 2014**

Porc (à gauche) et volaille (à droite)

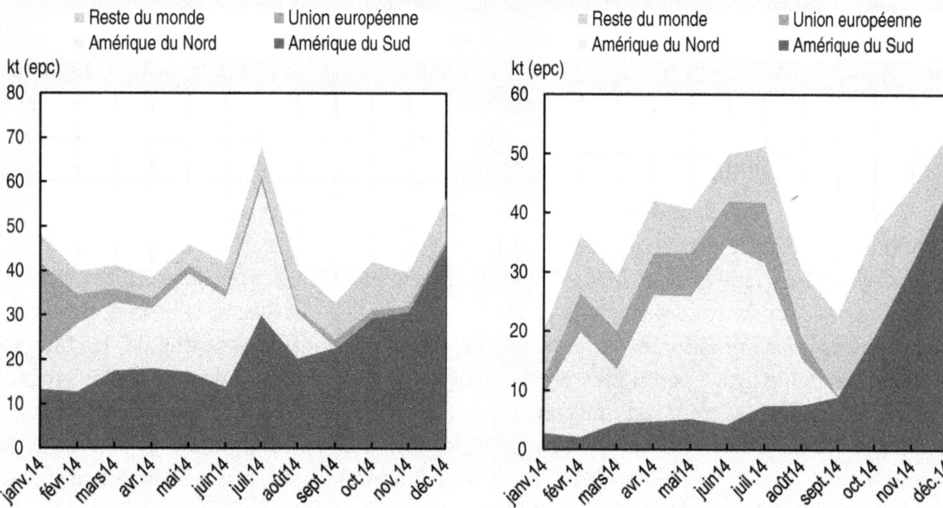

Note: epc : Equivalent poids carcasse.
Source: Global Trade Information Services, Inc. (GTI).

StatLink http://dx.doi.org/10.1787/888933232728

L'interdiction d'importation devrait expirer en août, mais qu'elle soit destinée à être renouvelée ou non, certains changements structurels peuvent être associés à cette mesure. L'Amérique du Sud, déjà principale région exportatrice de viande bovine à destination de la Fédération de Russie, gagne maintenant des parts de marché sur d'autres produits et consolide ainsi ses relations commerciales. D'autres pays moins éloignés comme l'Azerbaïdjan, le Belarus, la Chine, Israël, la Serbie et la Turquie gagnent aussi du terrain en tant que fournisseurs de divers produits à la Fédération de Russie. Les nouveaux exportateurs, comme la Serbie pour la viande porcine, sont assez compétitifs pour pouvoir se maintenir sur le marché russe même après la levée de l'interdiction, ayant bien affirmé leur position au cours d'une période de faible concurrence de la part des principaux pays producteurs. Ce réalignement des approvisionnements peut avoir des implications à plus long terme pour les échanges, la production et la consommation en Russie, ainsi que pour le marché mondial.

Les prix : Les prix réels suivent une tendance à la baisse à long terme

Au cours des dix prochaines années, les prix réels devraient diminuer par rapport à leurs niveaux de 2014 mais rester supérieurs à leurs niveaux d'avant 2007. En tenant compte seulement des 15 dernières années, les prix projetés présentent une tendance à la hausse (graphique 1.18). Une période de prix bas au début des années 2000 a été suivie d'une période de prix élevés et volatils à partir de 2007. Les prix ont commencé à se stabiliser en 2013, mais ils ne devraient pas redescendre aux niveaux observés au début des années 2000.

Graphique 1.18. **Évolution à moyen terme des prix des produits agricoles en termes réels**

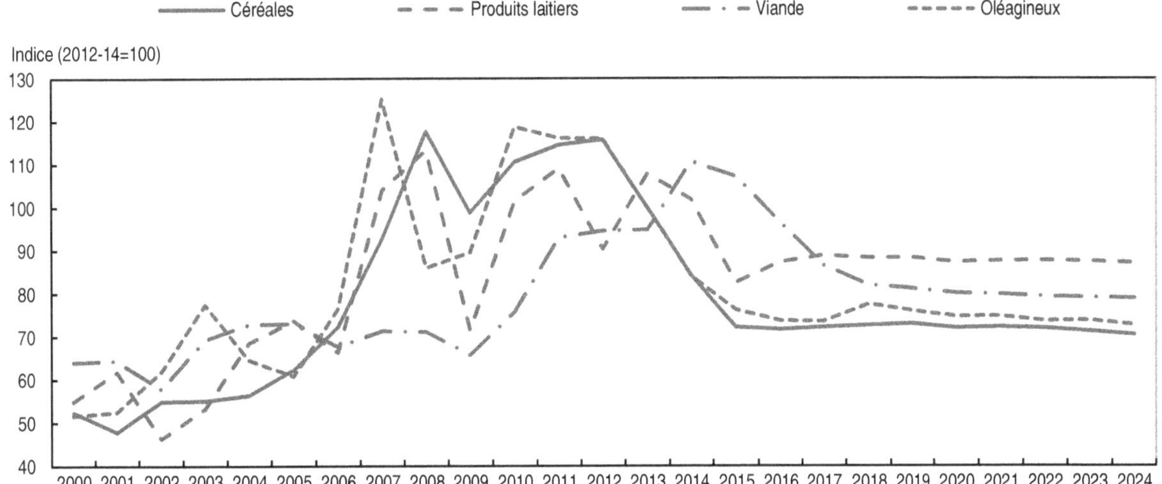

Note : Indice calculé avec une pondération constante des produits dans chaque catégorie. Le coefficient de pondération est la valeur moyenne de la production sur 2012-14.

Source : OCDE/FAO (2015), « Perspectives agricoles de l'OCDE et de la FAO », *Statistiques agricoles de l'OCDE* (base de données), *http://dx.doi.org/10.1787/agr-outl-data-fr*.

StatLink http://dx.doi.org/10.1787/888933232730

Cependant, la question de savoir si les prix réels suivent une tendance à la hausse ou à la baisse dépend de la période sur laquelle les prix sont étudiés. Quand on analyse l'évolution des prix réels au cours du dernier siècle, les prix anticipés sont la continuation d'une tendance baissière à long terme. C'est ce qu'illustre le graphique 1.19, qui présente l'évolution des prix du maïs depuis 1908 et jusqu'en 2024. Au début des années 2000, les prix étaient au-dessous de la tendance, tandis que les prix actuels et anticipés sont plus proches de la tendance. Les autres produits suivent une tendance similaire à la baisse à long terme. Même si les prévisions des prix réels sont à la baisse, cela ne réduit pas la probabilité que les prix connaissent des épisodes de volatilité, avec notamment des pics, au cours des dix ans à venir. Certains des facteurs susceptibles d'accroître la variabilité des prix sont analysés dans la prochaine section.

La baisse des prix du pétrole brut aurait limité les impacts sur les prix des produits de base

Les prix du pétrole brut ont un impact sur les prix des produits agricoles et des biocarburants par différents canaux. Concernant les produits agricoles, une baisse des prix

Graphique 1.19. **Prix réels du maïs à long terme entre 1908 et 2024**

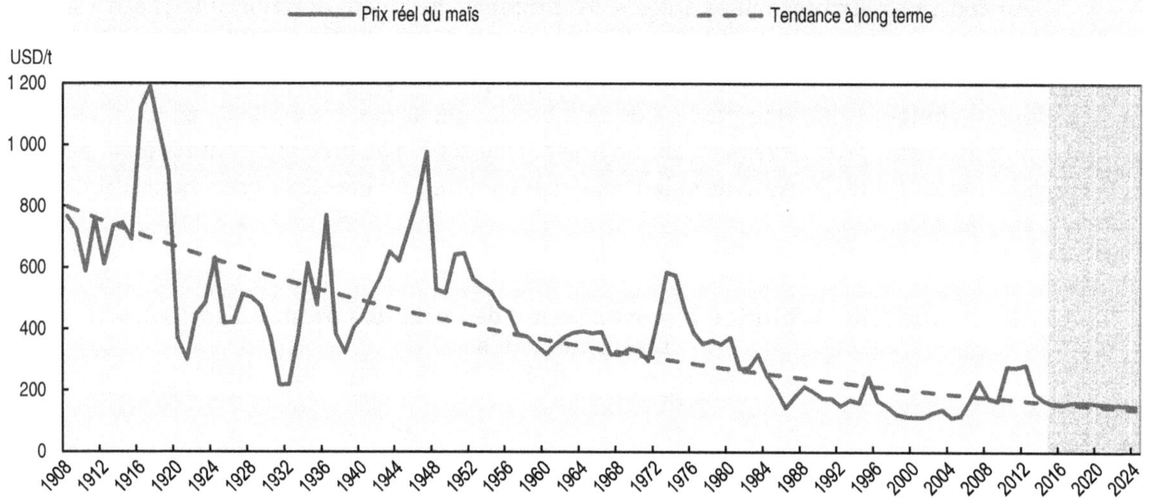

Note : Le prix du maïs jaune américain Gulf n°2 sert de référence pour le prix des céréales secondaires sur le marché mondial. Ce prix est comptabilisé mensuellement dès 1960 dans les bases de données de la Banque mondiale. Les prix mensuels ont été convertis en moyennes annuelles en utilisant l'année de commercialisation du maïs de septembre à août. Pour les années 1908 à 1959, la série statistique est étendue en utilisant les variations relatives du « prix du maïs perçu » tirées des statistiques du Département américain de l'Agriculture (USDA quickstats). Les prix nominaux sont déflatés en utilisant le prix à la consommation tel qu'il est rapporté par la banque centrale des États-Unis (*http://www.minneapolisfed.org/community_education/teacher/calc/hist1800.cfm*).

StatLink http://dx.doi.org/10.1787/888933232743

du pétrole entraîne une réduction des coûts de l'énergie et des engrais. Cet effet est atténué dans la mesure où les coûts des intrants énergétiques ne représentent qu'une partie du coût total de production. Aux États-Unis, par exemple, il est estimé que dans la production des céréales secondaires, les coûts de l'énergie et des engrais représentent respectivement 10 % et 20.8 % des dépenses. Ces chiffres sont considérablement moins élevés dans les pays en développement où les systèmes de production sont moins intensifs et moins mécanisés et où une variation du prix de l'énergie a moins d'impact sur les prix des produits agricoles. La réaction de la demande aux variations de prix est moins prononcée que la réaction de l'offre, la demande de produits agricoles de la part des consommateurs étant assez inélastique.

La situation est différente concernant les biocarburants. La demande de biocarburants reste fortement dépendante des politiques, et donc des niveaux minimums de demande sont maintenus indépendamment des prix relatifs des biocarburants et du pétrole brut. En fait, sachant que la demande de biocarburants est régulée par des mesures d'action publique, le lien entre les prix des biocarburants et les prix du pétrole brut est relativement limité. Cependant, le développement des biocarburants, abstraction faite des pourcentages obligatoires, dépend des prix comparés des biocarburants et du pétrole brut. Quand le prix du pétrole brut baisse, les biocarburants deviennent moins compétitifs, ce qui entraîne une baisse de la demande engendrée par le marché et une diminution des investissements dans ce secteur, ce qui peut être compensé au moins en partie par un accroissement de la demande de biocarburant liée à l'action publique, en raison d'une utilisation accrue des carburants pour les transports.

Les prévisions actuelles concernant le secteur de l'énergie, qui devrait connaître une offre importante et une forte concurrence par les prix entre les plus gros producteurs, ont motivé une révision à la baisse des projections du prix du pétrole par rapport aux *Perspectives* de l'année dernière, et il est maintenant prévu que ce prix atteigne 88.1 USD en valeur nominale en 2024. Ces prix du pétrole moins élevés devraient atténuer les hausses des prix agricoles à court terme. En effet, les deux dernières années de commercialisation ont été caractérisées par des rendements supérieurs à la moyenne, si bien que les prix sont redescendus pour atteindre leurs niveaux actuels. Le retour à des rendements plus normaux entraînera une diminution de l'offre mondiale de tous les produits essentiels de l'agriculture au cours des prochaines campagnes de commercialisation, et de ce fait, les prix devraient augmenter. Par ailleurs, les facteurs d'incitation à accroître la production disparaissent après une période de baisse des prix, ce qui génère aussi une pression à la hausse sur les prix. Les facteurs de hausse des prix sont partiellement compensés par des prix de l'énergie moins élevés, suite à la baisse du prix du pétrole brut. Néanmoins, l'effet d'une baisse du prix du pétrole sur les prix des produits agricoles sera limité à moyen terme. Si le prix du pétrole influe bien sur le coût de production, de même que la demande de matières premières des biocarburants, il reste un facteur unique parmi une longue liste de facteurs affectant les prix des produits agricoles. D'autres facteurs comme les conditions climatiques, les politiques appliquées, la croissance économique, la croissance démographique et les taux de change doivent aussi être pris en compte et l'interaction de ces différents facteurs surpasse l'impact d'une baisse du prix du pétrole. L'encadré 1.7 examine l'impact d'une flambée du prix du pétrole brut sur les prix des produits de base, et l'encadré 1.8 analyse l'effet d'une croissance du PIB supérieure à 2 % dans chacun des pays du G20 sur les marchés des produits agricoles de base.

Encadré 1.7. **Les implications des variations du prix du pétrole brut pour les marchés agricoles**

Au cours du premier semestre de 2014, le prix du pétrole est resté stable, aux alentours de 110 USD le baril. Cependant, à partir de juillet, il a baissé, d'abord graduellement, puis de façon plus marquée au dernier trimestre 2014, pour terminer l'année juste au-dessus de 50 USD le baril. La base de données des *Perspectives agricoles* 2015 donne un prix moyen juste au-dessous de 100 USD le baril pour 2014, et juste au-dessus de 60 USD le baril en 2015. Cela correspond à une hypothèse significativement plus basse pour le prix du pétrole au cours de la période de projection par rapport aux années précédentes.

En conséquence, les projections de prix pour les produits agricoles dans les *Perspectives agricoles* 2015 ont été revues à la baisse pour tenir compte de l'hypothèse de variation du prix du pétrole. Cependant, ces projections indiquent la tendance prévisible à moyen terme mais pas la volatilité qui pourrait être observée au cours de la période de projection de dix ans.

Les simulations qui suivent illustrent la manière dont le lien entre le prix du pétrole et les prix des produits agricoles peut être affaibli par d'autres sources d'incertitude, notamment les rendements et d'autres variables macroéconomiques. Le graphique 1.20 est une carte thermique correspondant à 1 000 simulations du prix relatif du pétrole par rapport au prix des céréales secondaires en 2024, sur laquelle une couleur plus sombre indique une plus grande probabilité de la combinaison de prix du pétrole et des céréales secondaires correspondante. Cette carte montre qu'il existe un lien entre une hausse du prix du pétrole et une hausse du prix des céréales secondaires. Selon les estimations, une hausse de 10 % du prix du pétrole est associée à une hausse de 3 % du prix des céréales secondaires. Cependant, une hausse du prix du pétrole n'entraîne pas nécessairement une hausse du prix des céréales secondaires, même si elle en accroît la probabilité. À tout moment, un certain nombre d'autres sources de volatilité peuvent neutraliser l'impact de la hausse du prix du pétrole, ou au contraire l'amplifier.

Encadré 1.7. **Les implications des variations du prix du pétrole brut pour les marchés agricoles** *(suite)*

Graphique 1.20. **Relation entre le prix des céréales secondaires et le prix du pétrole brut en 2024**

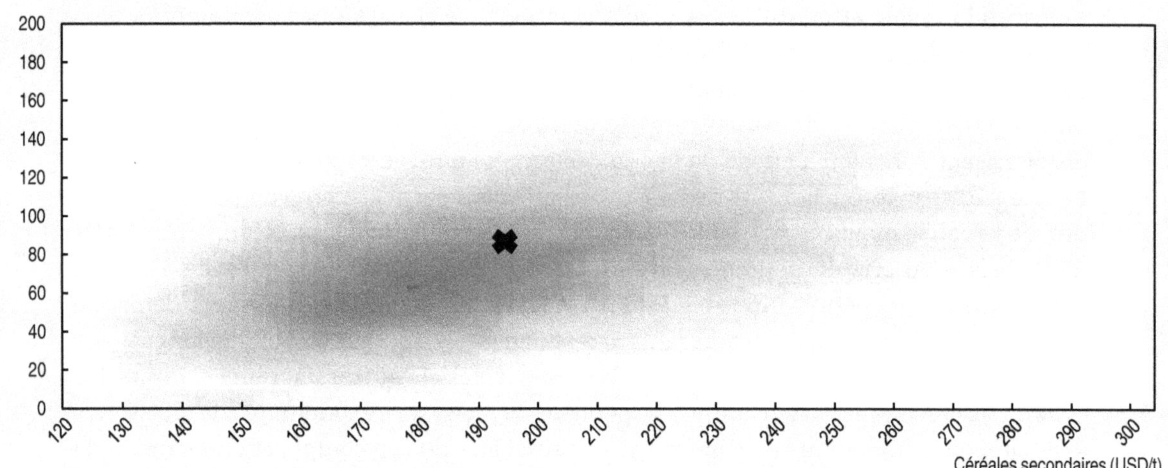

Note: La couleur plus sombre représente une plus grande probabilité de la combinaison de prix du pétrole et des céréales secondaires correspondante. La croix représente l'hypothèse centrale en 2024.

Source: OCDE/FAO (2015), « Perspectives agricoles de l'OCDE et de la FAO », *Statistiques agricoles de l'OCDE* (base de données), *http://dx.doi.org/10.1787/agr-outl-data-fr*. StatLink *http://dx.doi.org/10.1787/888933232752*

Le prix des céréales secondaires est étudié ici à titre d'illustration, mais les mêmes liens s'observent pour la plupart des autres produits agricoles à l'exception des biocarburants, avec lesquels d'autres effets se produisent par suite des mesures politiques mises en place et du fait que ces produits soient des substituts du pétrole.

Encadré 1.8. **Estimation des effets de l'initiative de croissance du G20 sur les marchés**

Dans le Plan d'action de Brisbane de novembre 2014, les dirigeants des pays du G20 se sont engagés à mettre en œuvre des politiques macroéconomiques et structurelles destinées à stimuler la croissance du PIB dans chacun des pays du G20 de telle sorte que cette croissance dépasse de plus de 2 % les taux de croissance prévisionnels pour 2018. Les retombées positives de la croissance du G20 devraient aussi permettre d'accroître de 0.5 % la croissance du PIB des autres pays d'ici 2018. Dans le scénario qui suit, il est supposé que l'agriculture contribue à ce supplément de croissance du G20 sous la forme de gains de productivité réduisant le coût de production de chaque produit de 2 % au-dessous du niveau de référence par tranches égales d'ici 2018, ce coût devant rester inférieur au niveau de référence pendant tout le reste de la période de projection.

La hausse des revenus réels stimule la demande pour la plupart des produits agricoles, tandis que la diminution des coûts stimule l'offre. Il en résulte que de plus grandes quantités de produits agricoles sont produites, consommées et échangées, mais avec des impacts relativement faibles sur les prix, car les deux effets se neutralisent.

La consommation augmente surtout pour les produits qui sont caractérisés par une élasticité de la demande par rapport au revenu relativement forte, à savoir la viande, le poisson et les produits laitiers, avec une demande induite pour un supplément de céréales fourragères. Les impacts sur la consommation de denrées de base comme le blé et le riz sont relativement modestes.

Concernant le G20 dans son ensemble, la hausse des revenus et la baisse des coûts se renforcent mutuellement et la production et la consommation sont supérieures à leurs niveaux de référence. Dans l'hypothèse d'une consommation et d'une production supérieures d'environ 1 % au niveau de référence à partir de 2019, l'impact est le plus fort sur la production et la consommation de beurre, de viande bovine, de poudre de lait entier et de poisson.

Encadré 1.8. **Estimation des effets de l'initiative de croissance du G20 sur les marchés** *(suite)*

La hausse des revenus accroît la demande d'importations du G20 pour la plupart des produits agricoles, le blé et le riz faisant exception. Les importations de poudre de lait entier sont supérieures de plus de 2 % au niveau de référence de 2017. La demande d'importation des pays qui ne font pas partie du G20 et des pays les moins avancés est plus variable, même si, pour la plupart des produits, elle est très légèrement supérieure au niveau de référence. Du côté des exportations, le tableau est plus contrasté, les exportations des principaux pays exportateurs du G20 augmentant à mesure que celles des pays les moins avancés diminuent.

Les effets sur les marchés varient avec le temps. Dans le modèle Aglink-Cosimo, l'offre réagit avec retard aux réductions de coût, si bien que les prix augmentent dans un premier temps avant que les effets des réactions de la production soient observables. Une fois que les revenus et les coûts de production se seront stabilisés, après 2018, les variations de la demande et de l'offre résultant des différences de prix relatifs engendreront une baisse modérée puis une stabilisation des prix (graphique 1.21). dans la plupart des cas, les prix seront plus élevés en 2024, mais avec des effets limités. Les effets les plus notables concernent les produits dont la consommation augmente le plus, c'est-à-dire la viande, le poisson et certains produits laitiers.

Dans ce scénario, les pays qui n'appartiennent pas au G20 profitent seulement des retombées sur le revenu, pas de la réduction des coûts agricoles. Dans ces pays, cela suscite des revendications et induit une réponse au niveau de l'offre sur le marché national. Toute pression à la hausse sur les prix dans ces pays peut être compensée par des progrès de la productivité agricole. Consacrer davantage d'efforts à améliorer la croissance de la productivité de l'agriculture est une des recommandations essentielles du rapport interinstitutionnel réalisé par la FAO et l'OCDE pour la présidence australienne du G20 sur les possibilités de croissance économique et de création d'emplois dans le domaine de la sécurité alimentaire et de la nutrition (*Opportunities for Economic Growth and Job Creation in Relation to Food Security and Nutrition*, FAO et OCDE, 2014).

Graphique 1.21. **Effets des prix mondiaux sur les pays du G20 à revenus élevés**

Augmentation en pourcentage des prix mondiaux par rapport au scénario de référence

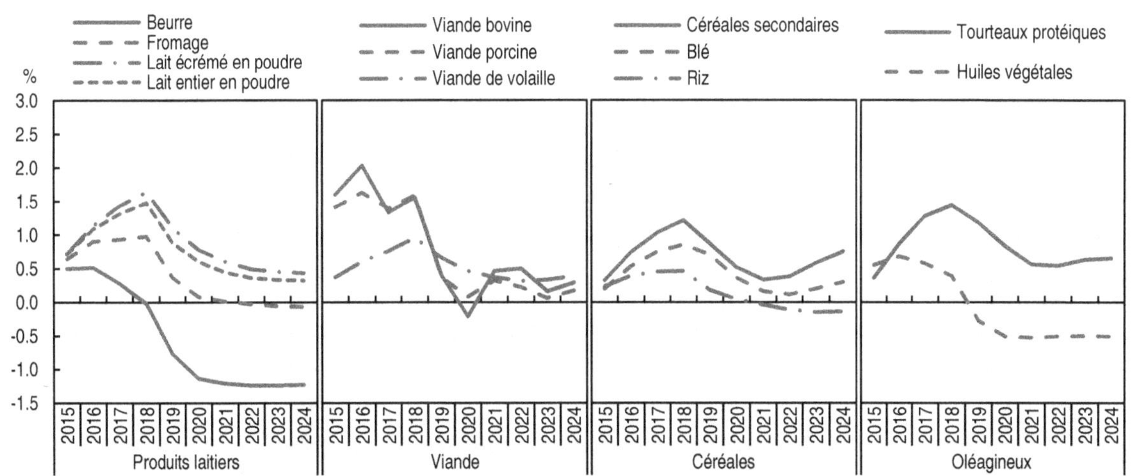

Note : Le scénario suppose une croissance du PIB de 2% au-dessus des taux de croissance prévisionnels d'ici à 2018 au sein du G20, l'agriculture contribuant à ce supplément de croissance du G20 sous la forme de gains de productivité réduisant le coût de production de chaque produit de 2 % au-dessous du niveau de référence par tranches égales d'ici 2018. Les retombées positives de la croissance du G20 devraient aussi permettre d'accroître de 0.5 % la croissance du PIB des autres pays d'ici 2018.
Source: Secrétariats de l'OCDE et de la FAO.

StatLink http://dx.doi.org/10.1787/888933232767

Les prix nominaux devraient très légèrement s'accroître pour les produits agricoles et laitiers, et les prix de la viande devraient suivre la même tendance avec un décalage de deux ans

Les prix des récoltes sur le marché international sont en baisse depuis 2013, par suite de deux récoltes exceptionnelles successives de céréales et d'oléagineux. Il en résulte une situation caractérisée par une offre abondante et des stocks reconstitués, qui laisse penser que les prix nominaux devraient continuer à baisser à court terme avant de retrouver une très légère tendance à la hausse sur le reste de la période de projection. Les prix de la viande ont atteint des sommets en 2014 et devraient diminuer au cours des dix prochaines années en réponse à la baisse des coûts des aliments pour animaux et au ralentissement de la croissance de la demande mondiale.

Les projections se fondent sur des hypothèses spécifiques concernant une série de facteurs qui influent sur l'offre, la demande, les échanges et les prix des produits. Ces facteurs sont la politique, les rendements des cultures et des hypothèses macroéconomiques comme la croissance du revenu, les taux de change et le prix du pétrole. En vue d'étudier la sensibilité des prix des produits à ces facteurs, les projections de prix intègrent spécifiquement l'impact des variations de rendement et des conditions macroéconomiques. L'encadré 1.9 explique en détail la manière dont ces études stochastiques partielles ont été réalisées et dont il convient d'interpréter les résultats.

Encadré 1.9. **La stochastique expliquée**

Pourquoi procéder à une analyse stochastique partielle des projections de prix ?

L'objectif de l'analyse stochastique est d'évaluer l'impact possible sur les projections de prix de l'incertitude relative aux hypothèses fondamentales concernant l'environnement macroéconomique et les niveaux de rendement. L'analyse stochastique n'est que partielle dans la mesure où elle ne tient pas compte de toutes les sources de variabilité. Ainsi, par exemple, il n'est pas tenu compte de l'incertitude relative aux changements politiques ou aux maladies animales.

Quelles hypothèses sous-tendent l'analyse stochastique ?

L'analyse stochastique donne une estimation des variations futures possibles en fonction de l'historique des variations. Elle ne permet pas d'obtenir un intervalle de confiance pour l'avenir ou pour la probabilité d'un prix particulier. Elle repose sur les hypothèses suivantes :

- L'hypothèse centrale est correcte
- Les variations et les corrélations du passé se poursuivront dans l'avenir
- Les facteurs pris en compte sont les seules causes de la volatilité

Quelles variables sont prises en compte dans l'analyse stochastique ?

Les variables macroéconomiques suivantes, spécifiques à 40 pays, et 79 rendements par produit et par pays sont considérés comme incertains dans les tirages stochastiques partiels :

Déterminants macroéconomiques globaux : Produit intérieur brut (PIB) réel, indice des prix à la consommation (IPC), déflateur du PIB et taux de change de la devise nationale contre le dollar américain en Australie, au Brésil, au Canada, en Chine, aux États-Unis, en Inde, au Japon, en Nouvelle-Zélande, en Russie et dans l'Union européenne, et prix du pétrole brut sur le marché mondial.

Encadré 1.9. **La stochastique expliquée** *(suite)*

Rendements agricoles : l'incertitude concernant les rendements de 17 cultures et du lait dans 20 pays producteurs importants est aussi analysée, ce qui donne un total de 79 rendements incertains par produit et par pays. Les 79 rendements incertains choisis sont considérés comme étant ceux qui influent le plus sur les marchés des produits de base.

Que montre le graphique ?

Sur le graphique 1.22, la ***ligne bleue continue*** représente l'historique et la tendance prévisionnelle (scénario de base) du prix des céréales secondaires. La ligne pointillée et les zones ombrées illustre la manière dont le prix projeté peut varier quand il est tenu compte des incertitudes relatives au rendement et aux déterminants macroéconomiques, c'est-à-dire quand une analyse stochastique partielle est appliquée. La ***ligne bleue pointillée*** représente une possibilité d'évolution du prix choisie arbitrairement parmi les 1 000 simulations produites par l'analyse stochastique. Elle montre bien la façon dont les prix varient d'une année à l'autre. Les ***zones ombrées*** indiquent l'effet des divers facteurs stochastiques sur la probabilité que le prix atteigne un niveau particulier au cours d'une année donnée. La valeur prévisionnelle pour une année donnée se trouve quelque part dans la zone ombrée. Plus une zone est sombre, plus forte est la probabilité que le prix se situe dans cette zone. Cependant, l'évolution du prix ne suivra généralement pas de façon constante la trajectoire supérieure ou inférieure. Aussi la zone ombrée doit-elle être considérée comme la zone dans laquelle les prix peuvent osciller de façon réaliste. Les ***lignes noires pointillées*** supérieure et inférieure représentent respectivement le 10e et le 90e centiles.

Graphique 1.22. **Prix des céréales secondaires en valeurs nominales, avec les variations tirées de l'analyse stochastique**

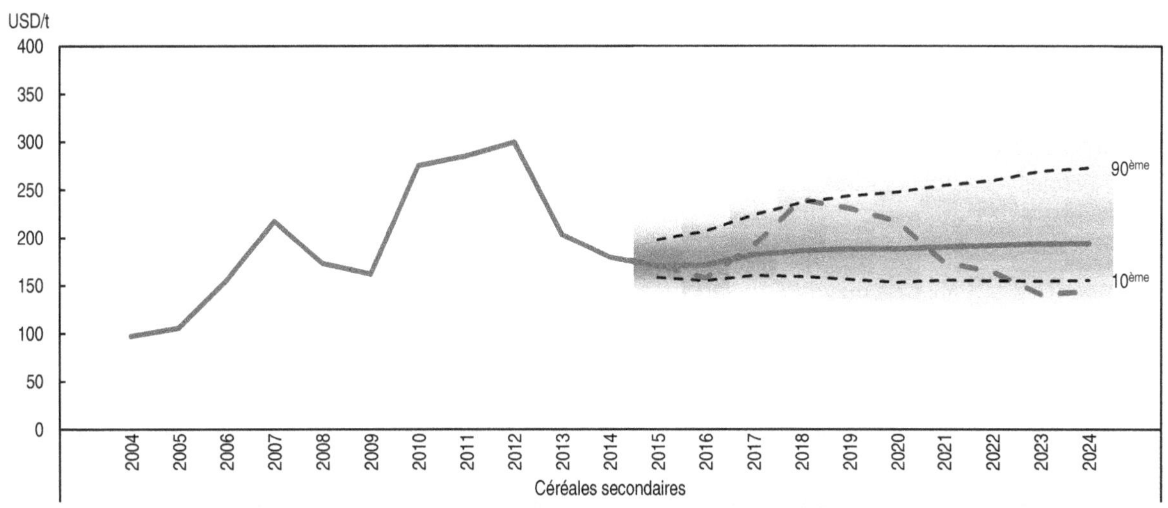

Note : La ligne bleue continue représente l'historique et le scénario de référence. La ligne bleue pointillée représente une évolution de prix choisie arbitrairement parmi les 1 000 simulations. Une zone plus sombre indique une plus grande probabilité que le prix atteigne un niveau particulier au cours d'une année donnée. Les lignes noires pointillées supérieure et inférieure représentent respectivement le 10e et le 90e centiles.

Source : OCDE/FAO (2015), « Perspectives agricoles de l'OCDE et de la FAO », *Statistiques agricoles de l'OCDE* (base de données), *http://dx.doi.org/10.1787/agr-outl-data-fr*.

StatLink http://dx.doi.org/10.1787/888933232778

Encadré 1.9. **La stochastique expliquée** *(suite)*

Comment les résultats doivent-ils être interprétés ?

À court terme, le degré d'incertitude est bien plus faible qu'à moyen terme. C'est principalement la conséquence de l'incertitude macroéconomique, laquelle est modélisée de telle sorte qu'elle s'accumule avec le temps, tandis que la variation des rendements est censée rester relativement constante dans le temps. En effet, sur le graphique, les zones ombrées sont bien plus concentrées durant les premières années et plus dispersées au cours des dernières années.

La probabilité que les prix se situent dans une zone très légèrement ombrée est faible pour une année quelconque. Cependant, la probabilité que les prix se situent dans une zone très légèrement ombrée au moins une fois sur toute la période de projection est considérablement plus élevée. C'est aussi ce qu'indiquent le 10e et le 90e centiles, sachant que la probabilité que les prix se situent à l'extérieur de cette marge est de 20 % pour une année quelconque, mais qu'elle est bien plus élevée quand il est tenu compte de l'ensemble de la période de dix ans. L'analyse stochastique n'exclut pas la possibilité d'une hausse soudaine des prix : un événement macroéconomique exceptionnel ou un rendement exceptionnellement faible ou exceptionnellement élevé peuvent entraîner une hausse des prix au-dessus du 90e centile ou une chute des prix au-dessous du 10e centile.

Note : Pour plus d'information sur l'analyse stochastique, consulter la Méthodologie, qui est accessible en ligne à l'adresse *http://www.agri-outlook.org/*.

Les graphiques 1.23 et 1.24 représentent, pour une sélection de produits, l'évolution des prix nominaux ainsi que la variation autour de la ligne représentant le scénario de référence, d'après l'analyse stochastique. La variation tient compte de l'incertitude macroéconomique et de l'incertitude relative aux rendements. Selon la simulation, l'incertitude de rendement reste constante dans le temps tandis que l'incertitude macroéconomique s'accroît et devient donc plus visible à la fin de la période de projection.

Les prix des céréales devraient baisser à court terme, par suite d'une production historiquement importante en 2013 et en 2014, de niveaux de stock élevés, d'une croissance économique plus lente et d'une baisse des prix du pétrole. À moyen terme, les prix devraient suivre une légère tendance à la hausse, parallèlement à la hausse du coût de production. Concernant le riz, les prix se rétabliront plus tard, par rapport aux prix des autres céréales, en raison d'une accumulation de stocks en Thaïlande. Il devrait en résulter une pression à la baisse des prix pendant plusieurs années. Le prix pratiqué en Thaïlande est redevenu le prix de référence mondial alors que depuis deux ans, c'était le prix du riz au Vietnam qui était utilisé. Après la suspension du programme d'engagement sur le riz en 2014, le prix du riz en Thaïlande a convergé vers les prix au Vietnam et dans d'autres pays producteurs, et la Thaïlande est redevenue le plus gros exportateur de riz, devant l'Inde.

Les prix des graines oléagineuses devraient suivre la même tendance que les prix des céréales, et donc décroître à court terme mais s'accroître à moyen terme. En valeurs réelles, les prix des graines oléagineuses et des produits qui en sont dérivés devraient diminuer au cours de la période de projection. Un ralentissement de la demande d'huile végétale, en raison d'une saturation de la demande par habitant dans les pays émergents et d'une diminution de la croissance de la production de biodiesel, aura pour conséquence une baisse des prix des huiles végétales plus rapide que la baisse des prix du tourteau protéique en valeurs réelles.

Graphique 1.23. **Évolution des prix agricoles en valeurs nominales, avec les variations tirées de l'analyse stochastique**

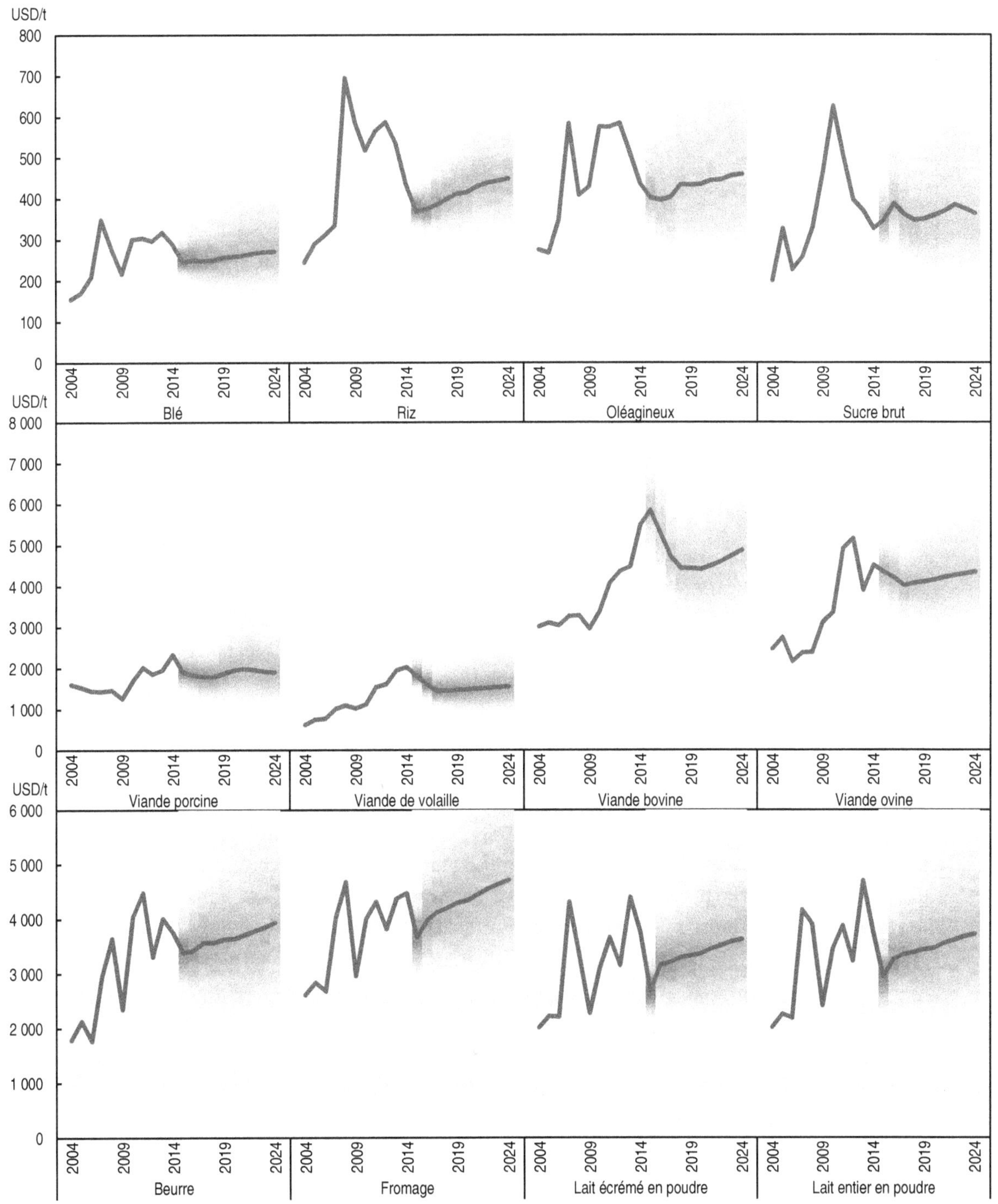

Note : Les prix nominaux des céréales secondaires sont représentés sur le graphique 1.22.

Source : OCDE/FAO (2015), « Perspectives agricoles de l'OCDE et de la FAO », *Statistiques agricoles de l'OCDE* (base de données), *http://dx.doi.org/10.1787/agr-outl-data-fr.*

StatLink http://dx.doi.org/10.1787/888933232789

Graphique 1.24. **Évolution des prix nominaux des biocarburants, du coton et du poisson, avec les variations tirées de l'analyse stochastique**

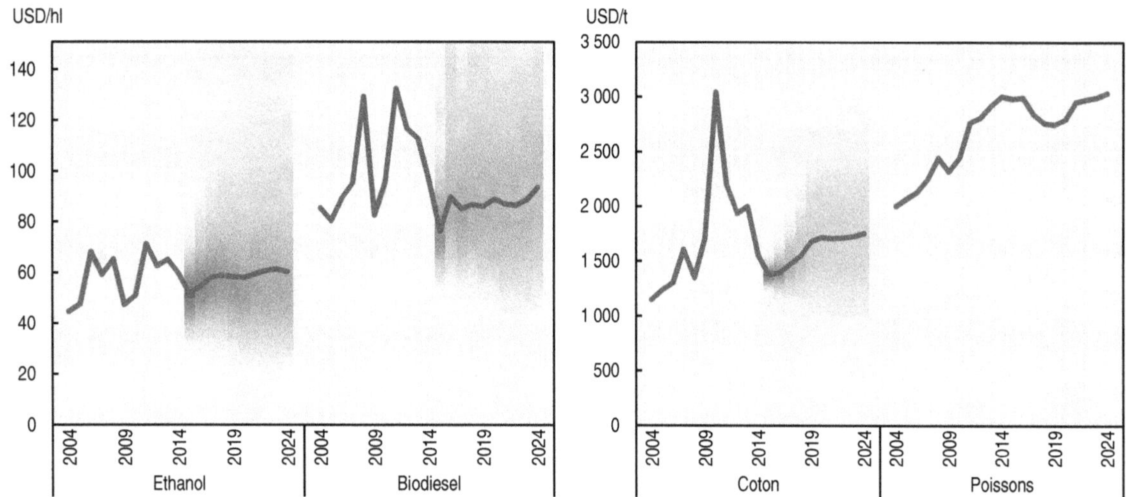

Note : Aucune analyse stochastique n'a été effectuée pour le poisson.
Source : OCDE/FAO (2015), « Perspectives agricoles de l'OCDE et de la FAO », *Statistiques agricoles de l'OCDE* (base de données), *http://dx.doi.org/10.1787/agr-outl-data-fr*.

StatLink http://dx.doi.org/10.1787/888933232791

Le prix nominal du sucre, actuellement bas, devrait se rétablir, cette situation s'expliquant par quatre années d'excédent au niveau mondial conjointement avec une dévaluation du réal brésilien par rapport au dollar américain. Les producteurs de sucre sont en train d'ajuster leur production, si bien que le marché mondial du sucre va traverser une phase de déficit et que les prix vont donc légèrement monter. Au cours de la période de projection, les prix du sucre resteront volatils et auront tendance à osciller, en raison du cycle de production dans certains des principaux pays d'Asie producteurs de sucre. L'impact de l'abolition des quotas sucriers dans l'Union européenne en 2017 devrait se traduire par une baisse des prix du sucre dans l'Union européenne en 2017, même si cette baisse a déjà commencé en 2014, les producteurs performants ayant déjà commencé à produire plus pour gagner des parts de marché (combiné à une récolte record).Toutefois l'impact sur les prix mondiaux reste incertain. En valeurs réelles, les prix du sucre devraient retrouver leurs niveaux d'avant leur pic de 2009.

Les prix de la viande ont atteint des niveaux record en 2014. À l'exception du prix du mouton, les prix nominaux de la viande devraient baisser d'ici 2024 par suite d'une hausse de la productivité et d'une baisse des coûts des aliments pour animaux. Concernant la viande bovine, les prix nominaux resteront élevés à court terme, en raison de la reconstitution en cours des cheptels dans plusieurs pays producteurs de viande. À moyen terme, les prix vont se tasser en raison d'une hausse des niveaux de production. La baisse des prix de la viande porcine et de la volaille devrait s'amorcer au début de la période de projection, en raison de la baisse des prix des céréales fourragères. La croissance de l'offre de viande porcine aux États-Unis et au Brésil, conjointement avec la réduction des importations de la Fédération de Russie, exercera une pression supplémentaire à la baisse sur les prix de la viande porcine au cours de la période de projection. En revanche, le prix de la viande ovine restera élevé, soutenu par une forte demande d'importation en Chine. Bien qu'il soit prévu une baisse des prix nominaux de la viande bovine, du porc et de la volaille au cours de la période de projection, le ratio prix à la production/prix des aliments pour animaux restera favorable pour les producteurs de viande.

Les prix du lait et des produits laitiers ont chuté au cours du second semestre de 2014, en raison d'une forte réduction de la demande d'importation en Chine, de la croissance de la production dans les principaux pays exportateurs et de l'interdiction d'importation en Russie. Au cours des dix prochaines années, les prix nominaux devraient se rétablir par rapport à leurs faibles niveaux actuels, sous l'effet d'une croissance de la demande d'importation. Les prix des fromages connaîtront des taux de croissance plus forts que tous les autres produits laitiers et ils devraient atteindre en 2024 des niveaux de prix similaires aux prix élevés des années précédentes. En valeurs réelles, les prix devraient décroître lentement, mais ils se maintiendront considérablement au-dessus de leurs niveaux d'avant 2007.

Parmi tous les produits étudiés dans ces *Perspectives*, c'est l'éthanol qui est le plus affecté par les variations du prix du pétrole. La baisse des prix du pétrole brut en 2014 devrait entraîner une pression à la baisse sur les prix de l'éthanol à court terme. L'éthanol brésilien est supposé ne pas être compétitif au cours de la première moitié de la période de projection, en raison d'une politique de prix qui maintient les prix des carburants au Brésil à des niveaux supérieurs aux prix internationaux. Les prix du biodiesel devraient dépendre essentiellement de la politique menée dans ce secteur, et ils seront donc liés à l'évolution des prix des huiles végétales.

Le prix du coton devrait chuter pendant les premières années de la période de projection, sachant que la Chine va sans doute réduire ses importants stocks de coton. Les prix vont se rétablir et rester relativement stables durant le reste de la période de projection. D'ici 2024, les prix réels et nominaux devraient rester inférieurs aux niveaux atteints en 2012-14.

Le secteur de la pêche et de l'aquaculture devrait connaître une décennie de prix nominaux élevés en raison de coûts de production plus élevés. Les prix des produits de la pêche augmenteront à un rythme plus rapide que les prix des produits de l'aquaculture, en raison de quotas limitant les prises. Néanmoins, les niveaux de prix des poissons prélevés dans la nature resteront en deçà des prix des poissons d'élevage, compte tenu de la part croissante des espèces de moindre valeur dans le total des prises. En valeur réelle, les prix des produits de la pêche et de l'aquaculture devraient diminuer en raison de gains de productivité et d'une baisse des prix des aliments pour animaux. Les prix des farines de poisson et de l'huile de poisson devraient redescendre après avoir atteint de très hauts niveaux ces dernières années.

L'incertitude macroéconomique et l'incertitude de rendement ont des impacts variables sur la variabilité des prix

Les graphiques 1.23 et 1.24 montrent que les prix de certains produits sont plus sensibles que d'autres à l'incertitude de rendement et à l'incertitude macroéconomique. Pour certains produits, c'est de la combinaison de ces deux incertitudes que dépend la variabilité des prix, tandis que pour d'autres, l'incertitude macroéconomique exerce un impact plus fort que l'incertitude de rendement. Le graphique 1.25 montre, pour une sélection de produits, comment l'incertitude liée aux conditions macroéconomiques et l'incertitude concernant les rendements des cultures affectent les prix séparément et conjointement. L'indicateur utilisé pour représenter l'impact de l'incertitude sur les prix projetés est la valeur moyenne du coefficient annuel de variation (CAV) durant la période de projection. Des révisions mineures de la méthodologie[3] ont eu pour conséquence un impact relativement moindre de l'incertitude de rendement et un impact relativement plus important de l'incertitude macroéconomique sur la variabilité des prix, par rapport à l'édition précédente des *Perspectives*.

Graphique 1.25. **Incertitude des prix en 2024 par scénario**

Valeur moyenne du coefficient annuel de variation 2015-24

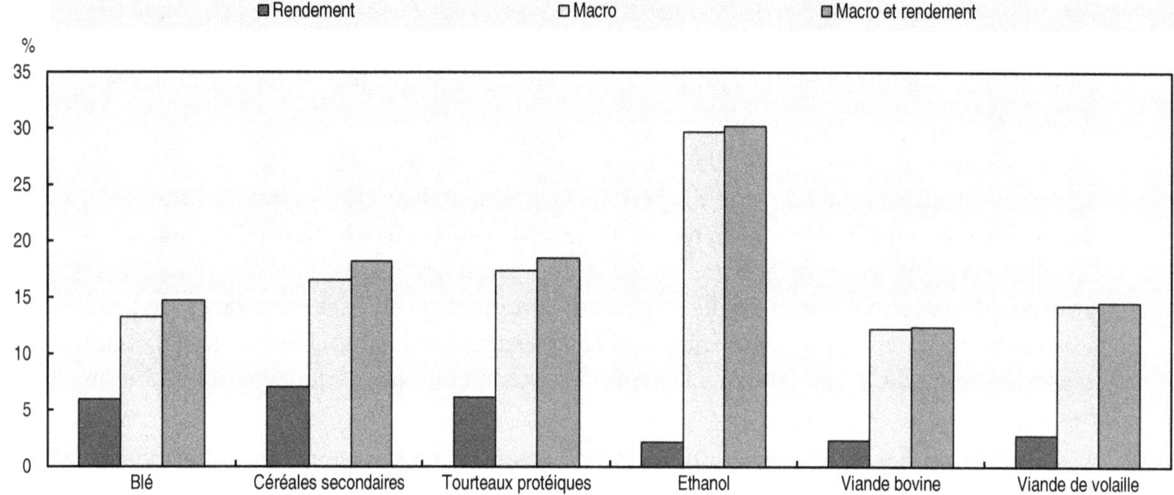

Note : Rendement et Macro correspondent à des sous-ensembles de l'analyse stochastique au complet. Pour une explication détaillée, se référer à la Méthodologie accessible à l'adresse *www.agri-outlook.org/*.
Source : Secrétariats de l'OCDE et de la FAO.

StatLink http://dx.doi.org/10.1787/888933232801

De façon évidente, les cultures arables sont soumises à l'incertitude de rendement davantage que les autres produits agricoles, sachant que l'incertitude de rendement affecte directement la production de cultures arables. Ces effets se transmettent aux autres produits dans la mesure où les céréales secondaires sont utilisées comme alimentation du bétail et comme matière première des biocarburants. La production de volailles, parce qu'elle dépend de la consommation intensive de céréales fourragères et de tourteaux protéiques bien plus que n'en dépend la production de viande bovine, subit davantage l'impact de l'incertitude de rendement.

L'incertitude macroéconomique joue un plus grand rôle que l'incertitude de rendement, sachant qu'elle inclut une combinaison de facteurs qui influent sur les prix selon des modalités variées. Le prix du pétrole brut et le déflateur du PIB, par exemple, influent sur les prix des intrants, tandis que la croissance du PIB et l'IPC ont une influence déterminante sur les niveaux de consommation.

Les prix du tourteau protéique et des céréales secondaires évoluent de façon parallèle, sachant que ces deux produits sont utilisés dans l'alimentation animale. En conséquence, le prix du tourteau protéique présente la même sensibilité à l'incertitude macroéconomique que les céréales secondaires.

Le prix de l'éthanol ne subit qu'un faible impact de l'incertitude de rendement, par comparaison avec l'incertitude macroéconomique. Cette incertitude dépend principalement du Brésil, seul pays dans lequel la consommation d'éthanol dépend à la fois du marché et des mesures politiques en termes d'obligation d'addition de l'éthanol à l'essence ordinaire. Au Brésil, la demande d'éthanol dépendante du marché est directement liée au ratio entre les prix intérieurs de l'essence et de l'éthanol. Au Brésil, la situation macroéconomique influe sur la consommation nationale d'essence, et donc sur la quantité d'éthanol qu'il faut y ajouter.

Notes

1. La notion de plafond (en l'occurrence, « blend wall ») fait référence aux contraintes techniques à court terme qui s'opposent à une utilisation accrue de l'éthanol. E10 fait référence à un mélange (gazohol) constitué de 10 % d'éthanol et de 90 % d'essence. L'E10 reste le gazohol le plus répandu aux États-Unis.
2. L'éthanol à base de canne à sucre est considéré aux États-Unis comme un biocarburant de pointe.
3. Pour une explication détaillée, se référer à la Méthodologie, accessible à l'adresse *www.agri-outlook.org/*.

PARTIE I

Chapitre 2

L'agriculture brésilienne : perspectives et enjeux

Le présent chapitre examine les perspectives et enjeux des secteurs brésiliens de l'agriculture, de l'éthanol et de la pêche pour la décennie à venir. Il analyse leurs résultats, décrit le contexte où s'inscrivent actuellement les marchés, présente des projections quantitatives détaillées à moyen terme pour la décennie 2015-24, et évalue les principaux risques et incertitudes auxquels ils sont confrontés. Les enjeux majeurs concernent la poursuite de la croissance de la productivité et de la production, tout en veillant à la viabilité écologique et au respect des objectifs nationaux en matière de réduction de la pauvreté et des inégalités. Ce chapitre décrit les principales mesures internes et commerciales prises par les pouvoirs publics pour concilier ces divers objectifs et propose des priorités stratégiques en matière d'investissement de productivité ainsi que des mesures ciblées pour assurer un développement durable généralisé. Au cours des dix prochaines années, le Brésil devrait rester l'un des plus grands fournisseurs des marchés alimentaires et agricoles mondiaux tout en continuant de répondre aux besoins d'une population de plus en plus nombreuse et prospère. Les principaux risques associés à ces perspectives optimistes concernent les résultats macroéconomiques du Brésil, le rythme des réformes structurelles et des facteurs exogènes, dont la demande d'importations de la Chine.

Les données statistiques concernant Israël sont fournies par et sous la responsabilité des autorités israéliennes compétentes. L'utilisation de ces données par l'OCDE est sans préjudice du statut des hauteurs du Golan, de Jérusalem-Est et des colonies de peuplement israéliennes en Cisjordanie aux termes du droit international.
La position de l'ONU sur la question de Jérusalem figure dans la Résolution 181 (II) du 29 novembre 1947 et dans des résolutions postérieures à cette date de l'Assemblée générale et du Conseil de sécurité relatives à cette question.

Introduction

Avec un PIB de 2 milliards USD en 2013, le Brésil est l'un des poids lourds de l'économie mondiale. Il se classe au cinquième rang pour sa population (qui dépasse maintenant les 200 millions d'habitants) et sa superficie. Le PIB réel par habitant a augmenté à un rythme moyen proche de 5 % par an depuis 1995, les revenus par habitant atteignant 11 200 USD en 2013 tandis que le Brésil a consolidé sa position de « pays à revenu intermédiaire de la tranche supérieure » (Indicateurs du développement dans le monde de la Banque mondiale, 2014). Depuis quelques années, le pays a considérablement réduit la pauvreté, la part de la population vivant avec moins de 1.25 USD par jour tombant de 7.2 à 3.8 % entre 2005 et 2012, et celle vivant avec moins de 2 USD par jour passant de 15.5 % à 6.8 % au cours de la même période. Il n'en reste pas moins que plus de la moitié des ménages vivent avec un revenu par habitant inférieur ou égal au salaire minimum et, malgré les progrès enregistrés au cours de la décennie écoulée, la répartition des revenus reste l'une des plus inéquitables du monde. En 2012, les 10 % des ménages aux revenus les plus élevés représentaient 42 % des revenus totaux tandis que les 10 % des ménages aux revenus les plus faibles n'en représentaient que 1 % (Indicateurs du développement dans le monde, 2014).

Le secteur agricole joue un rôle déterminant dans l'économie du Brésil, bien que sa part dans le PIB, qui se chiffrait à 5.4 % en 2010-13, reste modeste compte tenu du niveau de développement du pays. L'agriculture brésilienne a connu une forte croissance au cours des trois dernières décennies. La production agricole totale a plus que doublé en volume par rapport à 1990 et la production animale a presque triplé, essentiellement en raison de gains de productivité. Le secteur contribue de manière importante à la balance commerciale du pays. Les exportations des secteurs agricole et agroalimentaire se sont élevées à 86 milliards USD en 2013, soit 36 % des exportations totales. Elles compensent amplement les déficits des autres secteurs et gagnent en importance, renforçant ainsi le rôle du secteur en tant que source de devises. Les exportations agricoles du Brésil en font un acteur important du marché international. Le Brésil est le deuxième exportateur agricole du monde et le premier producteur de sucre, de jus d'orange et de café. En 2013, il a dépassé les États-Unis en tant que premier producteur de soja et il est également un grand exportateur de tabac et de volaille. Le Brésil est également un gros producteur de maïs, de riz et de viande bovine, dont la majorité est absorbée par son vaste marché intérieur.

Le secteur agricole employait environ 13 % des actifs brésiliens en 2012, soit près de trois fois sa part dans le PIB. La faible productivité implicite de la main-d'œuvre comparée au reste de l'économie reflète en partie la nature dualiste de l'activité agricole au Brésil, où la production à grande échelle et forte intensité de capital coexiste avec des exploitations traditionnelles, notamment de nombreuses petites unités dotées de ressources limitées, axées sur l'autoconsommation ou les marchés locaux. Cela dit, l'écart de la productivité de la main-d'œuvre agricole s'amenuise rapidement, essentiellement en raison de l'essor de la production à forte intensité de capital. Une partie de cette croissance a été observée dans des petites exploitations produisant des produits de haute valeur. Le pays est relativement urbanisé, avec 15 % de la population vivant en zone rurale en 2013 (Banque mondiale, 2015). La majorité des pauvres vivent en zone urbaine et l'alimentation absorbe une part importante de leurs revenus. Les pauvres sont moins nombreux en milieu rural, mais la prévalence de la pauvreté, proche de 30 %, y est plus du double de celle des zones urbaines. L'agriculture intervient également en tant qu'acheteur et fournisseur dans de nombreux autres secteurs de l'économie : les moyens de production agricoles, l'agroalimentaire et la vente au détail contribuent à eux seuls 17 % au PIB et environ 18 % à l'emploi (OCDE, 2014).

L'un des points saillants de l'économie brésilienne au cours de la décennie écoulée a été la réduction marquée de la pauvreté et de la faim, consécutive à la mise en œuvre d'une nouvelle approche en 2003, dans le cadre du programme Faim Zéro. Le modèle adopté par le Brésil représente un grand pas en avant, en faisant de la lutte contre la pauvreté et la faim une priorité essentielle et en reconnaissant que les dimensions multisectorielles de ces problèmes nécessitent des actions concertées du secteur public ainsi que la vaste participation de la société civile. Cette approche a suscité un vaste intérêt à l'échelle internationale et de nombreux pays d'Amérique latine ainsi que certains pays d'Afrique et d'Asie déploient des efforts pour l'adopter. Au Brésil, comme dans de nombreux autres pays, l'accès aux produits alimentaires, plutôt que leur disponibilité, a été identifié comme le principal facteur contribuant à la faim et à l'insécurité alimentaire. De vastes mesures de protection sociale et de développement visant le renforcement de l'inclusion des populations vulnérables à la croissance économique et l'amélioration de leur accès aux produits alimentaires ont été complétées par des mesures d'augmentation de la productivité et de la production dans les « exploitations familiales »[1]. Cette approche fédératrice continue d'être une priorité nationale, comme en atteste le plan Brésil sans misère de 2011. Bien que les mesures mises en œuvre depuis le début des années 2000 aient efficacement éradiqué la faim selon l'indicateur de la sous-alimentation de la FAO (FAO, 2014), l'administration estime qu'il reste encore beaucoup à faire pour s'attaquer à la pauvreté, notamment au sein des populations rurales dont la subsistance dépend de l'agriculture.

L'augmentation de la productivité agricole au cours des trois dernières décennies a sensiblement amélioré l'accès aux approvisionnements alimentaires sur le marché intérieur. Depuis le milieu des années 1970, les prix des produits alimentaires de base n'ont cessé de baisser, augmentant ainsi les revenus réels et réduisant les pressions inflationnistes (Tollini 2007). L'agriculture devrait également contribuer de plus en plus à l'amélioration de la viabilité écologique grâce à l'adoption de mesures et à la mise en œuvre de programmes ciblés, tels que ceux promouvant des pratiques agricoles respectueuses de l'environnement, des initiatives agricoles à faible intensité de carbone et la production de biocarburants.

Enfin, l'agriculture brésilienne contribue de manière significative à l'approvisionnement énergétique du pays. Les sources agricoles d'énergie renouvelable, dont la biomasse de la canne à sucre (42 %), l'énergie hydraulique (28 %), le bois de chauffe (20 %) et d'autres sources (10 %), représentent ainsi près de la moitié de l'approvisionnement énergétique total du pays (MME /EPE, 2013b).

Depuis vingt ans, le secteur agricole brésilien connaît un essor rapide, stimulé par les gains de productivité ainsi que l'expansion et la consolidation du front pionnier agricole des régions du Centre-Ouest et du Nord. Bien que le marché intérieur absorbe l'essentiel de la production agricole brésilienne, cette croissance a essentiellement été alimentée par l'expansion de la production de produits à vocation exportatrice tels que le soja, le sucre et la volaille. La part de ces produits exportés a fortement augmenté dans les années 1990, mais s'est généralement stabilisée depuis. En 2013, la Chine a remplacé l'Union européenne en tant que premier marché des exportations agricoles brésiliennes, renforçant ainsi la récente tendance vers de nouveaux partenaires commerciaux, tels que les pays de l'Asie de l'Est et du Pacifique, le Moyen-Orient et l'Amérique latine.

L'agriculture a beaucoup aidé le Brésil à surmonter la crise financière, les prix élevés des produits agricoles encourageant l'augmentation de la production et contribuant à une croissance moyenne du PIB réel de 3.5 % par année entre 2005 et 2013. Mais, depuis 2011, l'économie a progressé d'à peine plus de 2 % par an, contre plus de 8 % en Chine et plus de 5 % en Inde. La croissance est entravée par les faiblesses structurelles de l'économie : infrastructures médiocres, fiscalité indirecte élevée, lourdeurs administratives, participation limitée au commerce international, faibles niveaux d'éducation et de compétence, etc. Le présent chapitre indique que des progrès dans ces domaines pourraient sensiblement améliorer les perspectives à moyen terme concernant la croissance durable de l'agriculture, mais aussi le développement économique au sens large.

Tendances et perspectives de l'agriculture brésilienne

La croissance et les résultats de l'agriculture brésilienne

Tendances en matière de production et de productivité

La diversité climatique du Brésil est propice à la culture de produits de régions aussi bien tempérées que tropicales. Les régions du Sud et du Centre-Ouest du pays bénéficient de précipitations plus élevées, de sols plus fertiles et d'infrastructures plus développées. Les exploitations de ces régions utilisent davantage d'intrants achetés et sont équipées de technologies plus avancées. Le centre du Brésil abrite de vastes herbages dégradés susceptibles d'être cultivés. L'essentiel des céréales, oléagineux et autres cultures d'exportation est produit dans le Sud et le Centre-Ouest, bien que la production de soja augmente dans la région de MaToPiBa, qui regroupe les états de Maranhão, Tocantins, Piauí et Bahia. Le Nord-Est et l'Amazonie ne bénéficient pas de précipitations bien réparties ni de bons sols et l'infrastructure et les marchés des capitaux y restent moins développés que dans le Sud et le Centre-Ouest. La production animale est une importante activité économique dans le Centre-Ouest et l'Amazonie, où la production et les exportations de produits horticoles tropicaux ont également augmenté.

L'agriculture brésilienne connaît une forte croissance depuis deux décennies, avec des années creuses toutefois, associées à de mauvaises récoltes. La production agricole totale a plus que doublé en volume par rapport à 1990 et la production animale a presque triplé (graphique 2.1).

Les profondes réformes économiques menées dans les années 1990 ont stimulé la croissance agricole. L'abandon de la stratégie de substitution de produits nationaux aux importations s'est soldé par la libéralisation des échanges, des taux de change et du marché intérieur. Bien que la première moitié des années 1990 ait été extrêmement tumultueuse et déstabilisante pour le secteur agricole, la stabilisation macroéconomique a été atteinte à la fin de la décennie. La politique agricole a été libéralisée dans le cadre de

Graphique 2.1. **Production agricole du Brésil, 1990-2013**

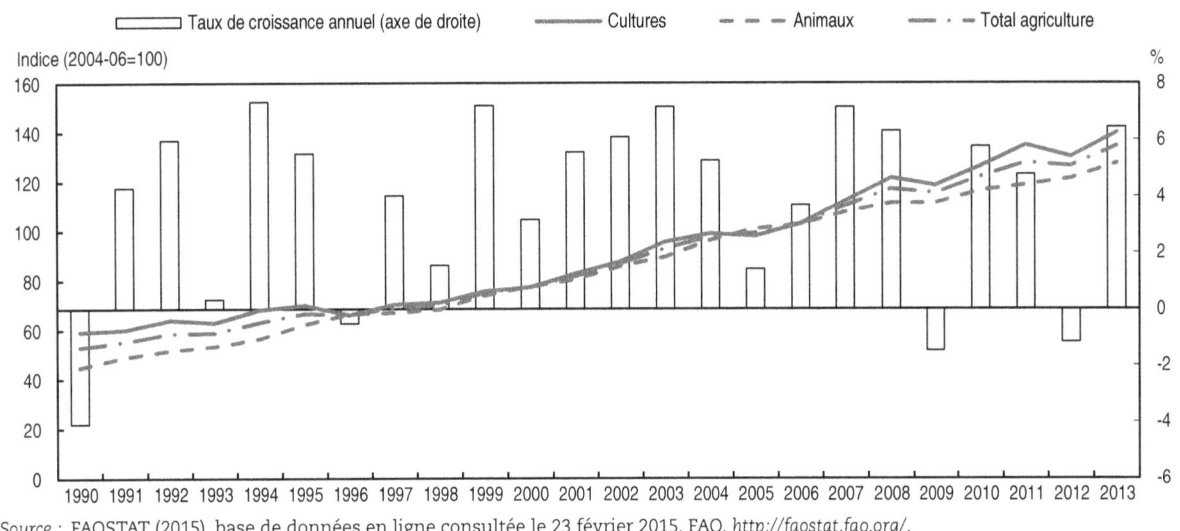

Source : FAOSTAT (2015), base de données en ligne consultée le 23 février 2015. FAO, *http://faostat.fao.org/*.

StatLink *http://dx.doi.org/10.1787/888933232824*

cette vaste réforme : les anciens systèmes de régulation de la production et de l'offre ont été démantelés tandis que les interventions sur les prix ont été réduites et ont donné lieu à de nouveaux instruments. La libéralisation de la politique commerciale a supprimé la taxe à l'exportation (ICM), la délivrance d'autorisations et les restrictions quantitatives des importations agroalimentaires. Elle a également aboli le contrôle étatique des échanges de blé, de sucre et d'éthanol. Le Brésil a conclu d'importants accords commerciaux, dont l'Accord du cycle d'Uruguay et l'union douanière Mercosur.

Ces réformes ont progressivement permis de réaffecter des ressources agricoles à des activités où le pays a un avantage comparatif et d'exploiter le potentiel des marchés mondiaux. La structure des exploitations a été profondément modifiée avec la disparition des producteurs les moins efficaces et le développement de grandes exploitations tirant parti des économies d'échelle et des progrès techniques, en particulier dans le Centre-Ouest. D'après le recensement agricole le plus récent (2006), les unités de moins de 20 hectares représentaient les deux tiers des exploitations brésiliennes mais occupaient moins de 5 % des terres agricoles. En revanche, les domaines de plus de 1 000 hectares représentaient seulement 1 % des exploitations mais 44 % des terres agricoles (graphique 2.2). Dans une certaine mesure, ces données reflétaient l'existence de *latifundia* improductifs bien que l'amélioration de la stabilité macroéconomique et l'essor des marchés financiers aient réduit les incitations à la détention de terres à des fins spéculatives. Les données excluent également les effets les plus récents des réformes agraires. Entre 2003 et 2009, près de 600 000 familles se sont établies sur environ 48 millions d'hectares. Ces réformes, qui se sont accélérées à la fin des années 1990, prévoyaient l'établissement sans frais de populations défavorisées ainsi qu'une aide à l'achat de terres et au lancement d'une activité agricole. Les petits producteurs, établis de longue date ou depuis peu, ont reçu d'importantes bonifications de crédit et bénéficié de divers autres programmes de développement rural et social visant les ruraux pauvres.

La croissance de l'agriculture brésilienne a été étayée par l'amélioration rapide de l'efficacité de l'utilisation des facteurs de production, notamment de la terre et de la main-d'œuvre (graphique 2.3). L'agriculture a ainsi été le principal moteur de la croissance de la

Graphique 2.2. **Structure des exploitations brésiliennes, 2006**

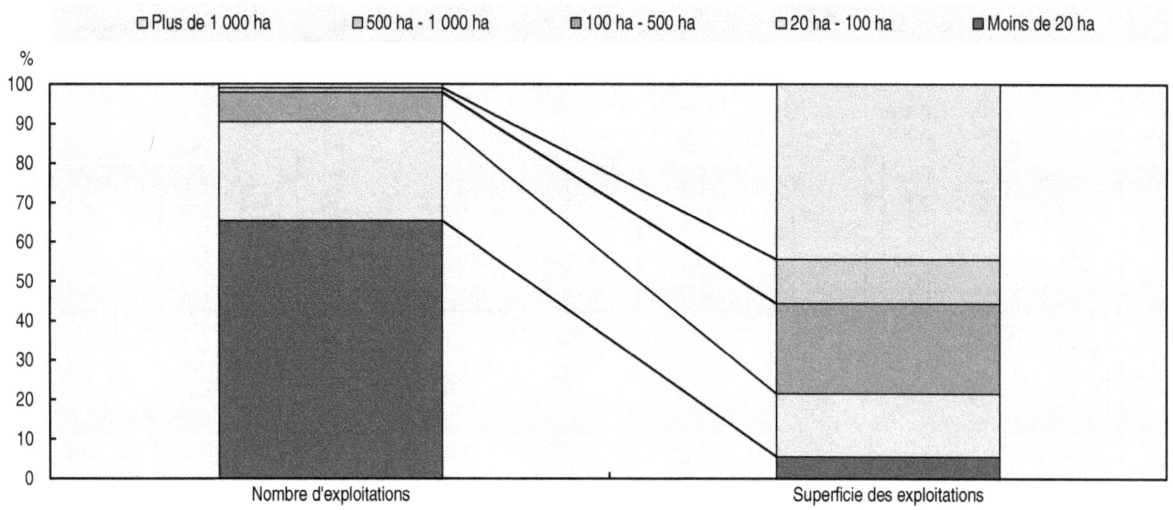

Source : IBGE (2006).

StatLink http://dx.doi.org/10.1787/888933232835

productivité de la main-d'œuvre à l'échelle du pays, avec une contribution de 85 % de la croissance totale enregistrée dans les quatre secteurs de l'économie (agriculture, transformation, mines et services), entre 2002 et 2007, et de près de la moitié entre 2007 et 2012 (OCDE, 2013b). Les gains de productivité sont en partie dus à la substitution du capital au travail, la part de l'agriculture dans l'emploi passant de 18 % en 2002 à moins de 13 % en 2012. Les mesures de relance ont accéléré la mécanisation et le remplacement des vieilles machines agricoles entre le milieu des années 1970 et 1990 : ainsi, le parc de tracteurs a plus que triplé au cours de cette période tandis que la valeur du stock de machines et d'outillage a plus que doublé en prix constants (FAOSTAT, 2013).

Le Brésil est l'un des pays du monde où la croissance de la productivité totale des facteurs (PTF) agricole a été la plus forte. Il s'est ainsi classé au 12e rang sur 172 pays examinés dans le cadre d'une analyse du ministère de l'Agriculture des États-Unis (USDA)[2] comparant le taux de croissance de la PTF entre 2001 et 2010. Parmi les BRIICS et les membres de l'OCDE, le Brésil est le pays ayant le plus amélioré sa PTF agricole. D'après les données de Gasques et al. (2014), la croissance de la PTF agricole a augmenté de 3.5 % par an entre 1975 et 2013 et de plus de 4 % depuis le début du siècle (graphique 2.3). Cette évolution contraste avec celle des autres secteurs de l'économie, où la croissance a essentiellement été stimulée par l'utilisation accrue de facteurs de production tandis que la PTF a connu une lente progression (OCDE, 2013b).

Les investissements à long terme dans la recherche agricole, qui ont permis au Brésil de développer des technologies de pointe pour l'agriculture tropicale, figurent parmi les facteurs stimulant la croissance de la productivité. La recherche a mis à la disposition des producteurs et de l'agro-industrie des technologies de culture et d'élevage avancées, notamment des technologies tropicales permettant un usage productif du Cerrado brésilien (zone de savanes). Parmi celles-ci, citons les technologies de fixation de l'azote, notamment dans les variétés de soja, les systèmes de culture sans travail du sol et la création de nouvelles variétés de céréales et de races de bétail adaptées aux tropiques. L'amélioration de la productivité au cours des 15 dernières années a bénéficié de réformes économiques ayant conduit à la réallocation des ressources et à la restructuration de

Graphique 2.3. **Tendances de la production agricole et de la productivité totale des facteurs du Brésil, 1975-2013**

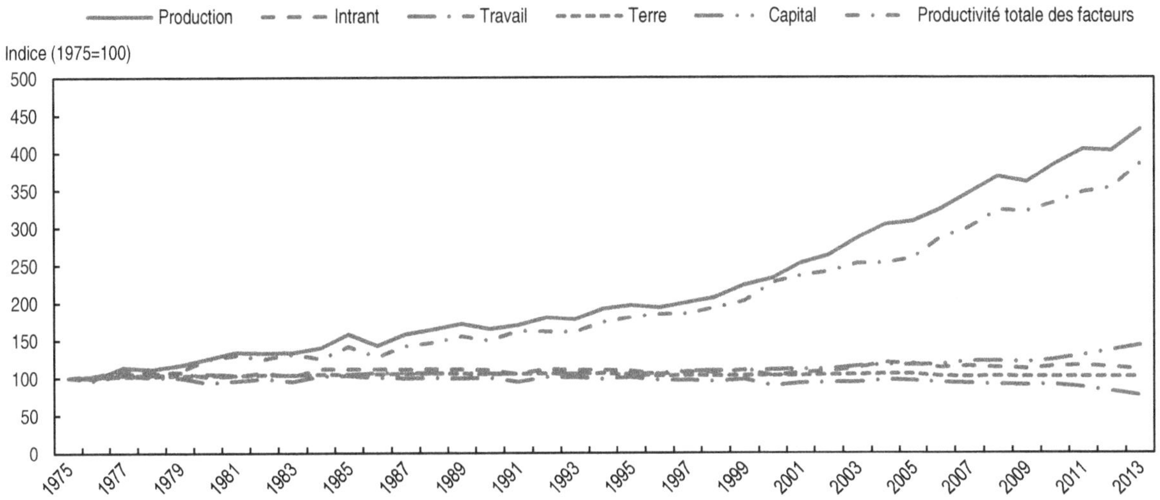

Source : Gasques et al. (2014).

StatLink http://dx.doi.org/10.1787/888933232848

l'agriculture et des secteurs associés. En créant un environnement plus compétitif, ces réformes ont également incité les producteurs à accroître leur productivité et à adopter des innovations.

Tendances des échanges de produits agricoles et agroalimentaires

Le Brésil est un grand exportateur de produits agricoles, affichant un excédent de 78.6 milliards USD en 2013[3]. Les exportations agroalimentaires ont connu une rapide augmentation sous l'effet de la libéralisation économique et de la croissance de la demande des pays émergents, dont la Chine (graphique 2.4). La croissance des exportations a également été influencée certaines années par la forte dépréciation de la monnaie locale. Les principaux partenaires commerciaux du Brésil sont l'Union européenne, la Chine, les États-Unis, le Japon, la Fédération de Russie et l'Arabie saoudite. Malgré l'importance des exportations, l'essentiel de la production agricole est consommé sur le territoire national.

L'ouverture du Brésil au commerce international est moins prononcée que celle des autres BRIICS ou d'autres économies comparables, en partie à cause de la taille de son marché intérieur. En 2013, les échanges (importations et exportations) du Brésil représentaient environ 28 % du PIB, contre une moyenne de plus de 50 % dans les autres BRIICS, 60 % pour le groupe des pays à revenu intermédiaire de la tranche supérieure, dont le Brésil, 47 % pour les pays en développement voisins et une moyenne mondiale de 60 %. Parmi les grandes économies, seuls les États-Unis, qui pèsent près de huit fois plus sur le plan économique, présentent une part aussi faible. Le Brésil est aujourd'hui le deuxième exportateur de produits agricoles et agroalimentaires du monde, derrière les États-Unis, alors qu'il se classait au quatrième rang en 2000. En 2013, les exportations agricoles brésiliennes (telles que définies par l'OMC) ont totalisé 89.5 milliards USD (soit environ 9 % du total mondial), contre 14.3 milliards USD en 2000 (4.5 % du total mondial). La part des exportations agricoles dans les recettes totales d'exportation est passée de 25 à 36 % sur la même période.

Graphique 2.4. **Commerce agroalimentaire du Brésil, 1995-2013**

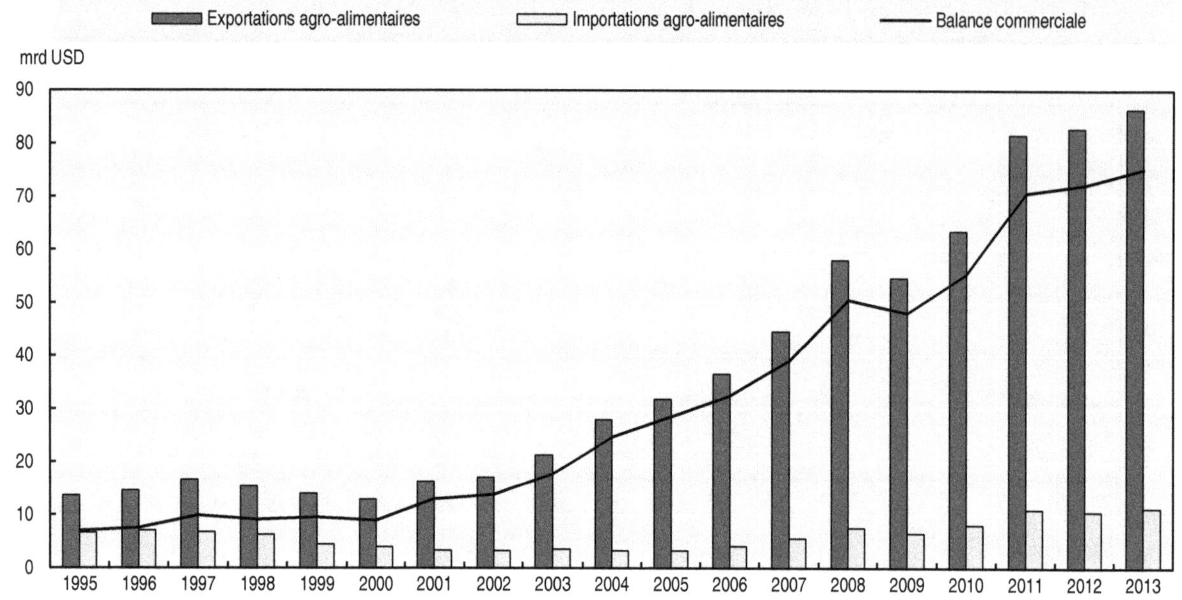

Exportations agro-alimentaires / Importations agro-alimentaires / Balance commerciale

mrd USD

Source : Base de données *Comtrade* des Nations Unies (2013).

StatLink http://dx.doi.org/10.1787/888933232852

La destination des exportations agricoles du Brésil a sensiblement évolué au cours des quinze dernières années. En 2000, les pays d'Europe et d'Asie centrale étaient ses principaux partenaires et absorbaient plus de 53 % de ses exportations agricoles. L'Asie de l'Est et le Pacifique se plaçaient loin derrière, avec environ 15 % des exportations. En 2013, les pays de l'Asie de l'Est et du Pacifique ont acheté environ 40 % des produits agricoles du Brésil tandis que les pays d'Europe et d'Asie centrale n'en ont absorbé que 27 % (graphique 2.5).

Graphique 2.5. **Destination des exportations agricoles brésiliennes, 2000-13**

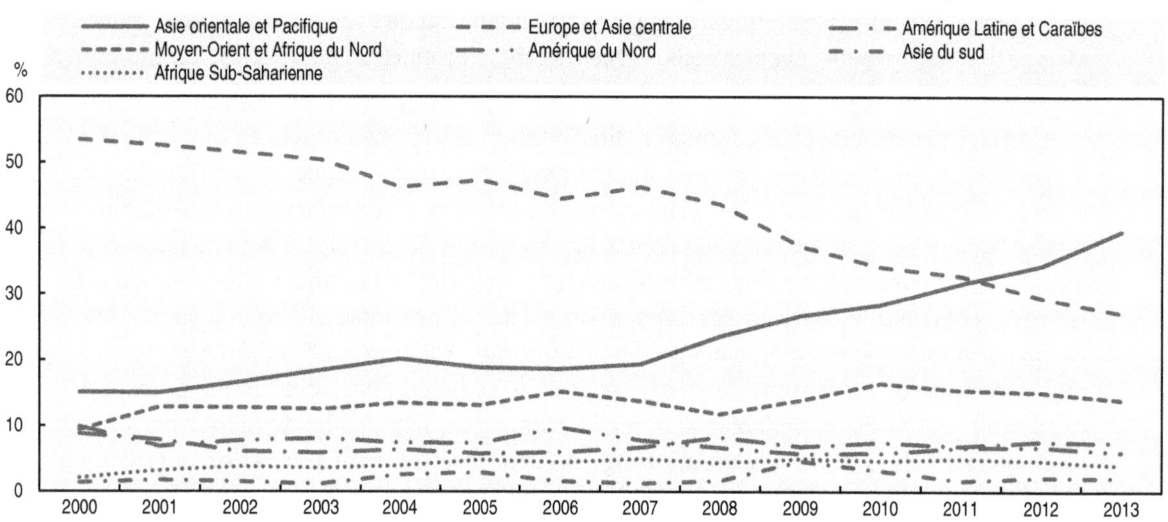

Source : OCDE/FAO (2015), « Perspectives agricoles de l'OCDE et de la FAO », *Statistiques agricoles de l'OCDE* (base de données), *http://dx.doi.org/10.1787/agr-outl-data-fr.*

StatLink http://dx.doi.org/10.1787/888933232866

L'importance croissante de la région Asie de l'Est et Pacifique est liée à la demande chinoise de produits agricoles brésiliens. En 2000, la Chine était le 11e importateur de produits agricoles brésiliens, avec moins de 0.5 milliard USD, soit 3 % des exportations totales. En 2013, elle occupait la première place, avec près de 20.5 milliards USD, soit 23 % du total. Elle était suivie par l'Union européenne, avec près de 18.3 milliards USD (soit presque 20 % du total), puis par les États-Unis, avec 4.6 milliards USD.

Bien que le Brésil exporte ses produits vers plus de 180 pays, l'essentiel est absorbé par un faible nombre d'entre eux. En 2000, ses dix premiers marchés (dont les membres individuels de l'UE) ont acheté 57 % de ses exportations agricoles totales tandis que les 20 premiers en ont absorbé 75 % ; en 2012, ces parts étaient de 56 % et 72 % respectivement.

Le type de produits agricoles exportés par le Brésil a également évolué depuis le début du siècle. Si l'on classe les produits agricoles dans quatre grandes catégories en fonction de leur degré de transformation, en 2000, la principale catégorie d'exportations regroupait les produits transformés tels que les jus et la viande fraîche ou congelée, estimés à 5 milliards USD ou 35 % des exportations, suivis de près par les produits non transformés tels que le soja et le café, estimés à 4.8 milliards USD ou 33 % du total. Les produits horticoles tels que les fruits et les légumes frais représentaient une part relativement faible des exportations, estimée à 567 millions USD soit 4 % du total. En 2013, les exportations agricoles brésiliennes étaient devenues plus spécialisées, celles de produits non transformés se chiffrant à 39.5 milliards USD, soit 44 % du total, tandis que celles de produits transformés s'élevaient à 26.7 milliards USD, soit 30 % du total. Les exportations de produits horticoles, bien qu'ayant triplé depuis 2000, ne représentaient qu'à peine 2 % du total avec 1.4 milliard USD.

Les recettes d'exportation du secteur dépendent fortement de quelques produits. En 2013, les exportations de soja ont atteint 23 milliards USD, soit 26 % de ces recettes. Les dix principales exportations agricoles ont généré près de 82 % des recettes, contre 79 % en 2000 (MAPA, Intercambio Comercial do Agronegócio : principais mercados de destino, 2013). La composition des principales exportations et leur classement relatif ont quelque peu changé entre ces deux années, le maïs et l'éthanol dépassant l'huile de soja et les viandes préparées. Selon les présentes *Perspectives*, la hausse des exportations d'éthanol, stimulée par la politique américaine sur les biocarburants, ne devrait pas se poursuivre.

En outre, le Brésil est relativement peu intégré dans les chaînes de valeur mondiales, avec seulement 10 % des consommations intermédiaires provenant de l'étranger, tandis qu'une part relativement faible de ses exportations est utilisée par d'autres pays pour produire leurs propres exportations. Cette situation peut en partie s'expliquer par la protection relativement élevée de son secteur manufacturier.

Si le Brésil a augmenté la part de sa production exportée sur le marché agricole et alimentaire mondial, ses importations de produits alimentaires ont également progressé. Une hausse de 4.1 milliards USD en 2000 à 11.1 milliards USD en 2013 a couvert les déficits intérieurs de certains produits et fourni aux consommateurs des choix supplémentaires. Les importations de blé comptent pour environ 20 % de la valeur importée tandis que les produits laitiers, l'huile d'olive et diverses préparations alimentaires représentent également de substantielles importations.

Développement du secteur brésilien de l'éthanol

Le mélange d'éthanol de canne à sucre avec de l'essence remonte à 1931 au Brésil. Mais sa viabilité commerciale s'est longtemps heurtée aux faibles prix du pétrole brut en vigueur après la Seconde Guerre mondiale. Le premier choc pétrolier a toutefois conduit l'État brésilien à créer, en novembre 1975, le programme national Proálcool. Ce programme décrétait le mélange obligatoire d'éthanol anhydre avec de l'essence (désigné ci-après bioéthanol) pour les carburants utilisés dans les voitures ordinaires, et a donc entraîné l'augmentation de la capacité de production du secteur de l'éthanol de canne à sucre. Proálcool a réussi à limiter l'impact du choc pétrolier sur la balance commerciale du Brésil et à renforcer son autosuffisance énergétique. Cela dit, le Brésil importait toujours la majorité de son pétrole au moment du second choc pétrolier, en 1979, ce qui a incité l'État à concentrer ses efforts sur Proálcool et à augmenter les subventions accordées aux producteurs et aux consommateurs ainsi que les crédits à l'investissement destinés au secteur. La première voiture roulant à l'éthanol hydraté a été lancée en 1979.

Une série de facteurs intervenus au cours de la deuxième moitié des années 1980, dont la baisse des cours du pétrole, l'augmentation des prix mondiaux du sucre, la crise de la dette et la déréglementation de l'économie brésilienne, ont réduit la rentabilité du secteur de l'éthanol jusqu'au début des années 2000 lorsqu'il a bénéficié d'investissements massifs. Les préoccupations de plus en plus vives concernant le réchauffement de la planète, les émissions de gaz à effet de serre et la sécurité énergétique ont incité plusieurs pays développés et en développement à instaurer d'ambitieux objectifs d'utilisation des biocarburants, pouvant donner lieu à des obligations légales, ainsi que diverses mesures de soutien au secteur. L'éthanol de canne à sucre brésilien est un combustible avancé aux termes de la norme sur les carburants renouvelables (RFS2) adoptée en 2007 aux États-Unis, et sa demande a donc augmenté sur le marché international.

De plus, l'apparition de véhicules polycarburants en mars 2003 a contribué à la relance du secteur de l'éthanol. Cette nouvelle technologie a été largement acceptée par les fabricants automobiles et les consommateurs (MME/EPE, 2013a) : en 2004, les véhicules polycarburants représentaient 22 % des véhicules légers vendus au Brésil et leur part dépassait 88 % en 2014. La demande intérieure d'éthanol brésilien a bondi, passant d'environ 4 gigalitres en 2003 à 16.5 gigalitres en 2009, soit un taux de croissance annuelle de plus de 15 % (MME/EPE, 2014), stimulé par l'augmentation de la consommation de carburant et la compétitivité de l'éthanol hydraté par rapport au bioéthanol. Au cours de la même période, la production totale d'éthanol est passée de 14.5 à 26.1 gigalitres pour répondre à la demande intérieure, honorer les contrats internationaux et couvrir les autres usages. Cet essor de la production a été possible grâce au fort endettement des secteurs du sucre et de l'éthanol.

La crise économique mondiale de la fin de la dernière décennie a interrompu la croissance du secteur brésilien de l'éthanol, ralenti la construction de nouvelles installations et réduit les dépenses d'équipement visant les unités existantes. Cette situation a provoqué le fléchissement de la production de canne à sucre, particulièrement prononcé à partir de 2010, le gel des investissements de ce secteur fortement endetté entraînant la hausse des coûts de production. Conjuguée à des aléas climatiques ayant affecté le rendement des cultures de canne à sucre, la hausse des prix mondiaux du sucre s'est produite, amplifiant les effets négatifs sur le secteur de l'éthanol.

Depuis 2006, la politique tarifaire des combustibles fossiles adoptée par le Brésil pour contenir l'inflation, et appliquée par Petrobras[4], a protégé le prix de l'essence brésilienne contre les fluctuations des cours internationaux du pétrole brut. Cette politique a influencé les prix de l'éthanol et les bénéfices du secteur. Les incertitudes concernant l'avenir de la politique sur les biocarburants menée par les États-Unis et, dans une moindre mesure, par l'Union européenne, ont également contribué à la crise de l'éthanol. Compte tenu de la forte baisse des cours internationaux du brut observée en 2014, les prix de vente au détail des produits pétroliers au Brésil sont actuellement légèrement supérieurs aux cours internationaux. Cette situation, conjuguée à la fiscalité différenciée entre l'éthanol et le bioéthanol, ainsi que l'exigence accrue d'incorporation dans l'éthanol anhydre, en place depuis 2015, devrait à court terme aider le secteur brésilien de l'éthanol.

Durabilité de l'agriculture

Bien que fortement tirée par une forte hausse de la productivité, la croissance de l'agriculture a aussi été associée à l'expansion des surfaces agricoles, qui s'est chiffrée à 34 millions d'hectares entre 1990 et 2012. Cette expansion est l'une des plus fortes observées à l'échelle mondiale sur cette période. Pendant la première moitié des années 1990, ce processus était essentiellement lié à l'augmentation des espaces pâturés, due à l'adoption de nouvelles techniques de gestion des terres et à des mesures de relance, mais il a pratiquement été interrompu à la fin de cette décennie. Depuis, l'augmentation des surfaces agricoles est principalement due à l'expansion des terres arables qui, en l'espace de seulement quatre campagnes agricoles, soit de 2000/01 à 2003/04, ont bondi de 9 millions d'hectares, les cultures de soja augmentant de 50 %. L'expansion des surfaces consacrées à la culture du soja, en particulier dans le Centre-Ouest, a elle-même favorisé la plantation de cultures alternées avec le soja, notamment de maïs et de coton de seconde récolte.

Les récentes décennies ont également vu le rétrécissement des espaces boisés naturels, qui sont passés de 68 à 61 % du territoire entre 1990 et 2011. Le rôle direct et indirect de l'agriculture dans ce processus ne cesse de faire débat[5]. Une part importante du déboisement est liée à des activités d'abattage illégal, les terrains déboisés étant ensuite utilisés comme pâturages. Ce déboisement a suscité des préoccupations concernant l'expansion de l'agriculture en Amazonie qui, avec la savane du Cerrado avoisinant, abrite la plus grande part de la biodiversité terrestre mondiale. La superficie totale déboisée en Amazonie légale[6] est passée de 43 millions d'hectares en 1990 à 75 millions en 2010 (IBGE, 2013). Depuis le milieu des années 2000, les taux de déboisement de l'Amazonie diminuent invariablement, reflétant ainsi le renforcement progressif de la surveillance de l'occupation des sols. Cette tendance a été passagèrement inversée avec une hausse du déboisement en 2013 de 5 891 km^2, mais les dernières estimations pour 2014 indiquent une réduction de 18 % portant le déboisement à 4 848 km^2 (Institut national de recherche spatiale). Certaines analyses établissent un lien entre les récents taux de déboisement et les projets d'infrastructures menés en Amazonie, plutôt qu'avec l'expansion de l'agriculture (FGV, 2013). Les incidences environnementales de cette expansion en Amazonie et dans le Cerrado ont suscité beaucoup d'attention, tant à l'intérieur du pays qu'à l'étranger.

Les données disponibles semblent indiquer une intensification de l'utilisation des engrais et des produits agrochimiques au Brésil. Toutefois, selon le Recensement de l'agriculture de 2006, près de 70 % des exploitations ont déclaré ne pas avoir utilisé d'engrais ou de produits agrochimiques au cours de l'année de recensement. Il s'ensuit que les impacts de leur utilisation varient fortement selon les systèmes agricoles et les régions (Helfand et al., 2013). Compte tenu de l'abondance des précipitations et des ressources en eau, l'irrigation est peu répandue au Brésil et ne concerne qu'environ 2 % des terres agricoles. Cette part est toutefois en hausse depuis 1990, l'agriculture étant actuellement responsable de près de 60 % des prélèvements annuels d'eau douce. Le Brésil se classe au cinquième rang mondial sur le plan des émissions de gaz à effet de serre (GES), bien que ses émissions totales se soient considérablement réduites sous l'effet de la décélération du déboisement. L'agriculture est une importante source d'émissions de GES, du fait du changement de l'affectation des terres et de la remarquable croissance des effectifs du cheptel, proche de 40 % entre 1990 et 2010 en équivalents-bovins, soit l'une des plus fortes à l'échelle planétaire (USDA, 2013). L'accroissement des effectifs a doublé le chargement d'une parcelle en bétail, de 3 têtes par hectare de terres agricoles en 1990 à 6 têtes en 2011. Ces niveaux sont comparables à ceux de la Nouvelle-Zélande où prédominent les pratiques pastorales, mais sont faibles par rapport aux régions du monde où la production animale est plus intensive (par exemple en Union européenne où l'effectif total moyen par hectare est de 9.6 têtes de bétail).

Les chiffres moyens pour le Brésil masquent une différenciation importante au niveau de la nature et de l'ampleur des pressions environnementales découlant des différents systèmes de production agricole. Par exemple, l'agriculture commerciale dans les états du sud (Rio Grande do Sul, São Paulo et Paraná) utilise une importante quantité d'intrants, et d'engrais en particulier. Les systèmes de production de ces régions soulèvent des préoccupations au sujet de l'impact de l'utilisation de l'eau agricole sur les ressources et de l'utilisation des pesticides sur la qualité de l'eau. Les systèmes de production du Centre-Ouest sont plus extensifs. Les exploitants de ces régions pratiquent de plus en plus le semis direct, qui réduit également les risques d'érosion, mais la perte de couvert forestier naturel et le déclin de la biodiversité y sont une source de préoccupation majeure (OCDE, 2005). L'adoption de pratiques de travail minimum ou nul du sol (semis direct) atténue une partie des pressions sur le sol et consomme moins de combustible. Parallèlement, elle facilite le recours à la double, voire la triple, culture. Le semis direct est également associé à la culture des OGM, qui utilisent moins de pesticides.

Perspectives agricoles du Brésil

Les perspectives de l'agriculture brésilienne restent positives malgré le ralentissement possible de la croissance de la demande intérieure et extérieure et la baisse des prix réels de la majorité des produits agricoles. Du côté de l'offre, les producteurs devraient bénéficier de la croissance continue de la productivité, associée à la dépréciation du réal brésilien (BRL). Les projections actuelles ne prévoient pas de modifications importantes de la politique agricole au cours des dix prochaines années et supposent une météorologie « normale » sans phénomènes extrêmes. Les projections concernant les fluctuations macroéconomiques au Brésil et dans le reste du monde sont issues des *Perspectives Économiques de l'OCDE* (Novembre 2014) et des *Perspectives économiques mondiales* du Fonds Monétaire International (octobre 2014), tandis que la hausse des cours mondiaux du pétrole est censée suivre le taux prévu par les *Perspectives énergétiques mondiales* de l'AIE (voir chapitre 1). La modification de ces hypothèses peut sensiblement influencer les projections.

Le Brésil a enregistré une croissance relativement robuste de ses revenus réels, s'élevant en moyenne à 3.5 % par an entre 2000 et 2007. Légèrement ralentie par la crise financière mondiale, elle a affiché une moyenne annuelle de 3.1 % entre 2008 et 2013 et ne devrait pas dépasser 2 % par an jusqu'en 2016. Entre 2017 et la fin de la période considérée, la croissance du PIB réel devrait atteindre la moyenne de 2.6 % par an. Le taux de change du réal (BRL) par rapport au dollar (USD) devrait se déprécier tout au long de la période considérée, rendant ainsi les secteurs exportateurs du Brésil plus compétitifs sur les marchés mondiaux mais augmentant aussi le coût des importations. Cette évolution ne devrait toutefois pas exercer une pression excessive sur les prix à la consommation et l'inflation devrait rester faible.

Cultures

Au cours des dix prochaines années, le secteur brésilien des cultures devrait continuer de croître grâce à l'amélioration des rendements et à l'expansion des terres agricoles. Les prix à la production devraient rapidement augmenter mais les prix des végétaux resteront relativement stationnaires une fois corrigés des effets de l'inflation. Les superficies consacrées aux principales cultures en 2024 (oléagineux, céréales secondaires, blé, canne à sucre et coton) devraient atteindre 69.4 millions d'hectares (Mha), soit 20 % de plus que la surface moyenne utilisée pendant les trois années 2012-14, ce qui équivaut à un taux de croissance d'environ 1.5 % par an (graphique 2.6)[7]. En termes relatifs, cette expansion est essentiellement liée à l'augmentation prévue de 37 % (par rapport à la période de référence)[8] des superficies consacrées à la production de canne à sucre et de 35 et 23 % des surfaces affectées à la production de coton et d'oléagineux respectivement. En termes absolus, les oléagineux et le soja en particulier continueront de dominer l'utilisation des terres brésiliennes au cours des dix prochaines années et occuperont en 2024 près de la moitié des nouvelles superficies cultivées.

Graphique 2.6. **Tendances des superficies consacrées à la production des cultures au Brésil**

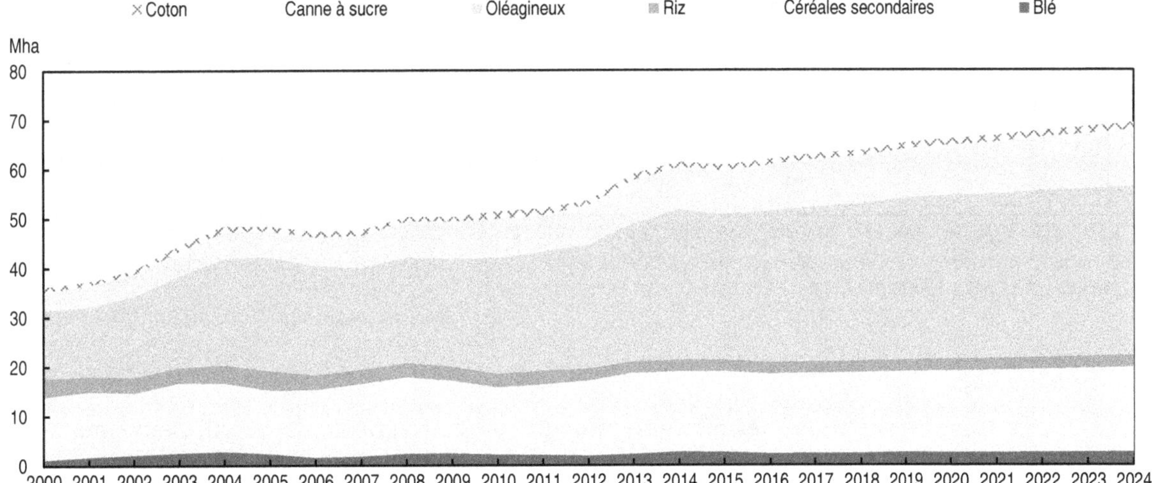

Source : OCDE/FAO (2015), « Perspectives agricoles de l'OCDE et de la FAO », *Statistiques agricoles de l'OCDE* (base de données), *http://dx.doi.org/10.1787/agr-outl-data-fr*.

StatLink http://dx.doi.org/10.1787/888933232872

Le marché intérieur en développement devrait absorber l'essentiel de l'augmentation de la production de céréales secondaires et de canne à sucre. Cette augmentation sera principalement stimulée par la demande d'aliments du secteur de l'élevage en plein essor, dans le cas des céréales secondaires, et par le marché de l'éthanol dans le cas de la canne à sucre. La part de la production destinée aux marchés internationaux restera donc relativement stable au cours des dix prochaines années. La situation est différente pour le coton et les oléagineux dont une plus grande part devrait être exportée selon les projections.

La productivité devrait également progresser au cours des dix prochaines années mais à des rythmes différents selon les cultures (graphique 2.7). La récente absence d'investissements dans le secteur de la canne à sucre, associée à des conditions météorologiques défavorables, s'est soldée par des rendements inférieurs à la moyenne. L'investissement dans les plantations de canne à sucre fortement mécanisées devrait augmenter au cours de la période considérée et entraîner de faibles améliorations des rendements, sans toutefois atteindre les niveaux record enregistrés par le passé. De même, les rendements des oléagineux ne devraient pas sensiblement augmenter au cours des dix prochaines années. En revanche, la productivité des céréales – céréales secondaires, blé et riz – devrait fortement croître tandis que celle du coton devrait connaître une progression plus modérée (graphique 2.7).

Graphique 2.7. **Croissance des rendements des céréales, de la canne à sucre et du coton au Brésil**

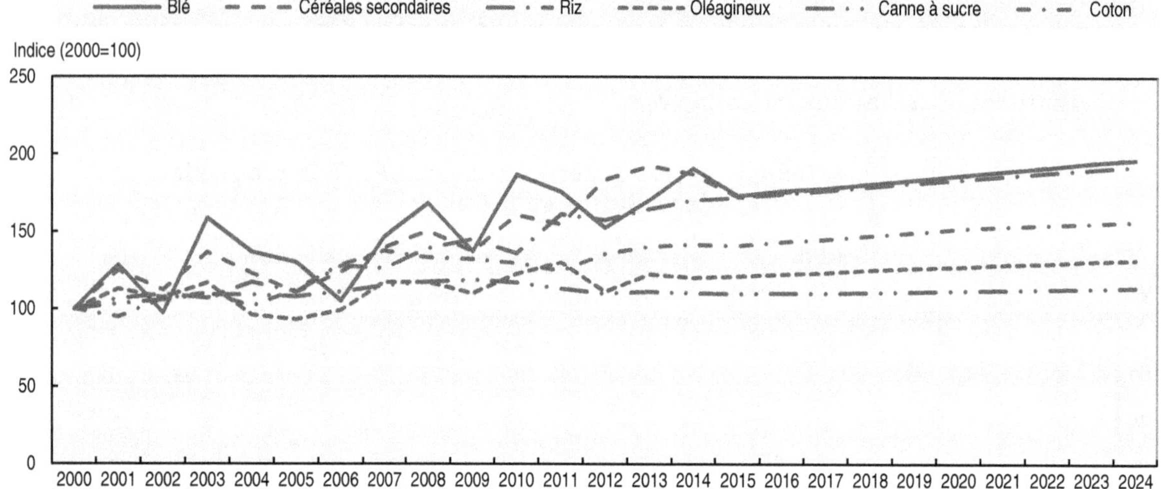

Source : OCDE/FAO (2015), « Perspectives agricoles de l'OCDE et de la FAO », *Statistiques agricoles de l'OCDE* (base de données), *http://dx.doi.org/10.1787/agr-outl-data-fr.*

StatLink http://dx.doi.org/10.1787/888933232888

Oléagineux

Le soja devrait continuer d'être le principal produit agricole du Brésil. Deuxième producteur mondial derrière les États-Unis, le Brésil devrait toutefois réduire l'écart qui les sépare en augmentant sa production au cours de la période considérée. Parmi les grands pays producteurs et exportateurs d'oléagineux, le Brésil est celui où le potentiel d'expansion de la production est le plus élevé. La productivité y est aussi forte qu'aux États-Unis (leurs rendements moyens sont comparables) mais les superficies disponibles pour la culture du soja y sont vastes tandis que les États-Unis sont plus compétitifs pour produire du maïs, ce qui limite leur potentiel de conversion de grandes étendues à la culture du soja pour répondre à la future demande d'oléagineux.

Les prix à la production devraient rester relativement élevés pendant la période considérée et augmenter de 6.9 % par an. Cette situation est favorable à la production d'oléagineux, qui devrait progresser de 2.5 % par an sur la même période et atteindre 108 millions de tonnes (graphique 2.8)[9]. L'essentiel de cette hausse est lié à une augmentation de 23 % de la superficie récoltée, devant atteindre 34.3 (Mha) en 2024, alors que le rendement moyen devrait connaître une légère progression et passer à 3.15 t/ha en 2024. Les nouvelles terres consacrées à la culture du soja devraient essentiellement provenir de la région de MaToPiBa, qui comprend les états de Maranhão, Tocantins, Piauí et Bahia, et ne devraient donc pas entrer en concurrence avec d'autres terres cultivables ou réduire les superficies destinées à d'autres cultures.

Graphique 2.8. **Production, consommation et exportations brésiliennes d'oléagineux**

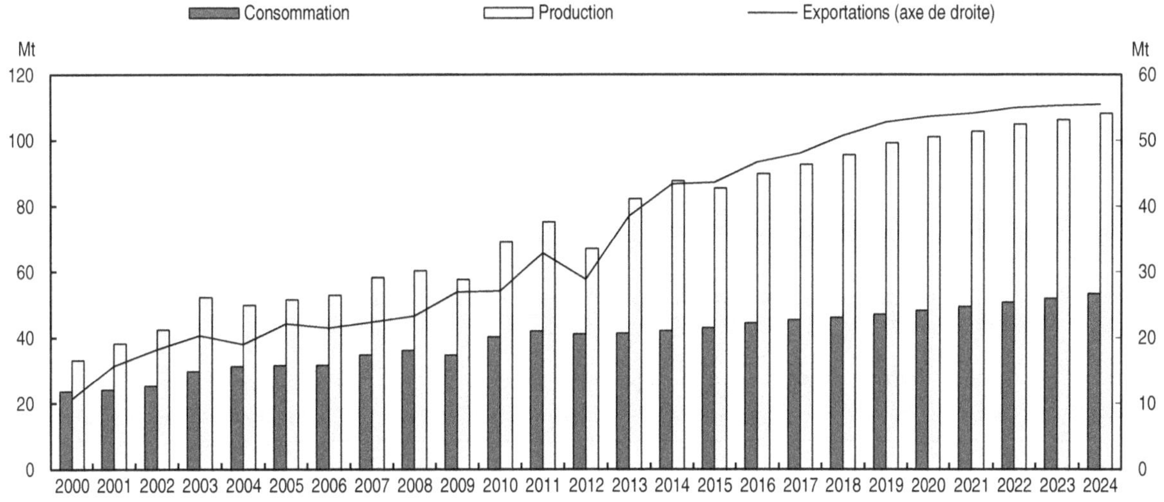

Source : OCDE/FAO (2015), « Perspectives agricoles de l'OCDE et de la FAO », *Statistiques agricoles de l'OCDE* (base de données), *http://dx.doi.org/10.1787/agr-outl-data-fr.*

StatLink http://dx.doi.org/10.1787/888933232897

La consommation d'oléagineux devrait également augmenter au cours de la période considérée, bien que plus lentement que la production (2.3 % par an), jusqu'à atteindre 53.3 Mt. L'excédent intérieur croissant (c'est-à-dire l'écart entre la production et la consommation intérieure) sera exporté.

Le soja devrait continuer d'être l'exportation la plus lucrative, la moitié de la production brésilienne étant destinée aux marchés mondiaux. Ces exportations, estimées aux prix à la production intérieurs, généreront 87.5 milliards BRL (22.8 milliards USD) de recettes en 2024. La Chine est le premier pays importateur de soja du monde et le premier client du Brésil. Depuis 2013, le Brésil est également devenu le principal fournisseur de la Chine, devant les États-Unis. Les projections supposent que la forte demande chinoise de soja importé se poursuivra et que l'essentiel de cette nouvelle demande sera satisfait par le Brésil, le pays où le potentiel d'expansion de la production dans les prochaines années est le plus fort. Si cette demande s'essouffle, ou si les préoccupations de la Chine en matière de sécurité alimentaire la poussent à diversifier les sources de ses importations, le

Brésil pourrait devoir rapidement ajuster sa production compte tenu de la taille des autres marchés d'importation. Comme l'illustre l'encadré 2.1, tout fléchissement de la demande chinoise entraînerait le recul des exportations brésiliennes d'oléagineux vers la Chine mais aussi vers d'autres pays. En l'absence d'autres marchés internationaux, la production et les exportations brésiliennes d'oléagineux baisseront en deçà du niveau de référence.

Le Brésil produit une grande quantité d'oléagineux et est également doté d'un vaste secteur de la trituration produisant des tourteaux et de l'huile de soja. Bien que l'essentiel de la production brésilienne de soja soit destiné à l'exportation, la demande intérieure de graines oléagineuses triturées devrait continuer de croître. Cette croissance est estimée à environ 2.3 % par an, de sorte qu'à la fin de la période considérée, la demande de graines oléagineuses triturées devrait approcher les 47.1 Mt, soit 27 % de plus que pendant la période de référence (graphique 2.9). Cette augmentation entraînera celle de la production de tourteaux protéiques, qui atteindra 39 Mt en 2024. La majorité de la production supplémentaire sera absorbée par les secteurs intérieurs de la viande porcine et de la volaille, la consommation d'aliments pour animaux augmentant de 4.9 % par an pour atteindre plus de 27 Mt, soit 66 % de plus que pendant la période de référence. Mais la capacité de trituration ne devrait pas augmenter suffisamment rapidement pour faire face à l'accroissement de la demande de tourteaux de soja de ces secteurs. Cet accroissement devrait réduire l'excédent exportable et donc les exportations de tourteaux de soja. Les exportations de tourteaux protéiques seront ramenées à environ 11.9 Mt, contre presque 14 Mt pendant la période de référence. Il n'en reste pas moins que le Brésil continuera de talonner les États-Unis en tant que deuxième exportateur de tourteaux de soja.

Graphique 2.9. **Production, consommation animale et exportations de tourteaux protéiques au Brésil**

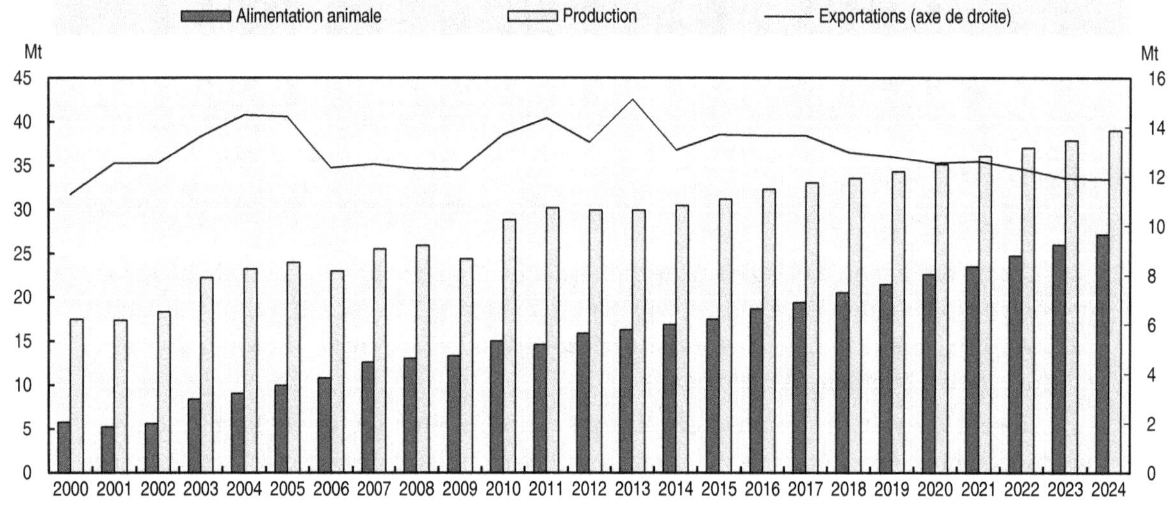

Source : OCDE/FAO (2015), « Perspectives agricoles de l'OCDE et de la FAO », *Statistiques agricoles de l'OCDE* (base de données), *http://dx.doi.org/10.1787/agr-outl-data-fr*.

StatLink http://dx.doi.org/10.1787/888933232902

L'accroissement de la demande de trituration pour les tourteaux de soja entraînera celui de l'offre de l'huile de soja. La production d'huile végétale augmentera à un taux annuel moyen de 2.5 % pour atteindre 10.2 Mt à l'horizon 2024, soit 31 % de plus qu'au cours de la période de référence. Mais la demande intérieure d'huile végétale destinée à la consommation humaine ne progressera que de 2.2 % par an pour atteindre 5.2 Mt (graphique 2.10). La consommation par habitant d'huile végétale devrait augmenter d'environ 1.5 % par an pour atteindre 24.2 kg.

La demande intérieure d'huile végétale est également liée à la production de biodiesel. La consommation totale d'huile végétale augmentera de 1.4 % par an pour atteindre 9 Mt, soit 34 % de plus que pendant la période de référence. Au cours de la première moitié de la période considérée, la demande de biodiesel devrait fortement croître en raison de l'obligation d'incorporation imposée par les pouvoirs publics. Le ralentissement de la demande alimentaire et de la production de biodiesel pendant la deuxième moitié de la période étudiée entraînera l'accroissement de l'excédent exportable. Les exportations d'huile végétale devraient s'élever à 1.8 Mt en 2024, soit un niveau comparable à celui de la période de référence (1.6 Mt).

Graphique 2.10. **Production, consommation et exportations brésiliennes d'huile végétale**

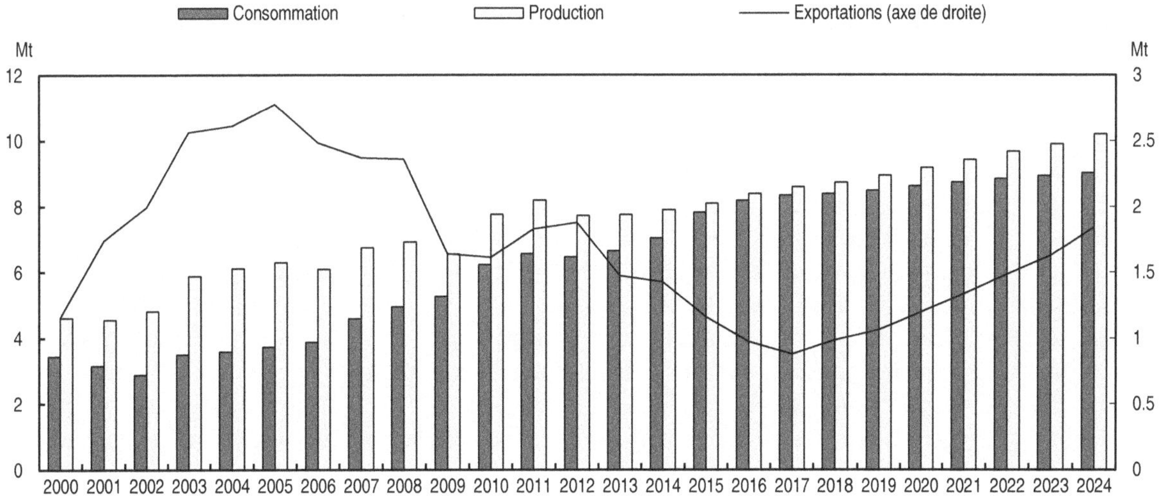

Consommation
Production
Exportations (axe de droite)
Mt
Mt
12 10 8 6 4 2 0
3 2.5 2 1.5 1 0.5 0
2000 2001 2002 2003 2004 2005 2006 2007 2008 2009 2010 2011 2012 2013 2014 2015 2016 2017 2018 2019 2020 2021 2022 2023 2024

Source : OCDE/FAO (2015), « Perspectives agricoles de l'OCDE et de la FAO », *Statistiques agricoles de l'OCDE* (base de données), *http://dx.doi.org/10.1787/agr-outl-data-fr*.

StatLink http://dx.doi.org/10.1787/888933232913

Encadré 2.1. **Effet de la croissance économique de la Chine sur les exportations agricoles du Brésil**

Les marchés à l'exportation des produits agricoles du Brésil sont influencés par l'évolution de ses principaux pays importateurs, dont la Chine. Les exportations agricoles brésiliennes destinées à ce pays ont bondi depuis 2000, et encore plus depuis cinq ans. Elles sont essentiellement composées d'oléagineux, d'huile végétale, de coton, de sucre et de volaille. En 2014, environ 71 % des exportations brésiliennes d'oléagineux (31 Mt), soit 35 % de la production, ont été absorbées par la Chine et représentaient environ 40 % de ses importations d'oléagineux. La part des exportations vers la Chine d'huile végétale et de coton dans les exportations totales du Brésil était également élevée en 2014, et se chiffrait à 28 et 24 % respectivement. La part des exportations vers la Chine de sucre et de volaille dans les exportations totales du Brésil était moins importante et s'élevait à 9.5 et 6.4 % respectivement.

Encadré 2.1. **Effet de la croissance économique de la Chine sur les exportations agricoles du Brésil** *(suite)*

Après plus de trois décennies de croissance rapide, l'économie chinoise est entrée dans une ère de « nouvelle normalité », caractérisée par une croissance plus lente. Les autorités chinoises, aspirant à un développement plus durable, ont ainsi réduit leur taux de croissance cible à environ 7 % pour 2015. En ce qui concerne les *Perspectives*, la croissance économique devrait continuer de ralentir jusqu'à atteindre 4.2 % en 2024. Il s'ensuit que les exportations agricoles du Brésil vers la Chine fléchiront au cours de la période considérée. Si les exportations brésiliennes d'oléagineux vers la Chine progresseront jusqu'à atteindre 47 Mt en 2024, elles n'augmenteront que de 3.9 % par an pendant la période considérée, contre 18.9 % par an au cours de la décennie précédente. Les exportations de sucre, de coton et de volaille devraient également croître plus lentement que précédemment. Les exportations brésiliennes d'huile végétale vers la Chine ont atteint un sommet de 0.95 Mt en 2012 avant de chuter à 0.36 Mt en 2014. Si l'on considère que la Chine importera davantage de graines oléagineuses pour son secteur de la trituration, qui remplacera les importations d'huile végétale, ces importations devraient continuer de diminuer jusqu'à 0.2 Mt à l'horizon 2024.

Mais la Chine devra faire face à de nombreuses incertitudes alors que son économie entre dans une période de transition, et ses résultats et la demande associée de produits importés auront des retombées sur le Brésil. Pour évaluer les effets quantitatifs, deux scénarios de croissance économique de la Chine ont été retenus : un scénario optimiste, selon lequel la croissance économique annuelle est de 25 % supérieure au niveau de référence ; et un scénario pessimiste, selon lequel la croissance est de 25 % inférieure à ce niveau.

Comme on pouvait s'y attendre, les résultats économiques de la Chine ont une incidence sur les exportations agricoles brésiliennes. Les effets se font sentir directement au niveau des échanges bilatéraux, mais également indirectement au niveau de l'évolution des cours mondiaux, ressentie dans une plus ou moins large mesure sur les marchés intérieurs de tous les pays, dont le Brésil. Le graphique 2.11 illustre l'évolution des importations chinoises de produits agricoles, totales et originaires du Brésil, en fonction de la tenue de l'économie chinoise par rapport au niveau de référence. Selon le scénario de croissance optimiste, l'augmentation des importations chinoises fera monter les cours mondiaux, ce qui incitera les producteurs à accroître leur production et les consommateurs à réduire leur consommation. Les résultats montrent que les effets sur la production et les exportations brésiliennes sont globalement positifs, et que les oléagineux et le sucre représentent une part non négligeable de l'augmentation totale escomptée. D'une façon générale, la production brésilienne progressera par rapport à celle des autres fournisseurs, car l'offre de terres y est plus élastique et la capacité d'intensification de la production plus élevée. Mais les effets d'une croissance économique chinoise inférieure au niveau de référence sont presque opposés et symétriques.

Les effets sur le marché brésilien sont les plus prononcés pour les oléagineux, devant l'huile végétale et le sucre ; ils sont plus modestes dans le cas du coton et de la volaille. Par exemple, selon le scénario de croissance optimiste, la demande d'importation totale d'oléagineux de la Chine augmente de 2.9 Mt, ou 2.9 %, par rapport aux niveaux de référence en 2024, et environ la moitié de cette augmentation (1.5 Mt) est satisfaite par le Brésil. Le prix à la production des oléagineux brésiliens augmente de 2.6 % sous l'effet de l'expansion du marché, stimulant ainsi une hausse totale de la production de 2.4 Mt. Les résultats montrent que les exportations brésiliennes d'oléagineux vers d'autres pays augmenteront légèrement en raison de l'avantage comparatif du pays dans ce domaine. Les exportations totales d'oléagineux du Brésil progressent de 1.9 Mt par rapport au niveau de référence en 2024. Les taux moyens de croissance annuelle des exportations et de la production d'oléagineux du Brésil au cours de la prochaine décennie augmentent de 2.9 et 2.4 % respectivement. Mais, si la croissance économique de la Chine est inférieure au niveau de référence, les exportations brésiliennes d'oléagineux vers ce pays diminueront de 1.4 Mt en 2024 tandis que celles destinées aux autres pays baisseront de 0.4 Mt, entraînant ainsi le recul des exportations et de la production de 3.2 et 2.1 % par an respectivement, par rapport au niveau de référence. Les résultats illustrent également les mêmes tendances pour les autres produits agricoles, avec une forte corrélation entre les importations chinoises et les exportations brésiliennes dans le cas du sucre et de la volaille, nettement moins prononcée dans le cas de l'huile végétale et du coton.

Encadré 2.1. **Effet de la croissance économique de la Chine sur les exportations agricoles du Brésil** *(suite)*

Graphique 2.11. **Effet de l'évolution de la croissance économique de la Chine sur le secteur agricole brésilien**

Evolution absolue par rapport au niveau de référence en 2024

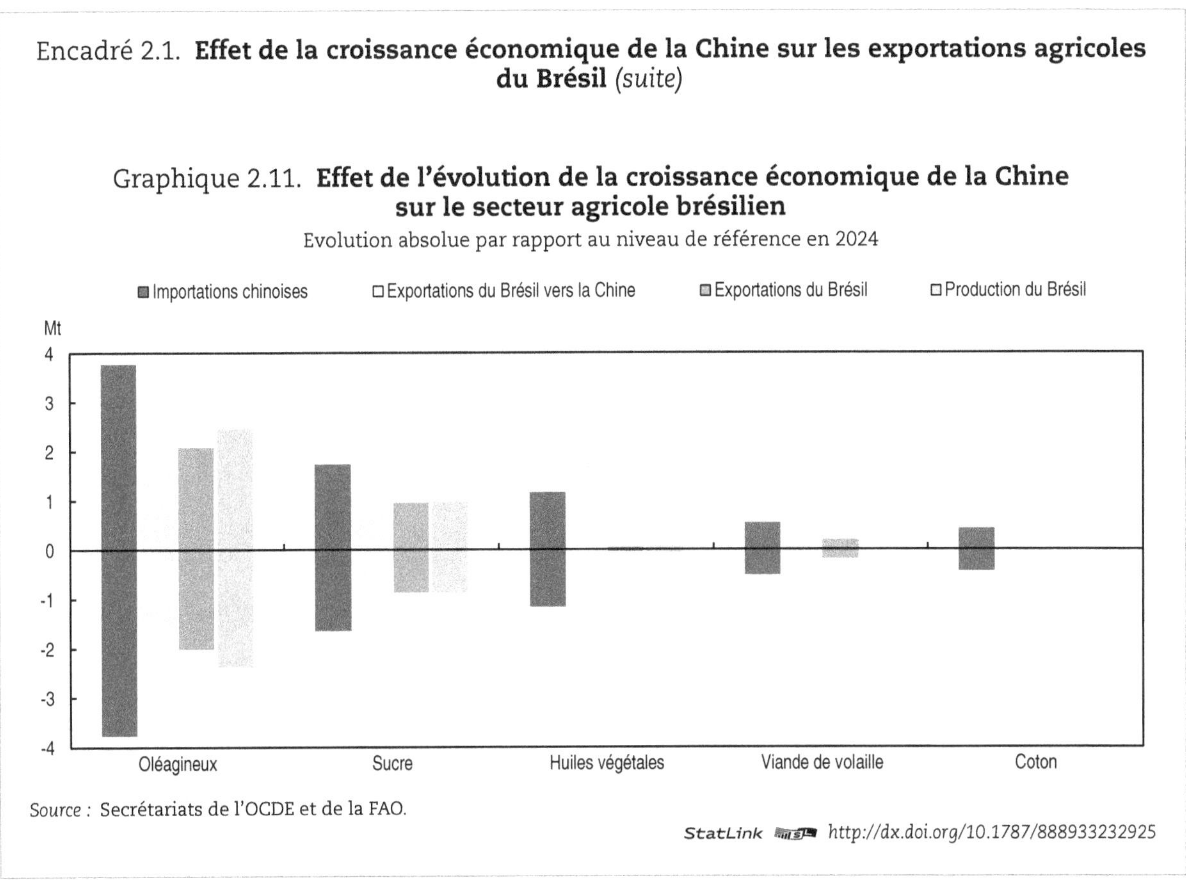

Source : Secrétariats de l'OCDE et de la FAO.

StatLink http://dx.doi.org/10.1787/888933232925

Céréales secondaires

Le maïs est de loin la principale céréale secondaire cultivée et consommée au Brésil. La demande de céréales secondaires est dominée par l'alimentation animale. Après un léger déclin en 2016, la consommation d'aliments pour animaux devrait augmenter de 1.5 % par an sur la période considérée pour atteindre 49.9 Mt en 2024, soit 23 % de plus que le volume de la période de référence, dépassant ainsi le rythme de la croissance présumée de la production de viande de non-ruminants (graphique 2.12). La consommation totale augmente à un taux annuel moyen de 1.4 % pour atteindre 62.7 Mt en 2024, soit 22 % de plus qu'au cours de la période de référence.

Le prix à la production devrait progresser de 5.5 % par an et ainsi stimuler la production de céréales secondaires qui devrait dépasser 89 Mt à la fin de la période considérée. Cette évolution bénéficiera d'une expansion mineure de la superficie récoltée et de l'accroissement des rendements, qui se poursuivra au rythme actuel et atteindra un nouveau record de 5.2 t/ha en 2024. La production devrait croître plus rapidement que la consommation intérieure et ainsi entraîner la hausse des exportations nettes qui retrouveront le niveau de la période de référence de 26.4 Mt d'ici à 2024. Le Brésil a accumulé des stocks qui ont atteint des niveaux relativement élevés par rapport à la consommation. Les ratios stocks/consommation devraient légèrement diminuer pendant les premières années de la période considérée, avant de remonter progressivement pendant la deuxième moitié de la décennie jusqu'à atteindre 23 % en 2024.

Graphique 2.12. **Production, consommation, exportations et stocks de céréales secondaires au Brésil**

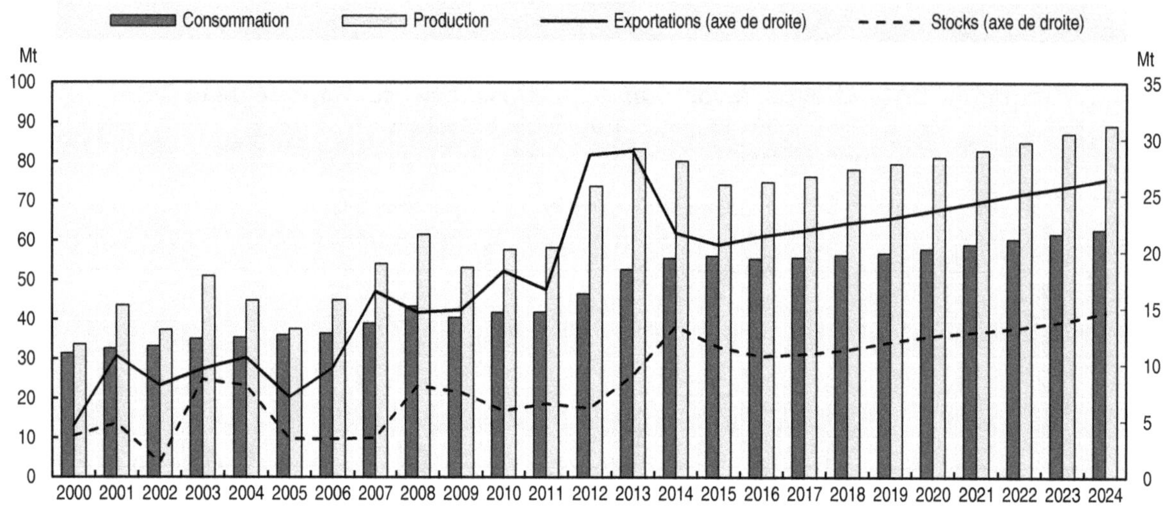

Source : OCDE/FAO (2015), « Perspectives agricoles de l'OCDE et de la FAO », *Statistiques agricoles de l'OCDE* (base de données), *http://dx.doi.org/10.1787/agr-outl-data-fr*.

StatLink http://dx.doi.org/10.1787/888933232931

Blé

La consommation alimentaire humaine représente 95 % de la demande de blé au Brésil. Celle-ci devrait continuer d'augmenter, bien que plus lentement qu'au cours de la dernière décennie. La demande alimentaire de blé devrait atteindre 11 Mt en 2024, soit une hausse de 4 % par rapport au niveau de référence. Compte tenu de l'accroissement démographique, cette augmentation correspond à une légère baisse de la consommation par habitant. L'utilisation du blé dans l'alimentation animale et d'autres secteurs devrait rester relativement stable, de sorte que la consommation totale sera d'environ 11.5 Mt en 2024.

Le prix à la production devrait augmenter d'environ 6.4 % par an pendant la période considérée, et ainsi stimuler la production. La superficie récoltée devrait quelque peu diminuer au début de la décennie, avant d'augmenter lentement jusqu'à atteindre 2.6 Mha en 2024. La production devrait essentiellement augmenter grâce à l'amélioration des rendements. Le rendement moyen devrait ainsi croître d'environ 1 % par an jusqu'à atteindre 3 t/ha en 2024, la production passant d'environ 6 Mt pendant la période de référence à 7.8 Mt en 2024. L'offre intérieure progresse au même rythme que la demande et les importations restent relativement stables. Les prix des importations augmenteront en moyenne de 6.4 % par an, les importations de 2024 (6.6 Mt) étant légèrement inférieures en valeur à celles de la période de référence (6.7 Mt). Les stocks de blé ont atteint des niveaux très bas en 2012, mais ont été reconstitués au cours des deux années suivantes. Il est possible qu'un surajustement ait eu lieu, les stocks estimés de 2014 s'élevant à 1.8 Mt, soit un ratio stocks/consommation relativement élevé (16 %). Pendant la période considérée, les stocks devraient progresser avec la demande et le ratio stocks/consommation se stabiliser autour de 11 %.

Riz

Le riz occupe avec le blé et les légumineuses une place importante dans l'alimentation brésilienne. Au cours des dix prochaines années, la production de riz devrait augmenter à un taux annuel moyen de 1.6 % pour atteindre 9.5 Mt, essentiellement grâce à l'amélioration du rendement moyen car la superficie récoltée ne devrait pas sensiblement changer. Cette superficie reste relativement stable, autour de 2.4 Mha, tandis que le rendement devrait augmenter de près de 1.3 % par an et approcher 4 t/ha. La consommation ne devrait en revanche guère évoluer et ne progresser que de 8.7 Mt d'ici à 2024. Il s'ensuit que l'excédent exportable du Brésil augmente quelque peu pendant la période considérée, confirmant ainsi sa transition d'un pays importateur à un pays exportateur de riz. La consommation suit le rythme de l'accroissement démographique, la consommation par habitant restant stable autour de 40 kg pendant la décennie.

Sucre

Le Brésil reste et restera le premier producteur et exportateur mondial de sucre. Cela dit, l'absence d'investissements dans le secteur de la canne à sucre observée ces dernières années, associée à des conditions météorologiques défavorables, s'est soldée par des rendements inférieurs à la moyenne. L'avantage de coût du Brésil concernant la production de canne à sucre a également été réduit car la mécanisation accrue des autres pays a légèrement érodé sa compétitivité sur les marchés mondiaux. Ces facteurs, conjugués aux faibles prix du sucre récemment observés, ont entraîné la faillite ou la mise en veilleuse de plusieurs sucreries. Certains d'entre eux devraient toutefois s'inverser pendant la période considérée. La dépréciation attendue du réal brésilien par rapport au dollar des États-Unis et la baisse des prix du pétrole devraient stimuler l'investissement dans les plantations de canne à sucre fortement mécanisées.

À la différence du prix à la production du sucre raffiné, qui a baissé après 2010 jusqu'au début de la période considérée, le prix à la production de la canne à sucre a augmenté pendant cette période en raison de la demande continue associée à la production d'éthanol. Pour ce qui est de la décennie à venir, les prix à la production devraient augmenter au rythme modeste de 2.6 % par an pour la canne à sucre et relativement plus soutenu de 4.8 % par an pour le sucre blanc. La production de canne à sucre devrait donc croître à un taux annuel de 3.3 % pour atteindre 884 Mt (soit 42 % de plus que pendant la période de référence), essentiellement en raison de l'expansion de la superficie récoltée (graphique 2.13). Celle-ci augmente de 2.9 % par an et devrait atteindre 11.5 Mha à l'horizon 2024. Le rendement moyen a par contre chuté par rapport au sommet atteint en 2010 et devrait légèrement augmenter au cours de la période considérée sans toutefois atteindre les niveaux antérieurs, car les marges sur le sucre, qui dépendent fortement de la valeur du réal, ne seront pas suffisantes pour que les grandes sociétés investissent lourdement dans le secteur.

Compte tenu de l'augmentation du prix à la production, la production de sucre, après une période de très lente progression, devrait atteindre 48.4 Mt, contre 38.9 Mt pendant la période de référence. Cette hausse tient essentiellement aux mesures visant à stimuler la production d'éthanol, qui encouragent l'utilisation de la canne à sucre à cette fin plutôt que pour produire du sucre. La production de canne à sucre destinée à la fabrication d'éthanol devrait atteindre environ 532 Mt en 2024, soit 61 % de plus que pendant la période de référence. La part de la canne à sucre entrant dans la production de sucre devrait quant à elle être ramenée de 47 à 40 %.

Graphique 2.13. **Ventilation de la canne à sucre entrant dans la production d'éthanol et de sucre au Brésil**

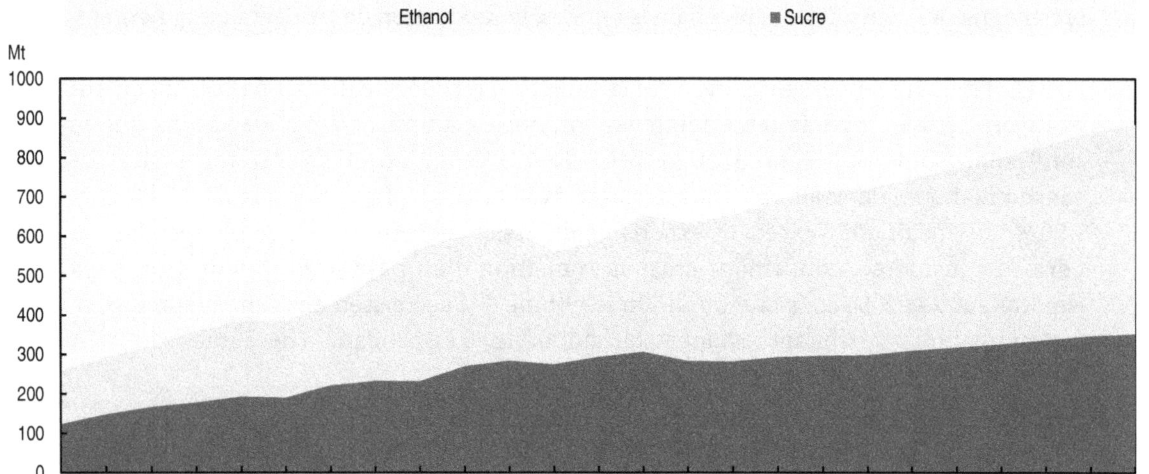

Source : OCDE/FAO (2015), « Perspectives agricoles de l'OCDE et de la FAO », *Statistiques agricoles de l'OCDE* (base de données), *http://dx.doi.org/10.1787/agr-outl-data-fr.*

StatLink http://dx.doi.org/10.1787/888933232941

La consommation de sucre devrait se hisser à 15.8 Mt (croissance annuelle moyenne de 1.4 %) pendant la période considérée, soit 17 % de plus que pendant la période de référence. Malgré la proportion croissante de canne à sucre destinée au marché de l'éthanol, la production de sucre croît plus rapidement que la consommation et entraîne donc la hausse des excédents exportables. Les exportations totales passent de 25.7 Mt au cours de la période de référence à 31.9 Mt à la fin de la période considérée, soit une augmentation annuelle de 4.1 %. Les exportateurs brésiliens semblent concentrer leur attention sur l'exportation du sucre brut plutôt que du sucre raffiné. La majorité des exportations brésiliennes de sucre se font sous forme brute et celles de sucre raffiné, malgré la hausse anticipée au cours des dix prochaines années, n'atteignent pas le niveau de la période de référence. Alors que les exportations de sucre brut se chiffrent à près de 27 Mt, soit une croissance moyenne de 4.7 % par an, celles de sucre raffiné progressent beaucoup plus lentement, au rythme moyen de 1.8 % par an, pour atteindre 5.2 Mt, soit 15 % de moins que pendant la période de référence. La part du Brésil dans le marché mondial du sucre, bien qu'inférieure aux sommets atteints ces dernières années, augmente progressivement au cours de la période considérée pour approcher 44 % en 2024.

Biocarburants

Les présentes *Perspectives* supposent que les prix intérieurs de l'essence resteront légèrement supérieurs aux prix internationaux pendant la première partie de la période considérée et qu'ils s'aligneront à nouveau sur les cours mondiaux du brut vers la fin de cette période. Les récentes réformes, qui comprennent l'augmentation des taxes sur l'essence tout en maintenant de faibles taxes sur l'éthanol ainsi que la nouvelle obligation d'incorporation de 27 % d'éthanol dans le bioéthanol (contre 25 % précédemment), devraient à court terme aider le secteur brésilien de l'éthanol en veillant à ce que la différence de prix entre l'essence et l'éthanol soit favorable à ce dernier, au moins dans certains états. Il s'ensuit que le marché brésilien de l'éthanol devrait rester relativement protégé du marché mondial pendant les premières années de la période considérée, lorsque les prix à la production seront supérieurs aux prix mondiaux. La production d'éthanol de canne à sucre, dont la majorité sera consommée localement, devrait donc croître d'environ 60 % pour atteindre près de 42.5 gigalitres (Gl) dans la décennie à venir (graphique 2.14).

Graphique 2.14. **Consommation, production et échanges nets d'éthanol au Brésil**

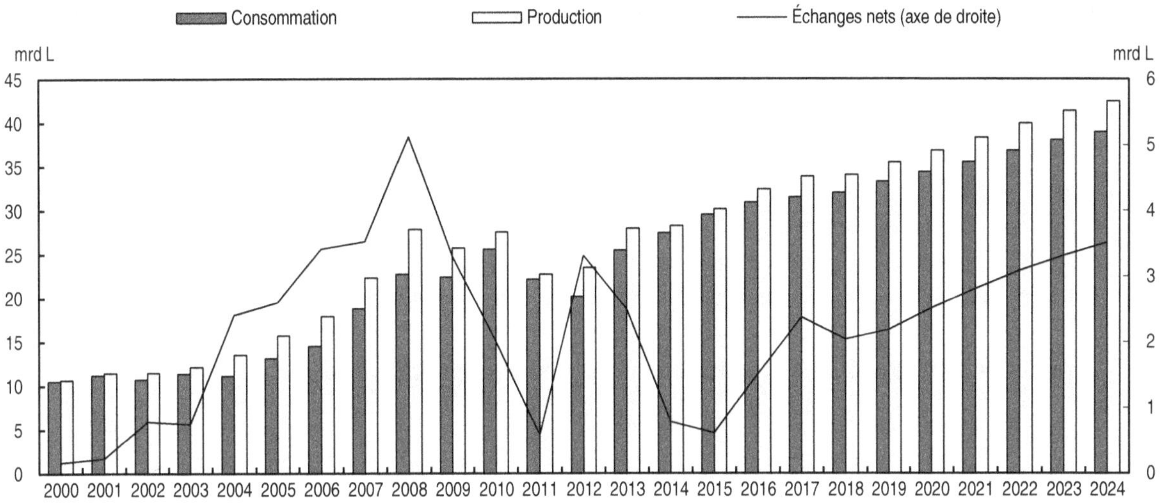

Consommation | Production | Échanges nets (axe de droite)

Source : OCDE/FAO (2015), « Perspectives agricoles de l'OCDE et de la FAO », *Statistiques agricoles de l'OCDE* (base de données), *http://dx.doi.org/10.1787/agr-outl-data-fr*.

StatLink http://dx.doi.org/10.1787/888933232953

La demande totale d'éthanol, stimulée par l'obligation d'incorporation et par la concurrence à la pompe entre l'éthanol hydraté et le bioéthanol, devrait approcher 39 Gl à la fin de la période considérée. L'éthanol carburant consommé en 2024 devrait se composer de 17 Gl d'éthanol anhydre et de 21 Gl d'éthanol hydraté.

Les exportations nettes devraient rester limitées au début de la période considérée car le secteur brésilien de l'éthanol répondra essentiellement à la demande intérieure, avant de légèrement dépasser 3.5 Gl en 2024. Les exportations devraient rebondir pendant la deuxième moitié de la période considérée, lorsque les prix brésiliens de l'éthanol et de l'essence devraient s'aligner sur les prix mondiaux. La hausse prévue des exportations est relativement modeste car les débouchés devraient être limités du fait des incertitudes entourant la politique bioénergétique des États-Unis et de la limite de 10 % concernant l'incorporation d'éthanol.

La consommation de biodiesel augmentera également du fait du relèvement de l'obligation d'incorporation adopté fin 2014 (7 %). La consommation et l'offre intérieures devraient passer de 3.4 Gl en 2014 à 5.1 Gl en 2024. Les débouchés à l'exportation seront limités.

Coton

Le coton est un autre produit agricole important pour le Brésil. Depuis la fin des années 1990, les progrès des techniques d'amélioration des sols et la mise au point de nouvelles variétés culturales ont favorisé la forte croissance des rendements de coton, qui sont plus du double de la moyenne mondiale. Cette évolution a permis au Brésil de devenir le cinquième producteur mondial de coton. Les mesures gouvernementales ont sans doute également contribué à l'expansion de la production brésilienne de coton en instaurant un prix minimum à la production pour soutenir les revenus des exploitants en cas de bas prix.

Au cours de la période considérée, les futurs progrès technologiques du Brésil ainsi que ses abondantes ressources en terres et son capital naturel devraient l'aider à développer sa production de coton plus rapidement que les autres pays producteurs tels que la Chine, les États-Unis et le Pakistan. Au cours des dix prochaines années, la production devrait ainsi croître à un taux annuel moyen de 4.6 % pour atteindre 2.3 Mt en 2024, soit 52 % de plus que pendant la période de référence (graphique 2.15). Cette croissance est essentiellement induite par l'expansion de la superficie récoltée à raison de 3.3 % par an, jusqu'à 1.36 Mha, soit 35 % de plus que pendant la période de référence. La hausse du rendement devrait se ralentir au cours des dix prochaines années et se chiffrer en moyenne à 1.2 % par an. La production brésilienne de coton devrait progresser encore plus vite que celle du premier producteur mondial, l'Inde, dont le potentiel d'amélioration des rendements est supérieur en raison de la faible productivité actuelle. Le Brésil devrait puiser dans ses stocks de coton au cours de la décennie à venir.

Graphique 2.15. **Production, consommation, stocks et exportations de coton au Brésil**

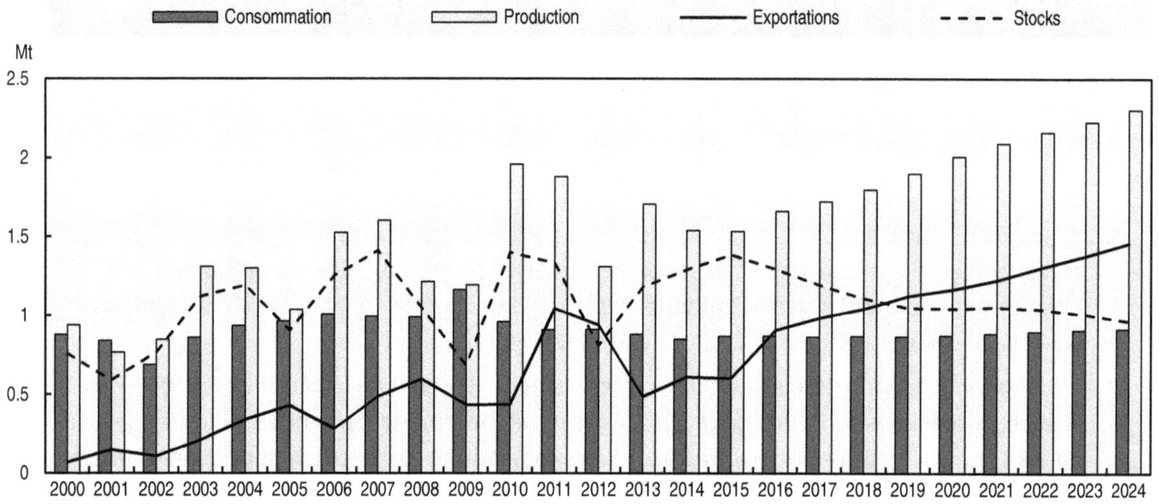

Source : OCDE/FAO (2015), « Perspectives agricoles de l'OCDE et de la FAO », *Statistiques agricoles de l'OCDE* (base de données), *http://dx.doi.org/10.1787/agr-outl-data-fr*.

StatLink *http://dx.doi.org/10.1787/888933232962*

Le marché international revêt une importance particulière pour le secteur brésilien du coton compte tenu de la demande intérieure relativement stable et de la vigoureuse croissance attendue des prix mondiaux. Au cours de la période considérée, la part du coton exporté passe de moins de la moitié à 63 % de la production, plaçant ainsi le Brésil parmi les principaux exportateurs avec environ 14 % du marché mondial.

Les projections ci-dessus sont subordonnées à la relance de la consommation des filatures de coton sur le marché mondial et à la réduction des stocks de coton chinois. L'évolution de la concurrence pour les ressources nécessaires à produire d'autres produits agricoles devrait également influencer les perspectives des marchés du coton.

Le Brésil pourra également profiter de son statut de gros producteur de coton pour progresser le long de la chaîne de valeur et développer sa filière de transformation. Il se classe actuellement au cinquième rang des pays transformateurs de coton avec une part de

3 % du marché mondial. Cette filière répond essentiellement à la demande intérieure qui devrait augmenter lentement à moyen terme sans toutefois dépasser les niveaux de la fin des années 2000, lorsque la consommation mondiale par habitant de coton a atteint des records historiques.

Viande

Le Brésil se classe parmi les principaux producteurs et exportateurs mondiaux de volaille et de viande bovine et porcine. Sa production de viande devrait continuer de connaître une forte croissance au cours de la décennie à venir. La dépréciation du réal brésilien par rapport au dollar des États-Unis, les faibles coûts de l'alimentation animale et l'amélioration de la génétique, de la santé et de la nutrition animales, conjugués à la hausse de la demande intérieure et internationale devraient soutenir l'expansion prévue de la production de viande du pays. La volaille représentera plus de la moitié de cette augmentation, stimulée par la demande intérieure et internationale. L'expansion du secteur reposera également sur la production de viande bovine et porcine (graphique 2.16).

Graphique 2.16. **Production de volaille et de viande bovine et porcine au Brésil**

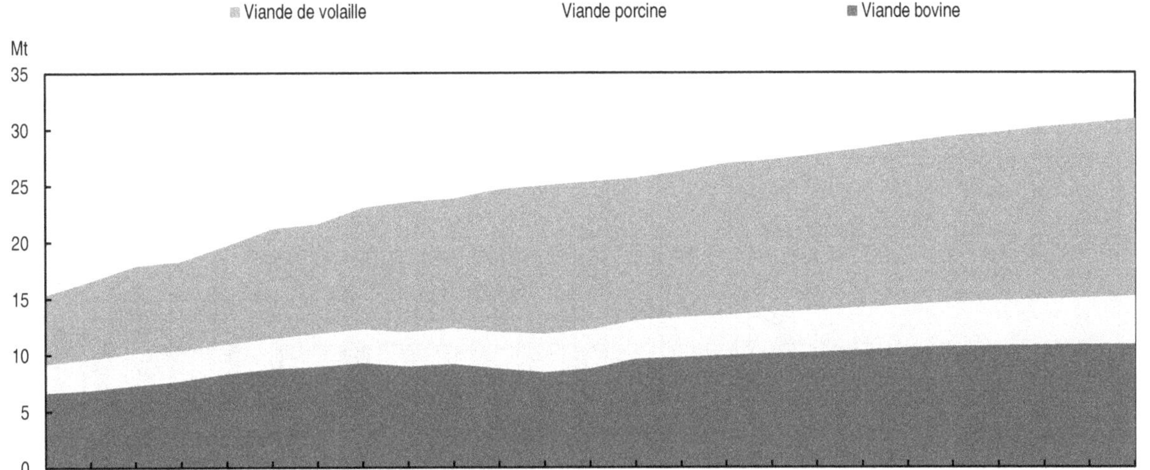

Source : OCDE/FAO (2015), « Perspectives agricoles de l'OCDE et de la FAO », *Statistiques agricoles de l'OCDE* (base de données), *http://dx.doi.org/10.1787/agr-outl-data-fr*.

StatLink http://dx.doi.org/10.1787/888933232970

Les prix à la production devraient fortement augmenter au cours des dix prochaines années, en particulier dans le cas de la viande porcine et bovine (5.9 et 4.4 % par an respectivement) tandis que ceux de la volaille augmenteront à un taux plus modeste de 3.9 % par an. Une fois corrigée des effets de l'inflation, l'augmentation des prix reste toutefois modeste.

En supposant que le prix de la volaille progressera plus lentement que celui de la viande bovine et porcine, la consommation intérieure augmentera plus rapidement que la population, la consommation par habitant atteignant 42.3 kg par an, contre 39.3 kg par an pendant la période de référence. D'une façon générale, la consommation par habitant des trois principaux types de viande devrait augmenter compte tenu du développement économique continu du pays. Elle atteint 83 kg en 2024, soit 5.8 kg de plus que pendant la période de référence, essentiellement sous l'effet de la hausse de la consommation de volaille.

Malgré l'accroissement de la consommation intérieure, la compétitivité du Brésil sur le marché international de la volaille et de la viande bovine devrait s'améliorer, notamment grâce à la dépréciation de sa monnaie. Une part croissante de la production devrait être absorbée par les consommateurs étrangers et ainsi permettre au Brésil de conquérir une part du marché international de la volaille et de la viande bovine.

Volaille

Sous l'effet de la diversification croissante de l'alimentation du monde en développement et de l'augmentation de la consommation de protéines animales, la demande de volaille devrait continuer de croître au Brésil, où elle reste la principale viande consommée. La production a progressé de 22 % par rapport à la période de référence, pour atteindre 15.7 Mt (poids prêt à cuire – pac) (graphique 2.17). La consommation intérieure devrait également croître, mais à un rythme plus lent entraînant l'augmentation de l'excédent exportable. Le secteur brésilien de la volaille tend à satisfaire l'augmentation prévue de la demande mondiale, ce qui donne lieu à un renforcement des exportations. Celles-ci continuent de progresser tout au long de la période considérée jusqu'à atteindre 5.3 Mt en 2024, soit légèrement plus de 31 % du marché mondial.

Graphique 2.17. **Production, consommation et exportations brésiliennes de volaille**

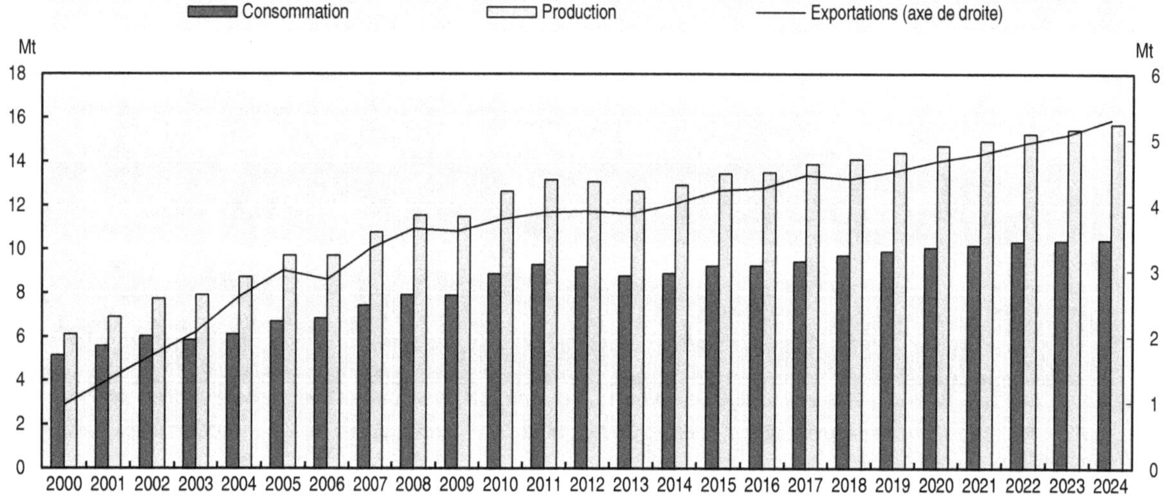

Source : OCDE/FAO (2015), « Perspectives agricoles de l'OCDE et de la FAO », *Statistiques agricoles de l'OCDE* (base de données), *http://dx.doi.org/10.1787/agr-outl-data-fr.*

StatLink http://dx.doi.org/10.1787/888933232988

Viande bovine

La production brésilienne de viande bovine devrait augmenter sous l'effet des progrès de la génétique animale, de l'amélioration de la gestion des plantes fourragères permettant un chargement accru en bétail, de la disponibilité croissante de bovins susceptibles d'être abattus, de la stabilité des prix intérieurs du bétail et de l'amélioration de l'efficacité alimentaire entraînant un poids carcasse supérieur du fait de la consommation accrue d'aliments pendant la saison sèche. La production devrait croître à un taux annuel moyen de 1.1 % pour atteindre 11 Mt (équivalent poids carcasse) en 2024, soit 16 % de plus que pendant la période de référence (graphique 2.18). La hausse des prix à la consommation dans un contexte de faible croissance des revenus limite la consommation intérieure qui atteint 8.4 Mt en 2024, soit une augmentation de 11 % par rapport à la période de référence.

L'expansion du cheptel bovin du Brésil, associée à une forte demande internationale et à la dépréciation du réal, devrait préserver la haute compétitivité de la viande bovine brésilienne sur le marché mondial. Les exportations de viande bovine devraient progresser à un taux annuel moyen de 2.7 % pour atteindre 2.6 Mt, soit 37 % de plus que pendant la période de référence. Cette augmentation des exportations brésiliennes porte leur part du marché mondial à 20 % en 2024, contre 18 % pendant la période de référence.

Graphique 2.18. **Production, consommation et exportations brésiliennes de viande bovine**

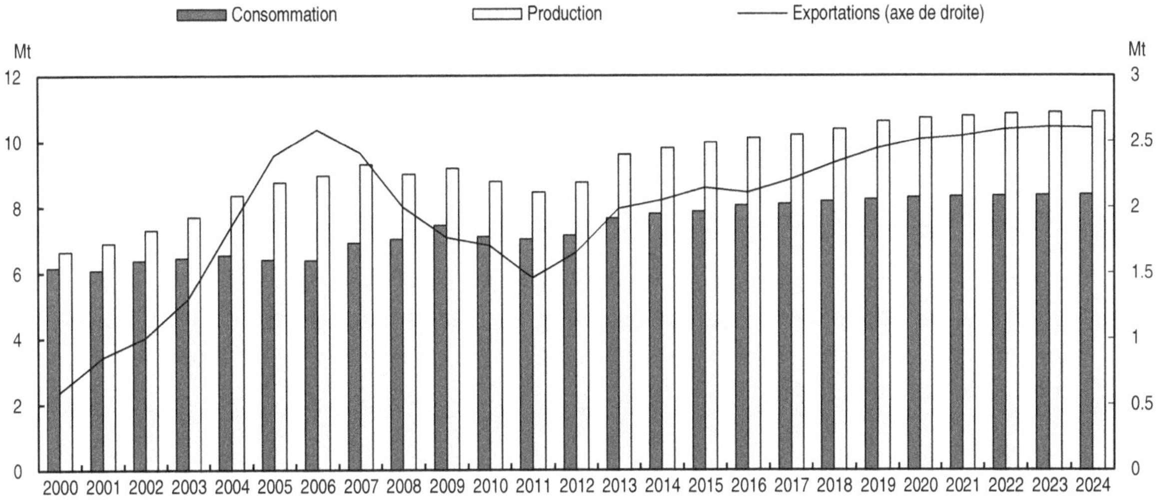

Source : OCDE/FAO (2015), « Perspectives agricoles de l'OCDE et de la FAO », *Statistiques agricoles de l'OCDE* (base de données), *http://dx.doi.org/10.1787/agr-outl-data-fr.*

StatLink http://dx.doi.org/10.1787/888933232998

Viande porcine

La production de viande porcine, stimulée par le coût relativement faible de l'alimentation animale et par la hausse des prix, devrait atteindre 4.3 Mt (équivalent poids carcasse) en 2024, soit 24 % de plus que pendant la période de référence (graphique 2.19). Cette augmentation satisfait essentiellement la demande intérieure croissante qui atteint 3.7 Mt en 2024, soit 26 % de plus que pendant la période de référence, malgré une hausse annuelle de 5 % des prix intérieurs à la consommation. Bien que la viande porcine reste la moins prisée des consommateurs brésiliens, sa consommation par habitant augmente de 2 kg par personne par an pour atteindre 13.5 kg en 2024 sous l'effet de l'accroissement démographique.

Bien que les consommateurs brésiliens absorbent l'essentiel de l'offre supplémentaire, les exportations de viande porcine connaissent un redressement pendant la période considérée par rapport aux faibles niveaux de ces récentes années. Les exportations brésiliennes de viande bénéficieront de l'accroissement de la demande internationale, de la dépréciation continue de la monnaie brésilienne et de la baisse anticipée du coût de l'alimentation animale (liée aux abondantes récoltes anticipées de soja et de maïs), améliorant ainsi la compétitivité du pays sur les nombreux marchés qu'il alimente actuellement. À court terme, le Brésil devrait accroître ses exportations de viande porcine vers la Fédération de Russie sous l'effet de l'embargo d'un an imposé par cette dernière sur

Graphique 2.19. **Production, consommation et exportations brésiliennes de viande porcine**

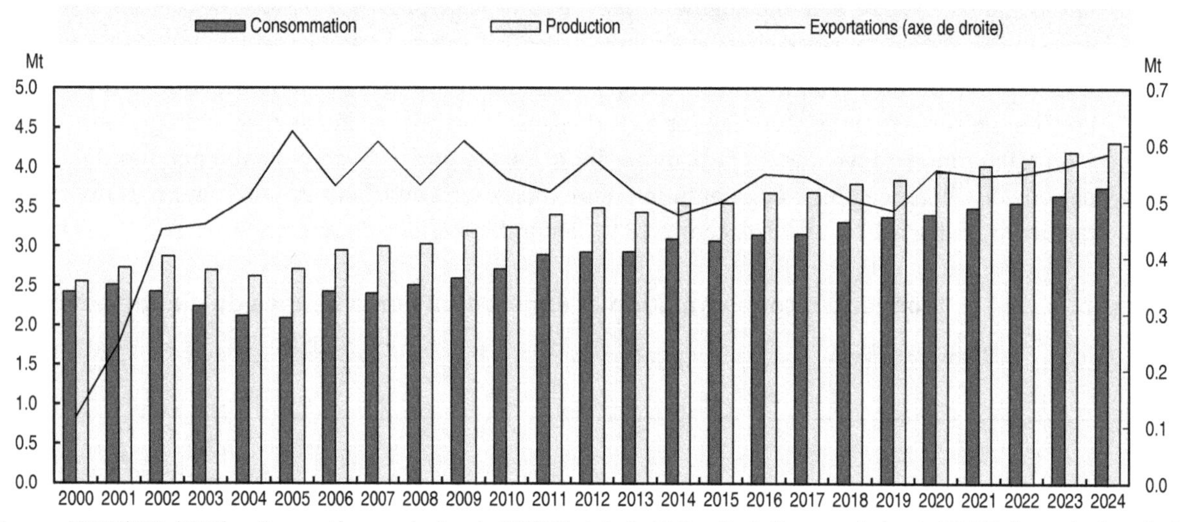

Source: OCDE/FAO (2015), « Perspectives agricoles de l'OCDE et de la FAO », *Statistiques agricoles de l'OCDE* (base de données), *http://dx.doi.org/10.1787/agr-outl-data-fr*.
StatLink http://dx.doi.org/10.1787/888933233009

les importations en provenance des États-Unis, de l'Australie, de la Norvège, du Canada et de l'Union européenne en réponse aux sanctions économiques de ces pays. Cette augmentation des exportations brésiliennes de viande porcine sur le marché russe devrait en partie se maintenir à moyen terme.

Produits laitiers

Le Brésil est essentiellement capable de subvenir à ses besoins en produits laitiers et aucun changement structurel majeur n'est anticipé pour la période considérée. Le cheptel devrait augmenter peu à peu et la production laitière progresser lentement avec la demande intérieure et suivre le rythme de la croissance de la population et des revenus. Le rendement laitier devrait également croître lentement sur la période étudiée et rester faible, conformément au système de production reposant sur le pâturage.

Compte tenu de la hausse anticipée de 6 à 8 % des prix intérieurs pendant la période considérée, la demande intérieure de produits laitiers (beurre, fromage, lait écrémé et lait entier en poudre) devrait augmenter lentement avec la population et les revenus. La production suivra à peu de choses près la demande et minimisera ainsi le rôle des marchés internationaux dans ce secteur. Parmi ces quatre produits, les brésiliens semblent préférer le fromage et en consomment 4 kg par personne et par an, soit une légère augmentation sur la période étudiée (graphique 2.20). Mais la demande de lait entier en poudre progresse plus rapidement sur cette période, la consommation annuelle par habitant atteignant 3.7 kg. La consommation par habitant de beurre et de lait écrémé en poudre devrait rester relativement stable, autour de 0.4 et 0.6 kg par personne par an respectivement. Alors que la production nationale suit plus ou moins l'évolution de la consommation, les importations de beurre et de lait écrémé en poudre restent faibles tandis que les importations de fromage et de lait entier en poudre diminuent légèrement. Les produits laitiers sont essentiellement consommés frais ou après une transformation minimale et représenteront au cours de la décennie à venir une part stable estimée à 53 % de la production laitière brésilienne. La consommation par habitant de produits laitiers frais, qui s'élèvera 84 kg en 2024, est comparable à celle observée en Amérique du Nord.

Graphique 2.20. **Consommation par habitant de produits laitiers au Brésil**

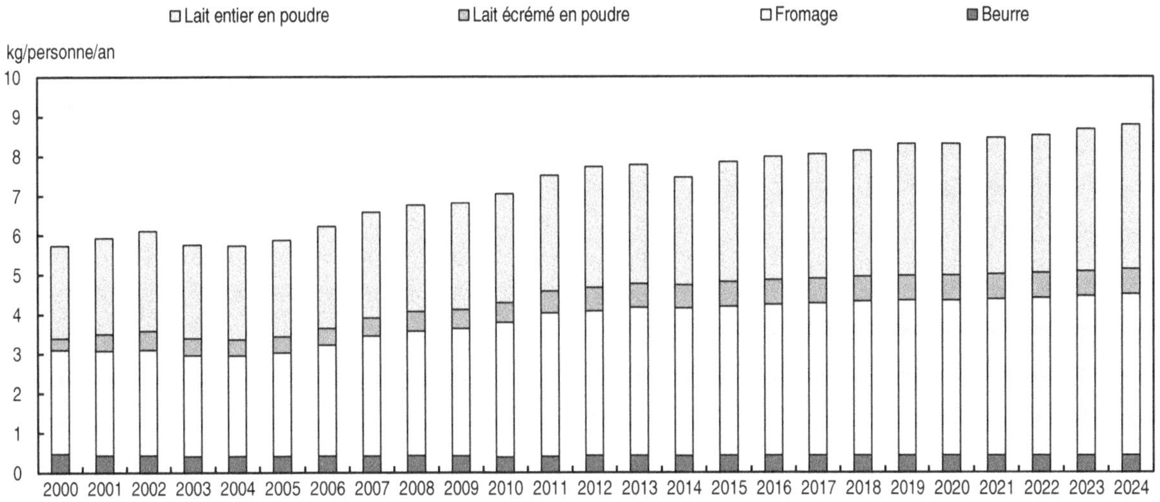

□ Lait entier en poudre □ Lait écrémé en poudre □ Fromage ■ Beurre

kg/personne/an

10 9 8 7 6 5 4 3 2 1 0

2000 2001 2002 2003 2004 2005 2006 2007 2008 2009 2010 2011 2012 2013 2014 2015 2016 2017 2018 2019 2020 2021 2022 2023 2024

Source : OCDE/FAO (2015), « Perspectives agricoles de l'OCDE et de la FAO », *Statistiques agricoles de l'OCDE* (base de données), *http://dx.doi.org/10.1787/agr-outl-data-fr*.

StatLink http://dx.doi.org/10.1787/888933233012

Légumineuses

Les légumineuses, et les haricots en particulier, font partie de l'alimentation de base au Brésil et, avec le riz, revêtent une importance capitale en matière de sécurité alimentaire et de nutrition. Au cours de la décennie écoulée, la production de haricots a oscillé entre 2.8 Mt et le niveau record de 3.6 Mt atteint en 2011. Les légumineuses sont vulnérables aux mauvaises conditions météorologiques et leur production varie donc fortement d'une année à l'autre. Ces dernières années, elle a été limitée par la sécheresse dans le Nord-Est et les ravageurs et les maladies dans le Centre-Sud. Le marché intérieur absorbe environ 3.5 Mt de haricots par an. Des importations sont nécessaires pour combler l'écart entre la production et la consommation ; ces dernières années, elles ont fluctué entre 120 et 400 kt. La production devrait rester stable autour de 3.2 Mt au cours de la période 2023/24, bien que des déficits soient possibles à court terme. La tendance haussière des rendements devrait se maintenir grâce à l'application croissante des technologies existantes et à l'amélioration continue des infrastructures, d'irrigation notamment, en particulier dans les grandes unités de production. Au cours de la décennie à venir, la consommation intérieure devrait augmenter pour atteindre 3.6 Mt, ce qui semble indiquer que les importations se maintiendront aux niveaux actuels.

Café

Le Brésil est le premier producteur et exportateur de café du monde avec environ un tiers de la production et des exportations mondiales. La production n'a cessé de croître au fil des ans grâce à l'amélioration des rendements. La superficie récoltée a toutefois reculé depuis le début des années 2000 sous l'effet des chocs climatiques (gelées et sécheresse) et des dommages causés par les ravageurs et les maladies. La production et la consommation totales de café ont augmenté au cours de la décennie écoulée de 3.7 et 2.7 % respectivement. Bien que la production risque de reculer en 2014/15 à cause de la grave sécheresse ayant frappé les principales zones de culture, la consommation intérieure devrait se stabiliser autour des niveaux de l'année précédente.

Les exportations totales de café pour 2014/15 ont également décliné en raison du recul de la production. Le café vert représente 90 % des exportations et le café instantané la majorité du volume restant. Le programme intégré d'exportation du café transformé (PSI) vise à améliorer la position du café brésilien dans la chaîne de valeur en accroissant la part du café transformé.

Les exportations brésiliennes sont essentiellement absorbées par les États-Unis, suivis par l'Allemagne, le Japon et l'Italie. Le Brésil est aujourd'hui le deuxième marché mondial après les États-Unis du fait de l'expansion soutenue de sa consommation intérieure. La demande de café de qualité a augmenté sous l'effet de l'évolution des préférences des consommateurs et du développement du marché de détail, et en particulier de la présence croissante de cafés à l'échelle mondiale.

Au cours de la décennie à venir, la production de café devrait atteindre 61 millions de sacs de 60 kg en 2023/24, soit 25 % de plus qu'en 2013/14. Cette croissance témoigne de la hausse continue des rendements, étayée par l'augmentation des investissements et l'amélioration de la conduite des cultures. La production des petits exploitants offre par ailleurs un potentiel d'expansion considérable.

Les exportations de café devraient croître de 25 % pour atteindre 40 millions de sacs de 60 kg et ainsi consolider la position du Brésil en tant que premier producteur et exportateur mondial. Bien que la croissance prévue soit plus lente qu'au cours de la décennie écoulée, plusieurs facteurs pourraient influencer le volume des exportations. Il pourrait par exemple être limité par l'accroissement rapide de la consommation intérieure. L'expansion du marché intérieur a quelque peu freiné les exportations, dont la part rapportée à la production devrait être ramenée à 65 % contre 68 % actuellement. L'importance croissante accordée à l'exportation de café transformé pourrait par ailleurs se heurter à des débouchés moins favorables compte tenu de la progressivité des droits de douane observée sur certains marchés. Cela étant, la vaste gamme de produits offerte par le Brésil (café instantané, torréfié, torréfié moulu, spécial, biologique, etc.) lui confère un avantage concurrentiel par rapport à de nombreux autres pays producteurs et exportateurs.

Oranges et jus d'orange

Le Brésil est le premier exportateur mondial d'agrumes transformés, notamment de jus d'orange concentré congelé (JOCC). La production d'oranges est essentiellement transformée en vue de son exportation. Le marché national des fruits transformés est relativement limité, l'essentiel des fruits consommés dans le pays étant à l'état frais. La production brésilienne d'oranges est restée stable au cours de la décennie écoulée, après une rapide croissance pendant les périodes antérieures. Plus récemment, les exploitants de certaines régions ont abandonné leurs vergers à cause des pertes régulièrement subies sur le marché des fruits frais.

La production d'oranges devrait progresser dans les dix années à venir, bien qu'à un rythme plus lent. La production totale en 2023/24 pourrait atteindre 17.5 Mt, soit 7 % de plus qu'en 2013/14. L'amélioration continue de la productivité devrait amplement compenser le recul des superficies cultivées, estimé à environ 13 % sur la décennie à venir. Le marché intérieur devrait continuer d'absorber des volumes relativement faibles de fruits frais. La part de la production destinée à la transformation devrait augmenter au cours de la période se terminant en 2023/24 et les exportations de jus d'orange devraient atteindre 2.6 Mt.

Fruits

Le Brésil est l'un des plus gros producteurs mondiaux de fruits, qui sont en grande partie absorbés par le marché intérieur. Les principaux fruits produits sont les bananes, les pommes, les raisins, les melons et les fruits tropicaux, notamment les mangues, les avocats, les ananas et les papayes. Les zones de culture et les volumes de production sont difficiles à établir avec précision, car la production est en grande partie issue d'exploitations de petite taille et consommée sur place ou vendue sur les marchés locaux. Au cours de la décennie écoulée, une importance croissante a été accordée à la production de produits biologiques et une assistance technique et des mesures de soutien ciblées ont été apportées aux exploitations familiales pratiquant ce type de culture.

L'expansion des superficies et l'amélioration des rendements ont contribué à l'accroissement de la production des principales variétés de fruits. Le fruit le plus important en volume est l'*ananas*. Au cours de la décennie écoulée, la production a oscillé entre 2.2 et 2.7 Mt, avec une moyenne d'environ 2.5 Mt ces dernières années. Elle pourrait passer à 2.9 Mt au cours de la décennie à venir, essentiellement sous l'effet de l'accroissement de la demande intérieure. Le marché national absorbe la quasi-totalité de la production et les exportations sont aujourd'hui négligeables. Les *pommes* représentent également un important tonnage, d'environ 1.25 Mt. La production de pommes a fortement progressé ces dix dernières années, essentiellement sous l'effet de la rapide augmentation des rendements. Les volumes exportés fluctuent d'année en année et représentent en moyenne moins de 10 % de la production. Celle-ci est essentiellement absorbée par le marché national qui se développe rapidement. En 2023/24, la production de pommes devrait dépasser 1.6 Mt sous l'effet de l'expansion des superficies plantées et de l'amélioration continue des rendements.

La production de *raisin* devrait également connaître une forte croissance jusqu'en 2023/24. Les vignes sont généralement irriguées et font appel à des méthodes de culture et de récolte sophistiquées. La production n'a cessé d'augmenter depuis 2005 et dépasse aujourd'hui 1.4 Mt. Au cours de la décennie à venir, elle devrait atteindre 1.65 Mt du fait de l'expansion des superficies et de l'amélioration des rendements. La production est essentiellement destinée au marché intérieur.

Au cours de la décennie écoulée, la production de *melon et de cantaloup* a également progressé grâce à l'accroissement des superficies plantées et à la hausse des rendements. Les melons sont plus fortement tributaires des marchés mondiaux car environ un tiers de la production est exporté. Cette part a toutefois décliné au cours de la décennie écoulée sous l'effet de l'accroissement de la demande intérieure.

Les *bananes* sont le fruit le plus communément cultivé dans le pays. La production devrait continuer d'augmenter grâce aux gains de productivité. Si les exportations ont été faibles au cours de la décennie écoulée du fait de l'importance du marché intérieur, la réorganisation du secteur et l'ouverture de nouveaux circuits de commercialisation pourraient stimuler les ventes à l'étranger.

Un large éventail de *fruits tropicaux* autres que l'ananas sont produits au Brésil. Les mangues, les avocats et les papayes sont les plus importants en volume. Ces variétés de fruits sont essentiellement absorbées par le marché intérieur et contribuent largement à la satisfaction des besoins nutritionnels des populations rurales et urbaines. La production de ces fruits semble être restée relativement stable au cours de la décennie écoulée. Celle d'avocats ne devrait guère changer d'ici à 2023/24, tandis que celle de papayes et de mangues continuera d'augmenter pour atteindre respectivement 1.8 et 1.4 Mt. Environ 10 % de la production de mangues est exportée, tandis que de très faibles quantités d'autres fruits tropicaux sont absorbées par les marchés étrangers.

Tableau 2.1. **Résumé des niveaux de production des autres produits au Brésil**

	Unité	2005/06	2010/11	2011/12	2012/13	2013/14	2014/15	2023/24
Haricots	Mt	3.5	3.7	2.9	2.8	3.4	3.2	3.2
Café	Millions de sacs[1]	32.9	48.1	43.5	50.8	49.2	45.3	61.0
Oranges (fraîches)	Mt	17.9	18.5	19.8	18.0	17.5	16.5	17.5
Avocats	Mt	0.2	0.2	0.2	0.2	0.2	0.2	0.2
Ananas	Mt	2.3	2.2	2.4	2.5	2.5	2.5	2.9
Papayes	Mt	1.6	1.9	1.9	1.5	1.6	1.6	1.8
Mangues	Mt	1.0	1.2	1.2	1.2	1.2	1.2	1.4
Bananes	Mt	7.0	7.3	6.9	6.9	7.1	7.2	7.8

Note : Année civile de la première année indiquée.
1. Un sac de café pèse 60 kg.
Source : FAO/CONAB/ICO ministère de l'Agriculture, de l'Élevage et de l'Approvisionnement.
StatLink http://dx.doi.org/10.1787/888933233059

Pêche et aquaculture

Le secteur de la pêche et de l'aquaculture joue un rôle déterminant dans la sécurité alimentaire du Brésil et représente une importante source protéique ainsi qu'un moyen de subsistance pour des millions de ménages. On estime qu'environ 4 millions[10] de personnes interviennent directement ou indirectement dans ce secteur.

La pêche et l'aquaculture peuvent être pratiquées le long des 8 400 km du littoral maritime et dans les abondantes ressources en eau douce du Brésil, qui abrite l'un des plus vastes bassins hydrographiques du monde. La forte augmentation de la production observée ces dernières années est liée à celle de l'aquaculture, qui a progressé en moyenne de 9 % par an au cours de la dernière décennie.[11]

Pour l'heure, le Brésil est le deuxième producteur aquacole du continent américain derrière le Chili. Les hausses les plus fortes concernent les espèces d'eau douce, qui dominent la production, la mariculture[12] représentant environ 15 % du total. Les perspectives de l'aquaculture sont bonnes, la production de 2024 devant dépasser de 52 % le niveau moyen pour 2012-14, sous l'effet de la hausse de la demande intérieure et des mesures nationales qui soutiennent la croissance durable du secteur. Les principaux obstacles à la poursuite de cette expansion sont liés à l'environnement et aux impacts potentiels de l'aquaculture sur la biodiversité et les services écosystémiques. Le ministère de la Pêche et de l'Aquaculture et le ministère de l'Environnement s'efforcent d'améliorer leur collaboration pour s'attaquer au problème de la viabilité écologique du secteur.

Malgré la légère hausse des prises au cours de la décennie écoulée, plusieurs stocks côtiers et intérieurs sont totalement exploités, voire surexploités, du fait de la surpêche. La flotte de pêche est généralement vieille et les activités halieutiques visent très souvent des ressources déjà fortement exploitées, ce qui explique leur faible rendement. La surpêche a entraîné la baisse de la productivité et des conflits d'accès aux ressources entre pêcheurs artisanaux et industriels et entre villages de pêcheurs.

La pêche artisanale domine la production halieutique, avec plus de 60 % des prises. Cette part est encore plus élevée dans le cas de la pêche intérieure. Les prises devraient légèrement augmenter, notamment en raison de leur hausse continue dans les eaux intérieures, liée à l'amélioration de la gestion des ressources. Au cours de la décennie écoulée, environ 30 % de la production halieutique provenait des eaux intérieures.

La consommation intérieure de poisson et de produits halieutiques n'a cessé d'augmenter depuis dix ans grâce à la hausse de la production et des importations. La consommation annuelle apparente de poisson par habitant est passée de 6.0 kg en 2005 à 9.9 kg en 2014. Cette hausse est également liée aux campagnes de masse menées dans le pays pour promouvoir la consommation de poisson. Celle-ci varie fortement selon les régions et est particulièrement élevée dans l'état d'Amazonie. La consommation annuelle apparente de poisson par habitant devrait continuer de croître au cours de la décennie à venir, pour atteindre 12.7 kg en 2024, soit 30 % de plus que le niveau moyen pour 2012-14 (graphique 2.21).

Graphique 2.21. **Production et consommation halieutiques au Brésil**

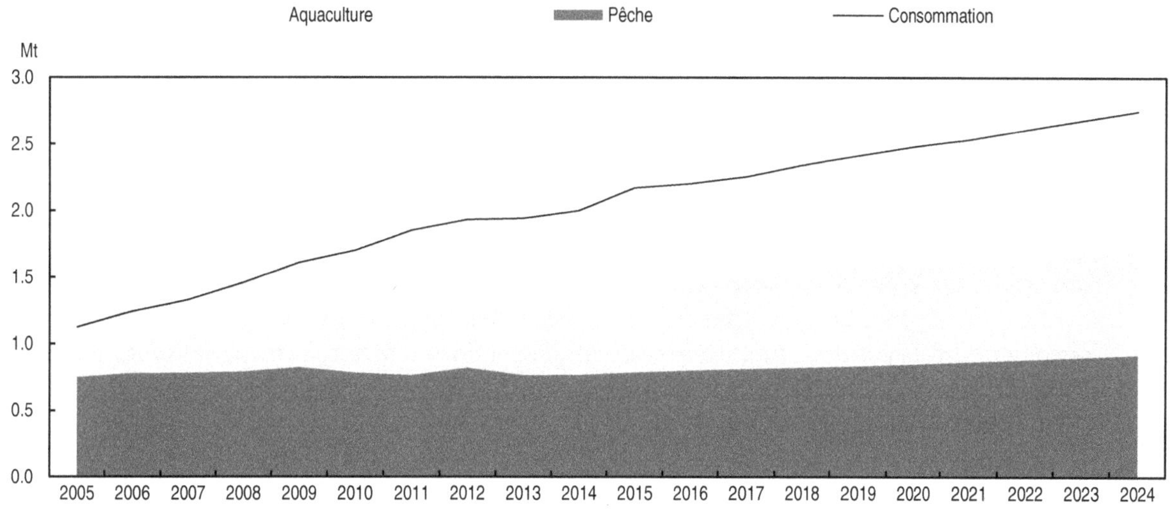

Aquaculture | Pêche | Consommation

Mt: 0.0, 0.5, 1.0, 1.5, 2.0, 2.5, 3.0

2005 2006 2007 2008 2009 2010 2011 2012 2013 2014 2015 2016 2017 2018 2019 2020 2021 2022 2023 2024

Source : OCDE/FAO (2015), « Perspectives agricoles de l'OCDE et de la FAO », *Statistiques agricoles de l'OCDE* (base de données), *http://dx.doi.org/10.1787/agr-outl-data-fr*.

StatLink http://dx.doi.org/10.1787/888933233029

Pendant plusieurs années, le Brésil a été un importateur net de poisson et de produits halieutiques et le premier importateur de poisson d'Amérique latine et des Caraïbes. La forte hausse de la demande et le redressement du réal par rapport au dollar ont fait bondir les importations de poisson destinées à la consommation humaine (de 297 millions USD en 2005 à 1.5 milliard USD en 2014) et baisser les exportations (de 405 à 207 millions USD sur la même période). Malgré la dépréciation anticipée du réal par rapport au dollar, les importations devraient augmenter de 46 % (en volume) au cours des dix prochaines années.

Le secteur de la pêche et de l'aquaculture est en phase de restructuration. Les principaux efforts se sont concentrés sur le renforcement institutionnel, afin de mieux planifier et gérer les activités de pêche. Les mesures gouvernementales actuelles reposent, entre autres, sur les critères suivants : durabilité, inclusion sociale, structuration adéquate des chaînes de production, renforcement du marché intérieur, approches territoriales des programmes de gestion et de développement, compétitivité accrue et consolidation des mesures étatiques.

Les mesures gouvernementales entendent également améliorer les activités en aval de la pêche, afin de réduire les pertes liées au traitement et au stockage inappropriés du poisson. Ces pertes interviennent surtout dans la pêche artisanale mais aussi dans la pêche industrielle. Le ministère de la Pêche et de l'Aquaculture estime que l'adoption de mesures de réduction de ces pertes pourrait augmenter les recettes de 40 %. De plus, le cadre juridique entend également stimuler la participation du secteur privé dans tous les aspects de la production, de la transformation et de la commercialisation des produits halieutiques. Il encourage la création et l'exploitation d'une filière de transformation du poisson et d'entreprises fournissant les ressources de base au secteur de la pêche.

Effets des politiques gouvernementales sur les marchés agricoles brésiliens

L'État brésilien applique trois types de politiques dans le secteur agricole : une politique économique pour soutenir la croissance du secteur et la production de recettes associées ; une politique sociale liée aux modes de subsistance des ménages les plus pauvres et au coût de leur alimentation ; et une politique environnementale liée à la préservation des ressources naturelles et de la biodiversité. La présente section examine des mesures spécifiques dans ces trois domaines, afin d'identifier des priorités stratégiques pour la décennie à venir.

Politiques macroéconomiques et structurelles

Le contexte général dans lequel le secteur agricole brésilien évolue influence davantage ses résultats depuis la suppression des politiques de remplacement des importations à la fin des années 1980. Les facteurs déterminants comprennent le contexte macroéconomique, la gouvernance et la qualité des institutions publiques, le cadre réglementaire, la politique financière et fiscale, la politique d'investissement, les mesures visant le marché du travail, la mise en place d'infrastructures matérielles et immatérielles, et l'éducation et le capital humain.

Le contexte macroéconomique général du Brésil est nettement plus stable depuis le milieu des années 1990, mais les taux d'intérêt réels restent élevés (en écho au fameux « coût brésilien »), le financement aux taux d'intérêt du marché représentant plus de 30 % des coûts des cultures pour les exploitants agricoles obligés d'emprunter aux taux commerciaux. Comparé au reste du monde, le Brésil offre des taux de protection relativement élevés, avec des droits de douane appliqués atteignant en moyenne 10 %. Cette protection augmente le coût des importations, y compris celles utilisées dans l'agriculture. Aussi le Brésil participe-t-il peu aux chaînes de valeur mondiales, tandis que le contenu en importation des exportations brésiliennes n'est estimé qu'à 10 %, et à 7 % dans le cas des principaux produits agricoles et alimentaires. Outre la protection à la frontière, le Brésil applique des dispositions sur le contenu local des projets publics ; cette condition est également imposée par la Banque nationale de développement économique et social (BNDES) pour les prêts destinés à des biens d'équipement, y compris dans le secteur agroalimentaire. Les biens d'équipement importés ne sont pas financés dans le cadre du Système national de crédit rural sauf si aucun produit comparable n'est disponible sur le marché intérieur, et ces produits doivent avoir un contenu local minimum de 60 %.

Cela étant, le régime d'investissement direct étranger (IDE) est relativement ouvert au Brésil, qui était le sixième bénéficiaire mondial d'investissements de ce type à la mi-2012. Ces investissements sont toutefois limités dans certains secteurs, notamment celui de l'acquisition de terres rurales par des personnes morales ou physiques étrangères, pour éviter le problème potentiel d'" appropriation de terres" observé dans le sillage de la hausse des prix des produits alimentaires en 2007 et 2008. Les restrictions imposées au secteur agroalimentaire sont nettement moins nombreuses. L'investissement étranger a par exemple contribué au développement de la production d'engrais au Brésil ; l'IDE a également été très important dans les secteurs du sucre et de l'éthanol, en stimulant leur développement technologique.

Les marchés financiers du Brésil reposent essentiellement sur le système bancaire. Les charges d'emprunt du marché libre sont élevées pour diverses raisons, notamment le fort taux de refinancement de la banque centrale, les réserves bancaires obligatoires élevées par rapport aux autres pays et la lourde fiscalité du secteur bancaire. Ces fortes charges augmentent le coût du capital et favorisent les investissements à court terme et à haut risque aux dépens des investissements à long terme. Certaines exploitations agricoles et entreprises agroalimentaires bénéficient de l'orientation du crédit par la BNDES à des taux supérieurs à ceux du Système national de crédit rural, essentiellement égaux au taux d'intérêt à long terme fixé par l'État (TJLP) plus les frais administratifs.

Au cours des deux dernières décennies, le système fiscal brésilien a augmenté les recettes publiques, qui sont passées de 24 à 34 % du PIB, soit une part comparable à celle de nombreuses économies développées mais élevée par rapport à la majorité des économies d'Amérique latine et des autres BRIICS (17 % en Chine, 18 % en Inde, 12 % en Indonésie et 27 % en Afrique du Sud). Le respect de la fiscalité brésilienne est également difficile, en particulier dans le cas des taxes indirectes, dont la taxe sur la valeur ajoutée (*Imposto sobre Circulação de Mercadorias e Serviços*, ICMS), pour laquelle chaque état dispose de son propre code et définit la base et le taux d'imposition.

Les secteurs de l'agriculture et de l'agroalimentaire sont exonérés d'ICMS sur les matières premières et les produits semi-transformés destinés à l'exportation, soit l'essentiel des exportations agricoles brésiliennes. Ce traitement privilégié, adopté au milieu des années 1990, a été l'un des facteurs contribuant à l'expansion de ces exportations. Les intrants agricoles bénéficient également d'exonérations de l'ICMS. Diverses réductions de la base d'imposition de l'ICMS sont ainsi appliquées aux échanges d'intrants agricoles entre les états. La législation fédérale habilite également les états à accorder des avantages fiscaux comparables dans le cas de transactions entre les états. Les autres avantages concédés concernent les cotisations à la sécurité sociale. Les exportations, agroalimentaires notamment, sont exonérées des taxes PIS/COFINS ; les taux d'imposition de ces taxes sont nuls sur les intrants agricoles importés tandis que leur versement est suspendu sur certains produits agricoles primaires produits sur le territoire à des fins de transformation. Les producteurs agricoles peuvent également déduire de leur revenu imposable les pertes encourues au cours de l'exercice précédent tandis que les entreprises agricoles peuvent déduire la valeur totale des biens d'équipement acquis pendant l'exercice budgétaire en cours (OCDE, 2005 ; Banque mondiale et PwC, 2013a).

De nombreuses études citent les carences des transports et des autres infrastructures physiques en tant qu'importants obstacles structurels au développement économique et social du Brésil. La densité routière et ferroviaire y atteint à peine la moitié de la moyenne des autres BRIICS et est nettement inférieure à celle des principales économies de l'OCDE (bien qu'une telle comparaison soit délicate compte tenu de la diversité des caractéristiques géographiques et des niveaux de développement des pays). Lors de la récolte de soja de 2013, des files de camions s'étiraient sur 25 kilomètres à l'entrée du port de Santos. Les carences de l'infrastructure brésilienne sont connues des autorités qui, depuis le milieu des années 1990, ont mené de vastes réformes institutionnelles et réglementaires dans ce secteur et, depuis le milieu des années 2000, ont mis en place divers programmes fédéraux et étatiques. L'État brésilien et les administrations des états ont également instauré diverses incitations fiscales pour améliorer l'investissement privé dans l'infrastructure.

La politique nationale sur le développement de l'infrastructure a d'importantes incidences sur le système agroalimentaire. Plusieurs projets mis en œuvre par le ministère des Transports et le Secrétariat des ports maritimes ne sont pas spécifiques à l'agriculture, mais devraient fortement accroître la capacité existante et réduire le temps de manutention et de transport des produits agricoles. Les autres activités comprennent la mise au point de systèmes électroniques pour faciliter le suivi des expéditions dans les ports et autres postes frontières et une assistance financière au stockage privé et public. Le système agroalimentaire devrait fortement bénéficier de ces mesures et investissements, qui augmenteront la capacité et réduiront le temps de manutention et de transport des produits agricoles et amélioreront sensiblement la compétitivité-coûts.

L'amélioration de l'éducation est devenue un objectif national dans les années 1980, bien que le Brésil n'ait toujours pas comblé son retard tant en termes de niveau d'instruction que de résultats scolaires. Selon les tests du PISA réalisés par l'OCDE pour 2012, les résultats du Brésil étaient proches de la moyenne des pays d'Amérique latine mais avaient 2.5 années de scolarité de retard par rapport à la moyenne des pays membres de l'OCDE. L'enseignement agricole a connu une forte croissance sous l'effet du boom agricole, au niveau des inscriptions universitaires et des disciplines offertes, mais les résultats des écoliers ruraux restent en deçà de ceux des enfants des villes. Le plan national de l'éducation 2014-24 (*Plano Nacional de Educação, PNE*), approuvé en 2014, stipule que la part du PIB consacrée à l'éducation atteindra au moins 7 % en 2019 et 10 % en 2024. Il accorde également une large place à la réduction des inégalités et à la promotion de l'accès à l'éducation.

Mesures d'aide à l'agriculture

Les principales mesures agricoles en place sont le soutien des prix, les prêts aidés et les subventions à l'assurance, bien que des mesures ciblées soient également prévues pour améliorer les revenus et la sécurité alimentaire des exploitations familiales vulnérables. Ces programmes sont décrits en détail dans l'encadré 2.2. Ils sont complétés de réglementations sur l'occupation des sols, de prescriptions concernant les zones agricoles adaptées à des cultures données (et donc davantage susceptibles de bénéficier de crédits publics) et de réglementations sur l'utilisation des biocarburants et la production biologique. Le Brésil consacre également d'importants fonds publics à la réforme agraire pour permettre aux pauvres d'accroître leurs revenus. Les groupes défavorisés peuvent ainsi avoir accès à des terres agricoles et des ressources financières et acquérir les connaissances théoriques et pratiques nécessaires pour cultiver la terre ou exercer d'autres activités économiques.

La mesure du soutien à l'agriculture effectuée chaque année par l'OCDE attribue une valeur monétaire aux différentes formes d'aide apportées au secteur agricole. Le soutien est classé en fonction de sa tendance à fausser la production ou les échanges, mais il donne également une idée des différentes priorités existant au sein du secteur. Il peut prendre la forme de soutien aux agriculteurs, fourni en garantissant des prix supérieurs à ceux des marchés mondiaux ou en effectuant des versements directs. Ce soutien est

Encadré 2.2. **Programmes brésiliens sur les prix, le crédit et l'assurance agricoles**

Le soutien des prix du marché entend réduire la volatilité des prix, accroître les revenus des agriculteurs, améliorer les disponibilités alimentaires et compenser les surcoûts assumés par les producteurs dans les régions éloignées des principaux marchés et ports. Des programmes spécifiques ciblent également les petites exploitations, certains achats étant distribués dans le cadre de programmes alimentaires.

Les prix minimums garantis, qui couvrent 33 produits agricoles, font l'objet d'un examen annuel. Ils sont annoncés à l'échelle régionale par le Secrétaire chargé de la politique agricole (SPA) dans le cadre de la PGPM (*Política de Garantia de Preços Mínimos*) et gérés par la Compagnie nationale d'approvisionnement alimentaire (*Companhia Nacional de Abastecimento*, CONAB). Ce dispositif concerne une grande diversité de cultures : le riz, le blé, le maïs, le coton, le soja, les cultures régionales telles que le manioc, les haricots, l'açaï, le guarana, le sisal, et quelques produits d'élevage comme le lait de vache et de chèvre, ainsi que le miel. Les autres mécanismes de soutien des prix de l'agriculture marchande sont les achats du gouvernement fédéral (*Aquisição do Governo Federal*, AGF) et le financement du stockage par le FEPM (*Financiamento para Estocagem de Produtos Agropecuários integrantes da Política de Garantia de Preços Mínimos*), qui a remplacé l'*Empréstimo do Governo Federal*-EGF. Le Ministère du développement agraire (MDA) soutient le développement de l'agriculture familiale et applique la politique de prix garantis. Les instruments de soutien des prix axés sur la petite agriculture sont un programme d'achats publics analogue à celui de l'AGF (*Programa de Aquisição de Alimentos*, PAA) et un programme de prix garantis pour l'agriculture familiale (*Programa de Garantia de Preços para a Agricultura Familiar*, PGPAF). Dans le cadre du PAA, la CONAB procède à des achats directs auprès des exploitations familiales aux prix du marché ; les produits acquis alimentent les stocks publics ou sont distribués au titre d'un programme d'aide alimentaire. Le PGPAF assure aux petits agriculteurs un prix garanti (fondé sur le coût moyen de la production régionale des exploitations familiales).

En 2014, 5.6 milliards BRL (2.5 milliards USD) ont été affectés au soutien des prix, aux achats publics de produits agricoles et au maintien des stocks publics dans le cadre de la politique de prix garantis. Le programme d'achats publics (PAA) a consacré 1.2 million BRL (516 millions USD) à l'agriculture familiale en 2014. En 2013, les paiements compensatoires du programme PEPRO (*Prêmio Equalizador Pago ao Produtor*) ont essentiellement été versés aux producteurs de maïs (211 millions USD). Pour 2014, des paiements PEPRO étaient prévus pour le blé (35 millions USD), le coton (105 millions USD) et le maïs (110 millions USD).

Les crédits agricoles sont le principal mécanisme de soutien du secteur et sont accordés aux exploitations commerciales et aux petites exploitations familiales. Le Système national de crédit rural (*Sistema Nacional do Crédito Rural*, SNCR) accorde des crédits aux agriculteurs à des taux d'intérêt préférentiels. Il propose des crédits à la commercialisation, des crédits de trésorerie et des crédits d'investissement aux producteurs commerciaux. Certains crédits d'investissement octroyés par le SNCR sont financés par la BNDES et gérés par le MAPA : *Programa ABC, Moderagro, Moderinfra, Moderfrota, PSI rural, Prodecoop, Pronamp, Procap-Agro, Inovagro, PCA*, etc. Pour ce qui est des exploitations familiales, des crédits leur sont accordés sous l'égide du programme PRONAF-Crédits du MDA et seulement sous la forme de crédits de trésorerie et d'investissement. Un soutien est aussi octroyé aux producteurs par le biais du rééchelonnement de leur dette. À la fin des années 1990 et au début des années 2000, il a été procédé à un vaste rééchelonnement des dettes des producteurs commerciaux comme des exploitants familiaux. Ce rééchelonnement a représenté 10 % de l'ESP en 2012-14.

Les prêts aidés sont financés par des ressources « obligatoires » (*Exigibilidade dos Recursos Obrigatórios*), les banques étant tenues soit de détenir 34 % de leurs dépôts à vue sous forme de réserves obligatoires auprès de la banque centrale, non rémunérées, soit d'allouer à des activités agricoles le même pourcentage sous forme de prêts à des taux d'intérêt inférieurs au niveau du marché. Les banques sont également tenues d'allouer 72 % de leurs dépôts d'épargne à des crédits ruraux aux taux d'intérêt du marché, bien qu'une partie de ces crédits puissent bénéficier de taux préférentiels si l'État prend en charge la différence. Des fonds « constitutionnels » sont également disponibles pour les régions du Nord, du Nord-Est et du Centre-Ouest.

Encadré 2.2. **Programmes brésiliens sur les prix, le crédit et l'assurance agricoles** *(suite)*

Les prêts aidés accordés aux agriculteurs ont continué d'augmenter en 2014, progressant de 13 % par rapport à 2013. Les crédits affectés à l'agriculture ont atteint 177 milliards BRL (76 milliards USD) en 2014, dont 13 % (24 milliards BRL ou 10 milliards USD) pour l'agriculture familiale. Les 87 % restants ont été attribués à l'agriculture commerciale. Ces dernières années, les programmes d'investissement reposant sur le crédit rural ont été renforcés afin d'accroître la capacité de stockage des céréales, de promouvoir l'innovation technologique et de développer l'utilisation des engins agricoles.

L'assurance agricole est un autre important domaine d'intervention de l'État. Les quatre principaux programmes sont les suivants : le programme de subvention à l'assurance rurale (*Programa de Subvenção ao Prêmio do Seguro Rural*, PSR) et le programme général d'assurance agricole (*Programa de Garantia da Atividade Agropecuária*, PROAGRO), qui visent tous deux les producteurs commerciaux et sont gérés par le MAPA, ainsi que le programme d'assurance destiné aux exploitations familiales (*Seguro da Agricultura Familiar*, SEAF) et le programme d'assurance récolte (*Programa Garantia-Safra*, GS) qui concerne la petite agriculture. Ces quatre programmes soutiennent les agriculteurs en prenant en charge une partie des coûts de la prime d'assurance ou en les dédommageant des pertes de production subies du fait de calamités naturelles. L'assurance agricole, qui connaît une forte croissance, a représenté 17 % du soutien aux agriculteurs en 2012-14.

En 2014, le programme d'assurance rurale (*seguro rural*) a fourni 700 millions BRL (300 millions USD) de subventions aux producteurs commerciaux et couvert 10 millions d'hectares de grandes cultures ; les ressources affectées à l'autre programme d'assurance (PROAGRO) étaient nettement plus élevées (1.5 milliard BRL ou 645 millions USD). Ces deux programmes couvrent uniquement la grande agriculture. Les subventions à l'assurance destinées aux exploitations familiales relèvent du programme PROAGRO-MAIS-SEAF, qui a dépensé plus de 3.2 milliards BRL (1.3 milliard USD) en 2014 pour aider la petite agriculture. Les taux de subvention couvrent entre 40 et 100 % de la prime.

représenté par l'estimation du soutien aux producteurs (ESP). Le soutien peut également prendre la forme d'aide budgétaire à l'agriculture, c'est-à-dire de « services d'intérêt général » (recherche-développement, systèmes de conseil, inspection des aliments, etc.). Ce type de soutien est représenté par l'estimation du soutien aux services d'intérêt général (ESSG). Qui plus est, les administrations de certains pays transfèrent également les deniers des contribuables aux consommateurs (généralement plus pauvres) par le biais de subventions aux produits alimentaires. Le soutien aux producteurs, le soutien aux services d'intérêt général et les transferts des contribuables aux consommateurs les plus pauvres représentent l'estimation du soutien total (EST) de l'OCDE.

Le niveau de soutien à l'agriculture brésilienne est nettement plus faible que la moyenne de l'OCDE et que celui de la majorité des pays émergents couverts chaque année par le suivi et l'évaluation de l'OCDE (graphique 2.22). En 2012-14, la part du soutien dans les recettes brutes des agriculteurs (ESP en pourcentage) s'élevait en moyenne à 4 % au Brésil, contre 3 % au Chili et 12 % au Mexique, deux pays latino-américains membres de l'OCDE. L'ESP du Brésil est nettement inférieure à la moyenne de 19 % de l'Union européenne et de la Chine, ses deux principaux marchés à l'exportation. Elle est également inférieure à la moyenne de 8 % des États-Unis, son principal concurrent pour plusieurs produits. La moyenne de l'OCDE est de 18 %. Bien que l'ESP du Brésil soit relativement faible, la majorité du soutien est fournie par des instruments créant des distorsions, notamment d'importantes mesures de stabilisation des prix (prix minimums garantis), et des interventions au sein du système bancaire pour assurer aux agriculteurs des crédits bonifiés.

Graphique 2.22. **Niveau et composition du soutien aux producteurs au Brésil et dans d'autres pays**

Estimation du soutien au producteur en pourcentage des recettes brutes agricoles

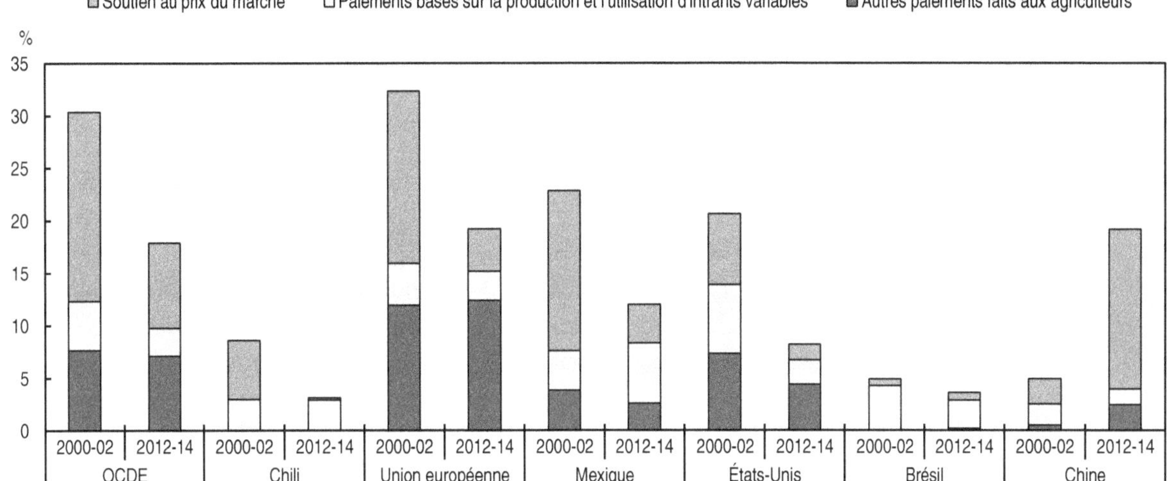

Source : OCDE (2015), "Estimations du soutien aux producteurs et aux consommateurs ", *Statistiques agricoles de l'OCDE* (base de données), doi: *http://dx.doi.org/10.1787/agr-pcse-data-fr* (à paraître).

StatLink http://dx.doi.org/10.1787/888933233032

Outre le soutien aux prix agricoles et les versements directs aux agriculteurs, l'État fournit également un soutien budgétaire général à l'agriculture. Au Brésil, la part de l'ESSG dans le total des transferts liés à la politique agricole (mesurée par l'EST) était comparable à la moyenne de l'OCDE en 2012-14 (17 %) et supérieure à celle de la majorité des marchés des pays concurrents. Elle est toutefois nettement inférieure aux 50 % observés au Chili au cours de la même période (graphique 2.23). Une part relativement réduite du soutien total est donc affectée à des investissements sectoriels devant garantir des gains de productivité

Graphique 2.23. **Part des services d'intérêt général (ESSG) dans le soutien total (EST)**

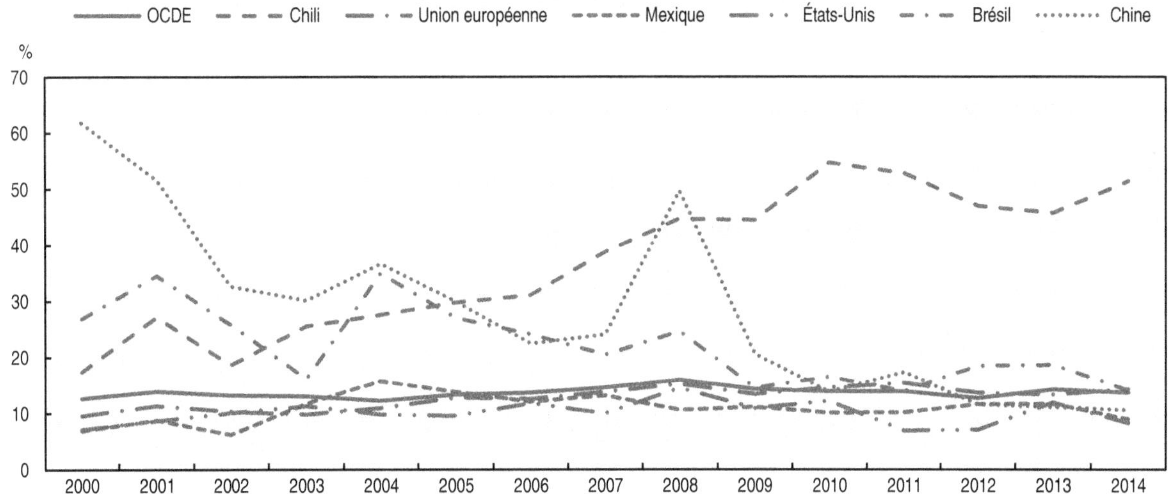

Source : OCDE (2015), "Estimations du soutien aux producteurs et aux consommateurs ", *Statistiques agricoles de l'OCDE* (base de données), doi: *http://dx.doi.org/10.1787/agr-pcse-data-fr* (à paraître).

StatLink http://dx.doi.org/10.1787/888933233044

à long terme, tels que des systèmes de connaissances, des infrastructures et des institutions d'appui. Le soutien au secteur agricole impose une charge relativement faible à l'économie brésilienne. En 2012-14, la part de l'EST dans le PIB du Brésil était de 0.4 %. Ces données semblent indiquer que les mesures gouvernementales pourraient être mieux ciblées pour produire des gains de productivité et de durabilité et pour augmenter les dépenses consacrées à la fourniture de biens publics importants.

Le système brésilien d'innovation agricole

Les technosciences ont joué un rôle déterminant dans le remarquable développement du secteur agricole brésilien. L'investissement dans la R-D a contribué à la forte croissance des connaissances scientifiques brésiliennes, en particulier dans le domaine de l'agriculture tropicale. Embrapa a formulé des recommandations détaillées allant de l'amélioration de la fertilité des sols et de la correction de leur acidité au développement de variétés adaptées aux faibles latitudes et aux hautes températures des environnements tropicaux, en passant par les systèmes de lutte phytosanitaire et de production. Les universités effectuent également des travaux de recherche de haut niveau, qui viennent compléter les activités d'Embrapa, notamment dans les domaines de la nutrition, de la santé et de l'environnement.

La coopération étrangère, qui s'est par le passé concentrée sur les zones tropicales d'Amérique latine, se développe avec d'autres pays de la zone OCDE, notamment d'Afrique et d'Asie du Sud-Est. La collaboration d'Embrapa avec d'autres pays développés a bénéficié d'un mécanisme novateur, LABEX (programme de laboratoires virtuels), actif aux États-Unis, en Europe et en Asie. Ce mécanisme facilite la participation aux réseaux mondiaux ou régionaux de recherche agronomique. Embrapa collabore également activement au transfert de technologie et à la recherche adaptative avec des économies en développement, axés sur les zones tropicales d'Amérique latine, des Caraïbes et d'Afrique. Cette stratégie gouvernementale encourage les organismes publics de R-D et le secteur privé à développer leurs actions internationales. Le rôle du Brésil dans la promotion de la coopération Sud-Sud est décrit dans l'encadré 2.3.

Le rôle du secteur privé dans le système d'innovation agricole brésilien s'est fortement renforcé ces 20 dernières années sous l'effet de l'essor de la filière agroalimentaire, en particulier dans la région du Cerrado, dans le centre du pays. Son rôle est essentiellement axé sur la fourniture d'intrants et d'assistance technique aux agriculteurs mais la recherche agronomique se développe (graines, outillage, machines, aliments pour le bétail, produits agrochimiques, etc.).

Il importe de promouvoir et de soutenir l'investissement privé dans la R-D agricole en réduisant les obstacles réglementaires et administratifs à l'investissement dans l'innovation et en simplifiant les programmes de financement de l'innovation privée. La capacité des entreprises à participer aux projets locaux d'innovation pourrait être renforcée, par exemple en appuyant les réseaux et actions de sensibilisation et d'échange de personnel et de stagiaires avec les organismes publics de recherche. Différentes agences telles que BNDES et FINEP (Agence de financement des projets et programmes) détiennent des programmes spécifiques pour stimuler les partenariats public-privé. Un nouveau programme lancé en mars 2015 invite des agents extérieurs à venir ouvrir des laboratoires de R-D au Brésil (*www.innovateinbrasil.com.br*).

Encadré 2.3. **Le rôle du Brésil dans la promotion de la coopération Sud-Sud**

Le Brésil est un fervent promoteur de la coopération Sud-Sud et a sensiblement augmenté son budget de coopération technique au cours de la décennie écoulée. Il est ainsi passé d'un rôle de bénéficiaire de l'aide au développement à un rôle de prestataire. La coopération technique assurée par le Brésil est axée sur la demande, non conditionnelle et fondée sur l'égalité des partenaires de développement.

L'agriculture est l'axe prioritaire de la coopération technique brésilienne. Embrapa, une source de savoir-faire à l'avant-garde en matière d'agriculture, de recherche, de technologie et de formation sur les thématiques tropicales, fait l'objet d'une demande croissante de coopération technique. Entre 2003 et 2012, l'agriculture a représenté près de 20 % de ses initiatives, suivie par la santé (15 %), l'éducation (11 %), la sécurité publique (11 %) et l'environnement (6 %). Les autres domaines représentant moins de 5 % de ses activités comprenaient entre autres l'action sociale, l'énergie, les technosciences et les communications.

Le ministère des Relations extérieures a défini les orientations et la localisation géographique des initiatives de coopération technique coordonnées par l'Agence brésilienne de coopération internationale (ABC). L'Afrique continue d'en être le principal bénéficiaire et représente environ 55 % des allocations, pour l'essentiel destinées aux pays lusophones. Sur la période 2013-15, les projets de coopération technique, en phase de conception ou de mise en œuvre, ont totalisé 36 millions USD et bénéficié à 42 pays africains, l'agriculture absorbant 19 % du total régional.

Ces derniers temps, la coopération technique s'est de plus en plus diversifiée aux niveaux des pays bénéficiaires, des modalités de coopération et des thématiques. Les projets menés au cours de la période 2013-15 ont également bénéficié à 31 pays d'Amérique latine et des Caraïbes et 21 pays d'Asie, d'Océanie et du Proche-Orient.

L'élargissement de la coopération technique brésilienne en agriculture est illustré par sa participation au Marché Afrique-Brésil-Amérique latine et Caraïbes de l'innovation agricole, qui vise à établir des liens entre les experts et institutions des pays concernés en vue de l'élaboration de projets de recherche en coopération axés sur le développement. Il vise principalement les petits exploitants, l'augmentation de la production alimentaire et la lutte contre la faim et la pauvreté (*www.mktplace.org*).

Grâce à son savoir-faire accumulé et son envergure croissante, la coopération brésilienne, initialement axée sur de petits projets ponctuels, se tourne progressivement vers de grands projets à plus longue échéance s'attaquant également aux questions de durabilité et de renforcement des capacités. « Cotton Four » fut le premier projet structurel de ce type, lancé en 2009 et mis en œuvre par Embrapa, en partenariat avec le Bénin, le Burkina Faso, le Mali et le Tchad. Il avait pour objectif de promouvoir le développement durable de la chaîne de valeur cotonnière de la région grâce au transfert de technologies agricoles tropicales brésiliennes, en particulier l'amélioration de la base génétique des plans de coton, la lutte intégrée contre les ravageurs des cultures et l'adoption de systèmes de culture sans travail du sol. Le budget de l'ABC pour la première phase du projet était de 5.2 millions USD. Une deuxième phase de ce partenariat horizontal entre le Brésil et les quatre pays d'Afrique occidentale plus le Togo (Cotton 4 + 1) a été lancée en 2014.

Parmi les autres projets à long terme bénéficiant du soutien technique d'Embrapa, on peut citer le développement de la riziculture au Sénégal et plusieurs initiatives connexes visant à renforcer le secteur agricole du Mozambique.

L'essor de la coopération technique brésilienne s'est accompagné d'une augmentation du nombre d'accords de coopération trilatéraux avec d'autres pays donneurs et des organismes des Nations unies. Au Mozambique, Embrapa participe à trois grands projets : i) le projet *Plataforma*, mené avec les États-Unis, pour fournir une formation axée sur l'innovation technique et le développement de l'agriculture ; ii) le projet Sécurité alimentaire, mené avec les États-Unis, pour développer l'horticulture familiale et de subsistance ; et iii) le projet *ProSavana*, mené avec le Japon, pour adapter l'expérience réussie du Brésil dans le Cerrado au développement agricole des savanes mozambicaines du corridor de Nacala. Ce vaste projet de longue haleine bénéficie de contributions publiques et privées.

Encadré 2.3. **Le rôle du Brésil dans la promotion de la coopération Sud-Sud** *(suite)*

Outre la technologie et la formation, la coopération technique du Brésil porte également sur le transfert d'expérience dans le domaine du développement agricole et rural. Depuis l'établissement du dialogue Brésil-Afrique, en 2010, l'idée d'aider les pays partenaires à adapter les mesures brésiliennes de promotion du développement agricole gagne du terrain. Le programme brésilien de renforcement de l'agriculture familiale a ainsi inspiré l'initiative *Mais Alimentos Internacional*, qui promeut les échanges de savoir-faire en matière de mesures gouvernementales et de mécanismes d'octroi de crédits pour améliorer la productivité grâce à l'achat de machines et d'outillages agricoles. Les pays participants comprennent le Ghana, le Kenya, le Mozambique, le Sénégal et le Zimbabwe.

Un programme d'acquisition alimentaire, semblable à celui mis en œuvre au Brésil, appelé achats pour les africains d'Afrique (PAA Afrique), entend améliorer la sécurité alimentaire grâce à la passation de marchés publics avec de petits exploitants et des dons aux familles vulnérables, des programmes d'alimentation scolaire et l'accroissement des stocks. L'État brésilien a engagé 2.4 millions USD pour appuyer le projet en Éthiopie, au Malawi, au Mozambique, au Niger et au Sénégal. La FAO et le PAM contribuent à la mise en œuvre de ce programme de coopération trilatérale. Grâce au soutien de la FAO, l'expérience brésilienne acquise dans le cadre de l'élaboration de politiques et de programmes novateurs tels que le « Fome Zero » (Faim Zéro) est partagée par un nombre croissant de pays en Amérique latine et aux Caraïbes et, de plus en plus, en Afrique.

Le ministère de l'Agriculture, de l'Élevage et de l'Approvisionnement (MAPA) est chargé de la coordination de la recherche agronomique au niveau fédéral par le biais d'Embrapa, tandis que le ministère du Développement agraire (MDA) gère l'assistance technique rurale et les services de vulgarisation axés sur l'agriculture familiale. Les priorités de la R-D nationale sont définies par l'administration fédérale par le biais des différents ministères chargés de l'innovation, sous la tutelle du ministère de la Science, de la Technologie et de l'Innovation (MCTI) qui joue également un important rôle dans la fourniture de ressources pour la recherche agronomique, notamment au niveau de la R-D universitaire. La recherche agronomique est ainsi intégrée au système d'innovation national, comme en témoigne la stratégie nationale pour le développement de la science, de la technologie et de l'innovation 2012-15, et suit des mécanismes clairement définis aux niveaux de la fédération et des états. Les parties prenantes sont représentées dans des conseils qui examinent les demandes et priorités du secteur. Embrapa réalise régulièrement, en interne ou en collaboration avec des experts externes, des évaluations de ses résultats et impacts, dont les conclusions sont mises à la disposition du public. Des estimations des bienfaits sociaux de la recherche ont été publiées tous les ans depuis plus de dix ans.

Pour surmonter les obstacles auxquels sont confrontés les agriculteurs les plus pauvres sans accès à la filière d'approvisionnement ou au marché du crédit, la *Política Nacional de Assistência Técnica e Extensão Rural* (PNATER) a appelé à des services d'assistance technique ciblant les exploitations familiales. Entre 2003 et 2009, 1.5 milliard BRL ont été dépensés pour aider quelque 2.5 millions de familles agricoles. L'Agence nationale pour l'assistance technique et la vulgarisation rurale (ANATER) a été créée en 2013 par l'administration fédérale pour développer les ressources et la portée des services publics de vulgarisation agricole destinés aux exploitants les plus pauvres et aborder les questions de durabilité. Tandis qu'ANATER est en train d'être structuré, l'agriculture familiale est soutenue par le gouvernement brésilien avec le programme national de renforcement de l'agriculture familiale (PRONAF), le Plano Safra 2014-15 et la politique nationale pour l'agriculture biologique et de l'agroécologie lancé en 2013 avec le soutien de la MDA.

Mesures visant à améliorer la viabilité écologique de l'agriculture

La politique agricole accorde une importance croissante au développement agricole durable. Le zonage agricole est un important instrument établissant un lien entre le soutien à l'agriculture et la viabilité écologique de l'activité agricole. Le respect des règles de zonage est utilisé comme critère d'attribution des prêts aidés et des programmes de subventions à l'assurance. Le Brésil s'est délibérément imposé une réduction de ses émissions de gaz à effet de serre située entre 36.1 et 38.9 % à l'horizon 2020. C'est dans cet esprit que l'administration a lancé, en 2010, un important programme de crédits désigné Plano ABC, Agriculture à faible intensité de carbone, afin de promouvoir la régénération des zones de pâturage dégradées et d'instaurer un système de production intégrée des cultures, de l'élevage et de l'exploitation forestière. Depuis sa création jusqu'au début de 2015, quelque 32 000 contrats ont été approuvés et 10 milliards USD de crédit décaissés.

Divers programmes spécifiques ciblant l'agriculture aussi bien commerciale que familiale encouragent des pratiques agricoles durables. Plusieurs programmes de crédits axés sur les exploitations familiales ont une orientation écologique. Ceux-ci comprennent des programmes de crédits pour les semis sur sols improductifs et dégradés ; pour les plantations, entre autres, de palmiers destinés à produire de l'huile de palme comme biocarburant ; et pour la modernisation des systèmes de production et la préservation des ressources naturelles. Le programme d'agroécologie de PRONAF offre des crédits d'équipement en vue de l'adoption de pratiques agricoles respectueuses de l'environnement et biologiques. Mais les impacts les plus profonds et les plus durables découleront sans doute des réglementations environnementales sur l'utilisation des terres agricoles, qui prévoient que les exploitations réservent une partie des terres à des fins de conservation. L'application du nouveau code forestier de 2012 exige l'inscription des exploitations au cadastre environnemental rural (Cadastro Ambiental Rural – CAR). Passé mai 2017, les propriétés rurales non inscrites au cadastre ne pourront bénéficier de crédits agricoles. Mais les exploitants pourront s'engager à respecter les exigences écologiques formulées dans le Plan de respect de la législation environnementale (PRA), y compris la régénération des forêts, la conservation des sols et le maintien précité du couvert naturel sur une partie des terres. Outre le fait de disposer de 20 ans pour respecter les dispositions du PRA, les exploitants (notamment les petits producteurs) recevront une aide financière à la réhabilitation des sols. La mise en œuvre de ce plan, qui vise à mieux réglementer l'occupation des sols, à préserver les rives, à réduire le déboisement de l'Amazonie et à renforcer les efforts de reboisement, représente un immense défi pour l'État et le secteur.

Mesures concernant les biocarburants

En plus de promouvoir les pratiques agricoles durables, le gouvernement met en œuvre une série de politiques agro-énergie. Les principales sources d'énergie renouvelable agricole sont la canne à sucre (éthanol et biogaz), les forêts plantées (bois de feu et charbon de bois) et le biodiesel. Les pouvoirs publics brésiliens soutiennent activement les biocarburants grâce à des mesures telles que des prêts en faveur de la construction d'usines et d'unités de stockage d'éthanol ; des incitations fiscales visant les véhicules polycarburants qui peuvent fonctionner avec n'importe quelle proportion d'éthanol et d'essence ; et un taux de mélange obligatoire pour l'essence et le gazole. Le mélange d'éthanol dans l'essence reste obligatoire, de même que celui de biodiesel dans le gazole. Les taux de mélange actuels sont de 27 et 7 % respectivement. La majeure partie du biodiesel est issue de l'huile de soja, même si la part de l'huile de palme est en augmentation. D'autres programmes touchant par exemple à la santé animale et végétale restent d'importants éléments de la politique agricole. Plus de 240 millions BRL (123 millions USD) par an ont été consacrés à ce secteur au cours des cinq dernières années.

Compte tenu du contexte actuel, les mesures à court terme visant les secteurs brésiliens du sucre et de l'éthanol se limitent plus ou moins à une fiscalité différenciée entre l'éthanol hydraté et le gasohol et à l'augmentation de la part d'éthanol anhydre devant être incorporée dans l'essence.

La fiscalité différenciée est en place depuis longtemps. L'ICMS, dont le taux est fixé par chaque état de la fédération, est la principale taxe sur les ventes d'éthanol hydraté et de gasohol. La taxe sur l'éthanol hydraté est la plus basse (12 %) dans l'état de São Paulo, le plus grand état producteur et consommateur du pays, tandis que le taux national moyen est de 16 %. En ce qui concerne l'essence, le taux d'imposition national moyen est de 25 %.

Des mesures d'allégement ont été mises en place depuis le début de 2015 : le mélange d'éthanol déshydraté dans l'essence est passé à 27 %, la taxe CIDE a été réintroduite pour l'essence et les niveaux d'imposition des taxes PIS/COFINS ont été relevés pour l'essence uniquement. Mais ces mesures ont une portée relativement limitée en ce qu'elles n'offrent une assistance qu'aux groupes les plus efficaces et les moins endettés du secteur.

Le Programme national pour la production et l'utilisation de biodiesel (PNPB), lancé par les autorités brésiliennes en 2005, rassemble des entreprises agroalimentaires industrielles et des petits exploitants (MDA, 2011). Ce programme a instauré en 2008 une teneur obligatoire de 2 % (B2) de biocarburant dans le diesel fossile et fixé un objectif de 5 % (B5) pour 2013, atteint dès 2010. Le Brésil est devenu en 2014 le troisième producteur et consommateur mondial de biodiesel et une nouvelle teneur obligatoire de 7 % (B7) a été instaurée vers la fin de l'année (Presidência da República, 2014). La consommation au cours de cette année a atteint 3.4 gigalitres (ANP, 2014).

Le label Combustible social, créé par le PNPB, est attribué aux producteurs de biodiesel qui achètent entre 10 et 30 % (selon les régions) de leurs produits d'alimentation à des petits exploitants. Les mesures encourageant l'approvisionnement auprès de petits exploitants comprennent des allégements fiscaux, des conditions de crédit favorables et, surtout, la possibilité de participer aux ventes aux enchères de 80 % du volume du biodiesel[13]. Outre le label Combustible social, le ministère du Développement agraire (MDA) a mis en place un projet de centre de production du biodiesel dans le but d'accroître la participation des petits exploitants. En 2014, 85 000 exploitations participaient au PNPB et 42 sociétés, représentant 99 % de la production nationale de biodiesel, avaient obtenu le label Combustible social (MDA, 2014). Ce programme a été favorable à l'emploi en zone rurale, à l'adoption de technologies modernes et à la formation des petits exploitants, entraînant ainsi l'accroissement de la productivité de terres dégradées (FAO, 2013).

Mesures sociales intérieures influant sur l'agriculture

Depuis le début des années 2000, l'amélioration des conditions macroéconomiques ainsi que les mesures ciblées de protection sociale ont entraîné d'importantes réductions de la pauvreté nationale. Entre 2001 et 2012, la pauvreté générale a baissé de 24.3 à 8.4 % de la population[14], tandis que l'extrême pauvreté a chuté de 14 à 3.5 %[15]. Sur la même période, les revenus des 20 % les plus démunis de la population ont augmenté trois fois plus vite que ceux des 20 % les plus riches[16], entraînant ainsi la réduction des inégalités qui restent toutefois importantes.

La réduction de la pauvreté s'est accompagnée de rapides progrès dans la lutte contre la faim. De fait, le Brésil a déjà atteint l'objectif du Millénaire pour le développement (OMD), fixé pour la fin 2015, de réduire de moitié la part de sa population souffrant de la faim, ainsi que l'objectif plus ambitieux du Sommet mondial de l'alimentation de 1996 de réduire le nombre absolu de personnes sous-alimentées[17]. Depuis le début des années 2000, le taux de sous-alimentation a été réduit de moitié, passant de 10.7 à 5 %. Selon une analyse récente du ministère du développement social et de lutte contre la faim, le taux de sous-alimentation est tombé en dessous de 2% en 2013.

Malgré l'existence, à la fin des années 1990, de mesures visant à combattre les inégalités économiques et sociales régionales, la réduction de la pauvreté a été la plus rapide lorsque l'éradication de la faim a été définie comme une priorité politique du Brésil par l'ancien président Luis Ignacio Lula da Silva. Le lancement du programme Faim Zéro, en 2003, a annoncé une nouvelle approche accordant la priorité absolue à la sécurité alimentaire ainsi qu'à l'inclusion sociale et économique des groupes de population vulnérables grâce à des mesures macroéconomiques, sociales et agricoles coordonnées.

Ce programme est devenu la pierre angulaire de la politique de sécurité alimentaire et nutritionnelle adoptée par le gouvernement en 2006, et ce modèle de sécurité alimentaire inclusif a progressivement été intégré dans les lois nationales visant à promouvoir la réalisation progressive du droit à une alimentation adéquate, énoncé dans la constitution brésilienne en 2010. La stratégie Brésil sans misère adoptée en 2011 fait fond sur les succès de Faim Zéro et vise les populations extrêmement démunies. Le plan actuel de sécurité alimentaire et nutritionnelle intègre plus de 40 programmes et actions et disposait d'un budget de 35 milliards USD en 2013.

La politique de sécurité alimentaire et nutritionnelle repose essentiellement sur des mesures économiques et de protection sociale, en particulier le mécanisme de transferts monétaires *Bolsa Família*, décrit dans l'encadré 2.4, et des mesures novatrices de renforcement de l'agriculture familiale. Ces deux principaux axes ont pour objet de promouvoir de manière intégrée la formation de revenu, la création d'emplois, la croissance de la production agricole et l'accès à l'alimentation. Les actions gouvernementales visant à améliorer la sécurité alimentaire et la nutrition ont ultérieurement été étendues pour couvrir d'autres domaines ayant des incidences sur le secteur agricole, y compris les pratiques agricoles durables et l'éducation sur la nutrition et les pratiques alimentaires.

Encadré 2.4. **Bolsa Família**

Lancé en 2003, *Bolsa Família* représente le plus grand programme de ce type au monde. Il s'inscrit, depuis 2011, dans le cadre du plan Brésil sans misère qui cible les populations les plus démunies. Ce programme fournit actuellement des transferts de revenu directs à plus de 13.8 millions de familles à faible revenu. Ces transferts ont immédiatement amélioré l'accès aux approvisionnements alimentaires et ont ainsi stimulé la production et la hausse des revenus agricoles locaux.

À long terme, ces transferts représentent un investissement dans le capital humain et la productivité du fait des critères devant être satisfaits pour pouvoir y prétendre. Outre le suivi sanitaire et l'immunisation des enfants, la scolarisation obligatoire a contribué à l'amélioration des perspectives d'inclusion sociale et économique des générations futures. L'analyse des données du recensement de 2010 indique que *Bolsa Família* a été associé à une augmentation prononcée de la poursuite de la scolarisation, en parallèle ou non avec un travail, en zone urbaine comme rurale. La part d'enfants actifs non scolarisés a décliné le plus en zone rurale, notamment chez les garçons.

L'investissement dans ce programme a triplé en dix ans, pour atteindre près de 11 milliards USD en 2013, et représente actuellement environ un tiers des dépenses fédérales consacrées aux programmes de sécurité alimentaire et de nutrition (CAISAN 2014).

Agriculture familiale

Le renforcement de l'agriculture familiale dans le cadre de Faim Zéro a été l'autre élément-clé du programme visant à améliorer les revenus, l'emploi, et l'accès à l'alimentation des populations vulnérables. En 2013, l'aide aux exploitations familiales a totalisé 5.6 milliards USD[18]. Le nombre de ces exploitations, qui représentent plus de 80 % des unités de production, est impressionnant. Au total, plus de 12 millions de personnes, soit environ 75 % de la population rurale, travaillent dans des exploitations familiales[19]. Par ailleurs, l'agriculture familiale participait à hauteur de 38% de la valeur brute de la production agricole en 2006 (FAO/INCRA 2006). Au moment du lancement du programme Faim Zéro, plus de 25 % de la population pauvre du Brésil vivaient en zone rurale où les taux de pauvreté dépassaient 45 %. Entre 2003 et 2009, plus de 5 millions de personnes des zones rurales sont sorties de la pauvreté, et celle-ci a chuté de 45 à 28%. Dans ces régions, l'agriculture familiale reste la principale activité économique.

Le Programme national de renforcement de l'agriculture familiale (PRONAF) avait pour objectif de rectifier les défaillances du marché ayant entraîné la baisse des prix et condamné les petits exploitants à une réduction de leur production, à la baisse de leurs revenus et à un accès précaire à l'alimentation. Parmi les principales mesures en faveur de l'agriculture familiale, le PRONAF fournit des crédits à faible taux d'intérêt, dont l'essentiel a été destiné à l'agriculture. Au cours de la décennie écoulée, les catégories d'exploitations familiales ont progressivement été étendues pour inclure les unités ayant un revenu annuel brut supérieur de sorte à élargir l'accès au crédit rural ciblé. Entre 2003 et 2014, les crédits du PRONAF sont passés de 2.4 à environ 25 milliards BRL. Près de 60 % des crédits accordés en 2014 visaient l'investissement.

Les activités du PRONAF bénéficient du soutien du Programme de prix garantis aux exploitations familiales (PGPAF), un programme d'assurance offrant des réductions sur les contrats de crédit pour compenser les baisses de revenus liées à la chute des prix du marché ou des pertes à la récolte liées au climat. À cela s'ajoute un fonds d'assurance sur les récoltes ciblant spécifiquement les agriculteurs des régions semi-arides du Brésil lorsque les sécheresses entraînent d'importantes pertes pour les exploitations familiales.

Le Programme d'achats de produits alimentaires aux exploitations familiales (PAA), mis en œuvre en 2003, avait pour but d'inciter ces exploitations à augmenter leur production alimentaire pour satisfaire leur propre consommation mais aussi pour la vendre à des prix garantis aux organismes publics d'approvisionnement. Les achats sont réalisés auprès d'entreprises agricoles familiales enregistrées auprès du PRONAF pour soutenir les prix, élargir leurs débouchés commerciaux et, grâce à des dons, améliorer l'approvisionnement alimentaire des populations vulnérables. Depuis le milieu de la dernière décennie, la grande majorité des achats ont donné lieu à des dons. En 2014, 85 % des fonds d'approvisionnement ont été utilisés de la sorte (CONAB-PAA, 2014). Une part importante des achats du PAA (34 % en 2014) est absorbée par le programme de repas scolaires. En 2009, le Programme national de repas scolaires (PNAE) exigeait des écoles publiques qu'au moins 30 % de leurs dépenses alimentaires soient affectées à des achats directs auprès d'exploitations familiales. On estime que 47 millions de repas gratuits sont servis chaque jour dans les écoles dans le cadre du PNAE[20].

Entre 2003 et 2014, environ 3.3 milliards BRL ont été dépensés dans le cadre du PAA, dont le nombre total de fournisseurs dépassait 51 000. Depuis 2011, les achats du PAA, qui dépendent du plan Brésil sans misère, visent spécifiquement les 16 millions de personnes vivant dans le dénuement extrême avec des revenus mensuels inférieurs à 70 BRL. En 2014, près de 24 000 fournisseurs du PAA, soit 47 %, appartenaient à cette catégorie.

La priorité accordée à l'agriculture familiale est également reflétée par des mesures visant le transfert de technologies adaptées par Embrapa et les organismes de recherche des états et par la mise en œuvre de projets de promotion du développement dans plusieurs secteurs tels que l'élevage, les fruits et légumes et les cultures vivrières de base. Le Programme national pour la production et l'utilisation de biodiesel (PNPB), lancé par les autorités brésiliennes en 2005, contient des dispositions visant spécifiquement les exploitations familiales.

Mesures commerciales agricoles

Le Brésil a profondément réformé sa politique commerciale à la fin des années 1980 et au début des années 1990. Les réductions tarifaires et la libéralisation des marchés intérieurs, conjuguées à la profonde évolution technologique et structurelle du secteur agroalimentaire, ont créé un nouveau régime incitatif dans l'agriculture brésilienne. À l'heure actuelle, les produits agricoles et alimentaires importés au Brésil sont soumis à des droits ad valorem et aucun droit spécifique ni aucune sauvegarde spéciale n'est imposé. Un très faible pourcentage (0.2 %) des lignes tarifaires agricoles est soumis à un contingent tarifaire.

Tout comme l'Argentine, l'Uruguay, le Paraguay et le Vénézuela, le Brésil est membre du MERCOSUR. La Bolivie a entamé en décembre 2012 un processus d'adhésion qui n'a toujours pas abouti. Le tarif extérieur commun (TEC) du Mercosur forme le cœur du régime tarifaire du Brésil. Il couvre 1 030 lignes tarifaires agricoles avec des taux allant de 0 à 20 %. Chaque pays membre du Mercosur peut toutefois dresser une liste d'exceptions au TEC.

Si l'on utilise la définition de l'OMC de l'agriculture, la moyenne simple des droits NPF en 2014 s'élevait à 10.2 %. Environ 8 % des droits de la Nation la Plus Favorisée (NPF) appliqués à l'agriculture étaient nuls en 2013 et la majorité (57 %) se situaient entre 5 et 10 %. Environ 1.6 % des lignes tarifaires dépassent 25 % (OMC, CCI et CNUCED, Profils tarifaires dans le monde 2014). Les groupes de produits soumis à des droits supérieurs à la moyenne comprennent les produits laitiers (18.3 %), le sucre et la confiserie (16.5 %), les spiritueux et le tabac (17.0 %) et le café et le thé (13.3 %). Les importations soumises à des droits inférieurs à la moyenne comprennent quant à elles le coton (6.9 %), les oléagineux, les corps gras et les produits dérivés (7.9 %) et les animaux et les produits d'origine animale (8.2 %).

La moyenne simple des droits consolidés fixés par l'OMC pour le Brésil était de 35.3 % en 2004 (dernière année de la période d'application pour les pays en développement). Le droit consolidé moyen du Brésil pour les produits agricoles est égal à plus du triple du droit NPF moyen appliqué. Les droits consolidés minimums et maximums correspondent aux droits NPF minimums et maximums appliqués. Cela dit, alors que plus de 250 lignes tarifaires étaient limitées au maximum de 55 %, deux seulement sont fixées à ce niveau. Cet « excédent tarifaire » est essentiellement dû à l'existence du TEC du Mercosur, qui fixe la protection aux frontières à des niveaux nettement inférieurs aux obligations des pays.

Le Mercosur a signé différents accords avec presque tous les pays d'Amérique latine. Un accord de libre-échange (ALE) a été signé avec Israël en 2009, avec l'Égypte en 2010 et avec la Palestine en 2011. Des accords préférentiels entre le Mercosur et l'Inde et avec l'Union douanière d'Afrique australe (SACU) ont été signés en 2009. Aucun accord commercial n'a été signé depuis. Les accords commerciaux avec Israël et l'Inde sont en vigueur tandis que ceux avec l'Égypte, la Palestine et la SACU n'ont toujours pas été ratifiés par le congrès national.

La plupart des importations agricoles des pays membres du Mercosur sont exemptées de droits de douane, tandis que le droit de douane moyen des importations agricoles en provenance de pays non membres avoisine les 12 %. Les droits imposés sur les exportations brésiliennes par les principaux partenaires du pays sont relativement faibles. L'intégralité des produits exportés vers l'Union européenne en 2012 bénéficiait d'un droit NPF moyen pondéré en fonction des échanges internationaux de 6.2 %, tandis que les exportations vers les États-Unis et la Chine étaient soumises à des droits moyens de 3.4 et 7 % respectivement. Les produits brésiliens entrant en Fédération de Russie sont toutefois soumis à un droit moyen de 21.4 % tandis que le tarif moyen appliqué par le Japon s'élève à 83 %.

Les exportations agricoles brésiliennes ont connu une croissance rapide, bien qu'elles concernent essentiellement des produits en vrac et peu transformés et soient relativement peu intégrées aux chaînes de valeur mondiales. Cela tient en partie aux droits élevés imposés sur les articles manufacturés par rapport aux autres pays, qui augmentent le coût des intrants importés. Malgré la libéralisation des échanges intervenue au Brésil, le droit moyen appliqué sur les produits manufacturés est passé de 16 % en 1996 à 10 % 2012. Ce taux est supérieur à celui appliqué par les autres BRIICS et le triple de la moyenne mondiale.

Les importations de produits agricoles sont soumises aux normes sanitaires et phytosanitaires du Brésil. Le système brésilien repose sur une analyse des risques qui tient généralement compte de l'origine et des caractéristiques des importations (voir encadré 2.5). Le Brésil accepte les certificats zoo et phytosanitaires délivrés par les services sanitaires officiels des pays respectant les directives de la Commission du Codex

Alimentarius, de l'Organisation mondiale de la santé animale, de la Convention internationale pour la protection des végétaux et des autres organisations scientifiques internationales. Au total, 3 275 lignes de produits du niveau SH à huit chiffres sont soumises aux contrôles du Secrétariat pour la protection agricole (SDA) tandis que 2 675 d'entre elles nécessitent une autorisation du SDA avant leur envoi ou leur arrivée à la frontière brésilienne.

Encadré 2.5. **Réglementations sanitaires et phytosanitaires brésiliennes**

L'importation de produits soumis aux contrôles sanitaires et phytosanitaires est subordonnée à l'obtention d'une autorisation non automatique. Le ministère de l'Agriculture, de l'Élevage et de l'Approvisionnement (MAPA) est responsable, par le biais de son Secrétariat pour la protection agricole (SDA), de la protection zoo et phytosanitaire. Le SDA est chargé de contrôler les aspects sanitaires et phytosanitaires de la production et des échanges internationaux de bétail, de fruits, de légumes, de céréales, de plantes, de médicaments vétérinaires, de pesticides et de leurs composants ; il enregistre et contrôle également les produits et activités utilisant des organismes génétiquement modifiés pour le compte de la Commission technique nationale sur la biotechnologie (CTNBio), qui délivre les autorisations nécessaires. Le ministère de la Pêche et de l'Aquaculture (MPA) est chargé de la santé aquatique et animale ; son Bureau général de coordination de la santé animale aquatique (CGSAP) effectue des contrôles sanitaires afin de protéger le milieu naturel et les lieux de reproduction du Brésil, notamment sur les importations de poisson et d'animaux aquatiques et leur matériel de reproduction. L'Agence brésilienne de surveillance sanitaire (ANVISA), un organisme autonome rattaché au ministère de la Santé, est chargée du contrôle de la production et de la commercialisation des produits et services soumis à une surveillance sanitaire dans le but de protéger la santé humaine. L'ANVISA est entre autres responsable de l'autorisation des importations alimentaires et de la conduite des inspections sanitaires aux points d'entrée dans le pays.

Enjeux stratégiques

Les perspectives de l'agriculture brésilienne sur la décennie à venir sont favorables, malgré le ralentissement possible de la croissance de la demande intérieure et extérieure et la baisse des prix réels de la majorité des produits agricoles par rapport aux niveaux record récemment enregistrés. Les marchés intérieurs et extérieurs devraient croître tandis que la demande devrait privilégier les produits pour lesquels le Brésil a un avantage concurrentiel, en particulier la viande et les besoins alimentaires associés (maïs et oléagineux), le sucre et les produits de plus haute valeur tels que les fruits tropicaux. Cette croissance développera les débouchés de l'agriculture commerciale brésilienne tout en en créant de nouveaux pour les exploitations familiales où les économies d'échelle sont moins manifestes, notamment celles produisant du café, des fruits tropicaux et des produits horticoles. L'agriculture continuera ainsi de contribuer fortement à l'emploi, à la formation de revenus et aux recettes d'exportation. L'augmentation des revenus des exploitations familiales et l'abondance d'un large éventail de denrées alimentaires contribueront également à l'amélioration de la sécurité alimentaire et de la nutrition.

Le dynamisme de l'agriculture brésilienne repose sur l'existence de nouvelles technologies adaptées à l'agriculture tropicale, l'adoption de pratiques de gestion modernes, notamment d'instruments financiers, et la réorientation des mesures gouvernementales. La croissance future dépendra de la consolidation des gains de productivité agricole, liés à l'amélioration des rendements des cultures, à la conversion de certains pâturages (dégradés et abandonnés notamment) en terres cultivées et à l'intensification de la production animale. Le système brésilien de recherche et d'innovation agricoles a connu d'énormes succès, en développant de nouvelles technologies pour les exploitations des zones tropicales et en diffusant de nouvelles pratiques novatrices de production et de gestion. Ces succès peuvent être exploités grâce à une participation accrue du secteur privé. Le plein potentiel de la participation du secteur privé à l'innovation agricole pourra être réalisé en renforçant le cadre réglementaire, en améliorant l'infrastructure, en promouvant les ressources humaines qualifiées et en élaborant des partenariats d'investissement dans la recherche-développement avec les organismes publics. Parallèlement, l'État devra continuer de soutenir la recherche-développement agricole, notamment dans de nouveaux domaines tels que la biotechnologie et les ripostes au changement climatique, pour s'attaquer aux problèmes auxquels la filière agricole est confrontée.

La participation des exploitants à la croissance économique du Brésil pourra être améliorée en développant les investissements dans l'éducation, la formation et les services de vulgarisation qui permettent une plus large diffusion des technologies existantes. Mais, le développement de nombre d'entre eux nécessitera un aménagement rural équilibré créant des emplois dans l'agriculture et les autres secteurs. Un soutien généralisé, notamment au niveau de l'éducation et de la santé publique, devrait permettre de consolider les succès remportés par le Brésil dans la lutte contre la pauvreté et l'éradication de la faim, en veillant à ce que les revenus atteignent des niveaux viables, bien en deçà du seuil de pauvreté.

Parmi les facteurs influençant la capacité concurrentielle de l'agriculture brésilienne, l'amélioration de la logistique et de l'infrastructure de transport est une priorité essentielle. Elle permettrait de réduire les coûts des producteurs orientés vers l'exportation tout en bénéficiant à tous les agriculteurs en améliorant l'accès au marché intérieur. Le renforcement du système d'inspection zoo et phytosanitaire est un autre domaine susceptible d'étayer le développement à long terme des marchés intérieur et extérieur du secteur agricole brésilien.

En règle générale, le Brésil affecte une part relativement faible de son aide à l'agriculture aux améliorations visant l'ensemble du secteur, telles que l'infrastructure, les services de vulgarisation et le soutien institutionnel ainsi que les systèmes de connaissance. Si les exploitants bénéficient à court terme des programmes de soutien des prix et de crédit, les investissements sectoriels à long terme peuvent avoir des retombées plus bénéfiques pour les agriculteurs. Bien que le Brésil apporte un soutien relativement peu élevé à l'agriculture, on pourrait envisager de transférer progressivement de nouvelles ressources dans l'investissement public compte tenu de l'amélioration de la productivité agricole et de la rentabilité associée du secteur pouvant en découler. En outre, l'élargissement des facilités de crédit de sources privées pourrait libérer plus de ressources publiques pour des investissements de plus long terme.

L'absence d'un accord de l'OMC dans le cadre du cycle de Doha a entravé l'accès des producteurs brésiliens à de nombreux marchés internationaux. En l'absence d'un vaste accord de l'OMC, le Brésil pourrait tirer profit de l'intensification des réformes des échanges au sein du Mercosur et de la recherche de nouveaux accords commerciaux avec des partenaires existants et potentiels. Au cours de la décennie écoulée, une part importante des exportations brésiliennes a été absorbée par la Chine. Mais, avec le ralentissement de la croissance chinoise, d'autres marchés asiatiques gagneront progressivement en importance. Parallèlement, la libéralisation intersectorielle permettrait d'éviter la polarisation des mesures d'incitation entre les secteurs et réduirait les coûts des intrants importés. Ces mesures promouvraient l'augmentation de la valeur ajoutée dans l'agriculture et son insertion dans les chaînes de valeur mondiale, deux domaines dans lesquels le Brésil est en retard sur le reste du monde. Ces gains pourraient être renforcés grâce à la réforme du régime fiscal complexe et coûteux du pays et à l'élimination des obstacles administratifs auxquels les producteurs sont confrontés pour créer et gérer leurs entreprises.

L'un des principaux défis à long terme de l'agriculture brésilienne consistera à consolider ses gains de productivité et à maintenir sa compétitivité-coûts internationale, tout en continuant de réduire la pauvreté et les inégalités. L'initiative Faim Zéro, et le programme national pour la sécurité alimentaire et la nutrition qui en a découlé, se sont soldés par d'importantes réductions de la faim et de la pauvreté au cours des dix dernières années. Depuis 2011, le plan Brésil sans misère, dont l'objet est d'aider les familles particulièrement démunies, qui vivent pour la plupart en zone rurale, peut contribuer à réduire l'exclusion économique et sociale de ces groupes vulnérables. À part les transferts monétaires conditionnels, des avantages à plus long terme peuvent découler d'une assistance technique rurale ciblée.

La production agricole peut être améliorée de façon viable. La majorité des hausses anticipées de la production proviendront de gains de productivité, et les pressions sur les ressources naturelles, terrestres notamment mais aussi aquatiques dans certaines régions, peuvent être atténuées. Il est également possible de continuer d'améliorer la viabilité des pratiques de production, notamment grâce à la conversion des terres cultivées existantes et dégradées en pâturages et à l'intégration des systèmes de culture et d'élevage. Le Brésil dispose d'une grande superficie de terres pouvant être exploitées par l'agriculture sans empiéter sur la forêt amazonienne. Il devra pour cela durcir la réglementation sur les activités illicites et renforcer le soutien technique et financier nécessaire à l'application du code forestier. Il pourrait également attribuer des droits fonciers sur les terrains déjà déboisés. La définition plus claire de ces droits améliorerait également la viabilité de l'exploitation des terres dans d'autres régions.

Les avantages associés à la croissance durable de l'agriculture brésilienne sont considérables, car elle améliore l'approvisionnement alimentaire des consommateurs intérieurs et étrangers tout en offrant des débouchés à un large éventail d'agriculteurs. Ces gains sont pleinement compatibles avec la volonté de l'État de réduire la pauvreté et les inégalités des revenus tout en améliorant la viabilité écologique du secteur agricole.

Notes

1. L'expression « exploitation familiale » utilisée dans le présent chapitre correspond à la définition officielle adoptée par le Brésil (loi 11.326/2006 du 24 juillet 2006, ordonnance administrative du ministre du Développement agraire n° 111 du 20 novembre 2003 et résolution n° 3.467 du 2 juillet 2007). Une exploitation familiale doit être gérée par son propriétaire, recourir essentiellement au travail familial et avoir une taille inférieure à 4 modules fiscaux. Ces modules correspondent à une mesure fiscale établie sur la base du revenu potentiel des terres, d'une superficie de 5 à 110 hectares, selon la région géographique. Aux termes de cette définition, 84 %

des exploitations du Brésil sont des exploitations familiales couvrant en moyenne 18.4 hectares. À l'opposé, les exploitations non familiales ont une superficie moyenne de 309 hectares.

2. Le ministère de l'Agriculture des États-Unis utilise les données publiées par FAOSTAT pour calculer la croissance de la PTF, définie comme la différence entre la croissance de la production et celle des facteurs (*http://www.ers.usda.gov/data-products/international-agricultural-productivity.aspx*). L'indice général du volume produit repose sur la production agricole brute en dollars constants de 2004-06, lissée dans le temps à l'aide d'un filtre Hodrick-Prescott. L'indice général de l'utilisation des facteurs est calculé comme étant la moyenne des indices d'utilisation de la terre, du bétail, du matériel, des engrais et des aliments pour animaux, pondérée par les parts de ces facteurs dans la production agricole disponibles dans la littérature.
3. Ce chiffre repose sur la définition de l'OMC des produits agricoles qui exclut le poisson et les produits dérivés.
4. Petrobras est une entreprise multinationale brésilienne d'économie mixte du secteur énergétique. Les activités de Petrobras comprennenet l'exploration et la production de pétrole et de gaz naturel, le raffinage du pétrole, le transport et la distribution de gaz naturel et de produits pétroliers, la production d'électricité et la production pétrochimique.
5. Les différentes perspectives sont résumées, par exemple à l'encadré 1.1 « L'impact de l'agriculture sur l'Amazonie brésilienne » dans l'OCDE (2005) et dans FGV (2013), p. 26-29.
6. L'« Amazonie légale » englobe neuf états brésiliens et couvre 5 millions de kilomètres carrés, soit plus de la moitié de la superficie totale du pays.
7. En raison des récoltes doubles, voire triples, et de la substitution des terres entre les différentes cultures, il est possible que ces chiffres surévaluent l'importance de la mise en production de nouvelles terres.
8. Sauf mention contraire, toutes les références à l'évolution relative de la valeur en 2024 sont calculées par rapport à la valeur moyenne des trois années entre 2012 et 2014. Le terme période de référence se rapporte également à la valeur moyenne pour les années 2012 à 2014.
9. Selon le ministère brésilien de l'Agriculture, de l'Élevage et de l'Approvisionnement (MAPA), la production de soja devrait atteindre 118.0 millions de tonnes en 2024. Des divergences méthodologiques peuvent expliquer les différents résultats prévus pour cette culture ainsi que pour le blé et le riz, car le MAPA utilise des modèles prédictifs reposant sur des séries chronologiques tandis que les projections de la FAO et de l'OCDE utilisent un modèle structurel.
10. *http://www.mpa.gov.br/files/Docs/Planos_e_Politicas/Plano%20Safra%28Cartilha%29.pdf.*
11. Les données sur l'aquaculture ont récemment été révisées par le ministère de la Pêche et de l'Aquaculture (MPA).
12. Mariculture : culture, gestion et récolte d'organismes marins dans leur habitat naturel ou dans des unités d'élevage spécialement construites à cet effet, à savoir étangs, cages, enclos, enceintes ou bassins.
13. Les enchères sont organisées par l'Agence nationale brésilienne du pétrole, du gaz naturel et des biocarburants. Une part de 80 % du volume total de biodiesel fourni pour satisfaire l'obligation d'incorporation est réservée aux détenteurs du label Combustible social tandis que les 20 % restants sont soumis à la concurrence entre les producteurs ayant ou non obtenu ce label.
14. CAISAN. 2014. *Balanço das Ações do Plano Nacional de Segurança Alimentar e Nutricional – Plansan 2012/2015.* Brasilia.
15. IPEA. 2014. *Objetivos de Desenvolvimento do Milênio. Relatório nacional de acompanhamento.* Brasilia, Institut de recherche économique appliquée (IPEA).
16. Gouvernement brésilien 2014. *Indicadores de Desenvolvimento Brasileiro 2001-12.* Brasilia.
17. FAO, FIDA, PAM : *L'état de l'insécurité alimentaire dans le monde 2014*, p. 23-26
18. CONSEA. 2014. *Análise dos indicadores de segurança alimentar e nutricional. 4° Conferência Nacional de Segurança Alimentar e Nutricional +2.* Brasilia.
19. Del Grossi, M.E. 2011. « Poverty Reduction: From 44 million to 29.6 million people » dans J. Graziano da Silva, M.E. Del Grossi et C. Galvao de Franca (éd.), *The Fome Zero (Zero Hunger Program: The Brazilian Experience.* Rome, Organisation des Nations Unies pour l'alimentation et l'agriculture.
20. A. Veiga Aranha. 2011. « Zero Hunger: A Project turned into a Government Strategy », dans J. Graziano da Silva, M.E. Del Grossi et C. Galvao de Franca (éd.), *The Fome Zero (Zero Hunger Program: The Brazilian Experience.* Rome, Organisation des Nations Unies pour l'alimentation et l'agriculture.

Références

Banque mondiale (2014), *Indicateurs du développement dans le monde*, Washington DC, doi: *http://dx.doi.org/10.1596/978-1-4648-0163-1*.

Brandão, A., de Rezende, G.C. et R. da Costa Marques (2005), « Agricultural Growth in the Period 1999 2004, Outburst in Soybean Area and Environmental Impacts in Brazil », Texto Para Discussão No. 1062, Rio de Janeiro, *http://dx.doi.org/10.2139/ssrn.660442*.

CONAB (2014), Programa de Aquisição de Alimentos (PAA), *Resultado das ações da CONAB em 2014*, Brasilia, DF, *www.conab.gov.br/conteudos.php?a=1592&t=2*.

Empresa Brasileira de Pesquisa Agropecuária (Embrapa) – ministère de l'Agriculture, de l'Élevage et de l'Approvisionnement (MAPA) (2014), *Technological solutions and innovation : Embrapa in the International Year of Family Farming*, Brasilia, DF, *http://ainfo.cnptia.embrapa.br/digital/bitstream/item/113140/1/Anuario-Separata-Embrapa-2014-INGLES.pdf*

FAO (2014), La situation de l'alimentation et de l'agriculture 2014. *Ouvrir l'agriculture familiale à l'innovation*. Food and Agriculture Publications, Rome, *www.fao.org/3/a-i4040e.pdf*.

FAO, FIDA et PAM (2014), L'état de l'insécurité alimentaire dans le monde 2014, Créer un environnement plus propice à la sécurité alimentaire et à la nutrition, Food and Agriculture Publications, Rome, *www.fao.org/3/a-i4030f.pdf*.

FAOSTAT (2013), *Base de données en ligne*, Food and Agriculture Publications, Rome, *http://faostat.fao.org/*.

FAO et OCDE (2014), *Opportunities for Economic Growth and Job Creation in Relation to Food Security and Nutrition, Rapport au groupe de travail sur le développement du G20*, *https://g20.org/wp-content/uploads/2014/12/opportunities_economic_growth_job_creation_FSN.pdf*.

FGV (2013), *Agroanalysis*, The Agribusiness Magazine from FGV, Special edition, Fundação Getulio Vargas, Rio De Janeiro, *http://fgvprojetos.fgv.br/en/publicacao/agroanalysis-special-edition-0*.

Gasques, J.G., E.T. Bastos, C. Valdez, et M.R.P. Bacchi (2014), *Produtividade da agricultura: Resultados para o Brasil e estados selecionados*. Embrapa, Brasilia, DF, *www.agricultura.gov.br/arq_editor/RPA%203%202014.pdf#page=88*.

Graziano da Silva, J., M.E. Del Grossi, et C.G. de Franca (éd.) (2010), *The Fome Zero (Zero Hunger Program): the Brazilian experience*. FAO et ministère du Développement agraire, Brasilia, *www.fao.org/docrep/016/i3023e/i3023e.pdf*.

Helfand, S., M. Pereira et W. Soares (2014), Pequenos e médios produtores na agricultura brasileira: situação atual e perspectivas. Dans : Buainain, A., E. Alves, J.M. Silveira et Z. Navarro (Editores Técnicos), *O mundo rural no Brasil do século 21: a formação de um novo padrão agrário e agrícola*, Embrapa, Brasília, DF: p. 533-557, *http://www.alice.cnptia.embrapa.br/handle/doc/994073*.

IBGE (Institut brésilien de géographie et de statistique) (2006), *Censo Agropecuário 2006*, Rio De Janeiro, *www.ibge.gov.br/home/estatistica/economia/agropecuaria/censoagro/2006/*.

Ministério do Desenvolvimento Agrário (MDA) & Ministério do Desenvolvimento Social e Combate à Fome (MDS), Plano Brasil sem Miséria, Resultados no meio rural 2011/2014, *www.mda.gov.br/sitemda/sites/sitemda/files/user_arquivos_25/Caderno%20de%20Graficos%20BSM%20-%203%2C5%20anos%20-%20Rural.pdf*.

Ministério de Minas e Energia, Empresa de Pesquisa Energética (MME/EPE) (2013a). Avaliação Do Comportamento Dos Usuários De Veículos Flex Fuel No Consumo De Combustíveis No Brasil *www.epe.gov.br/Petroleo/Documents/DPG_Docs/EPE-DPG-SDB-001-2013-r0.pdf*.

Ministério de Minas e Energia, Empresa de Pesquisa Energética (MME/EPE) (2013b), « Balanço Energético Nacional », Brasilia, *https://ben.epe.gov.br/default2013.aspx*.

Ministério de Minas e Energia, Empresa de Pesquisa Energética (MME/EPE) (2014), « Análise de Conjuntura dos Biocombustíveis », Brasilia *www.epe.gov.br/Petroleo/Documents/An%C3%A1lise%20de%20Conjuntura%20dos%20Biocombust%C3%ADveis%20-%20boletins%20peri%C3%B3dicos/An%C3%A1lise%20de%20Conjuntura%20-%20Ano%202014r.pdf*.

Ministère de l'Agriculture, de l'Élevage et de l'Approvisionnement (MAPA/ACS) (2014), « Projections of agribusiness : Brazil 2013/14 to 2023/24 Long-term Projections », Brasilia.

OCDE (2005), *OECD Review of Agricultural Policies: Brazil 2005*, Éditions OCDE, Paris, doi : *http://dx.doi.org/10.1787/9789264012554-en*.

OECD (2013), *Études économiques de l'OCDE : Brésil 2013*, Éditions OCDE, Paris, doi : *http://dx.doi.org/10.1787/eco_surveys-bra-2013-fr*.

OCDE (2014), *L'innovation au service de la productivité et de la durabilité de l'agriculture : examen des politiques brésiliennes*, Éditions OCDE, Paris, *http://www.oecd.org/officialdocuments/publicdisplaydocumentpdf/?cote=TAD/CA/APM/WP(2014)23/FINAL&docLanguage=fr*.

OCDE (2014), *Analyse des politiques visant à améliorer la croissance de la productivité agricole, durablement : cadre révisé*, Éditions OCDE, Paris, *www.oecd.org/tad/agricultural-policies/Analysing-policies-improve-agricultural productivity-growth-sustainably-december-2014.pdf*.

OCDE (2014), *Perspectives économiques de l'OCDE : Volume 2014/2*, Éditions OCDE, Paris. doi : *http://dx.doi.org/10.1787/eco_outlook-v2014-2-fr*.

OCDE/CAF/CEPALC (2014), *Latin American Economic Outlook 2015 : Education, Skills and Innovation for Development*, Éditions OCDE, Paris, doi : *http://dx.doi.org/10.1787/leo-2015-en*.

PARTIE I

Chapitre 3

Aperçu par produit

Ce chapitre décrit la situation des marchés et les éléments marquants qui se dégagent de la dernière série de projections quantitatives à moyen terme sur les marchés agricoles mondiaux et nationaux (projections à dix ans, de 2015 à 2024). Chaque aperçu par produit est complété par une discussion plus détaillée dans la version intégrale en ligne. Il apporte des informations sur les prix des céréales, des graines oléagineuses, du sucre, de la viande, des produits laitiers, des produits halieutiques et aquacoles, des biocarburants et du coton, sur leur la production, sur leur consommation, sur leurs échanges et sur les principales incertitudes les concernant. Les projections quantitatives sont établies à l'aide du modèle d'équilibre partiel de l'agriculture mondiale Aglink-Cosimo. Ce chapitre est suivi de tableaux statistiques pour chacun des produits présentés.

CÉRÉALES

Situation du marché

Pendant la campagne 2014 (voir le glossaire à l'entrée « campagne »), le marché céréalier s'est caractérisé par une offre abondante. Deux récoltes record consécutives de maïs aux États-Unis et des rendements de maïs et d'orge supérieurs à la moyenne dans l'Union européenne et la Fédération de Russie ont hissé les stocks mondiaux de céréales secondaires à des niveaux inégalés et fait baisser les prix du marché, qui ont atteint leurs niveaux les plus faibles de ces cinq dernières années. La situation du marché du blé est semblable puisque les récoltes ont été bonnes dans la plupart des principaux pays producteurs, des gains de production élevés ayant été enregistrés en Argentine, dans la Communauté des États indépendants (CEI) et dans l'Union européenne. On s'attend toutefois à ce que la production de blé de 2015 soit inférieure au niveau record qu'elle a atteint en 2014, en raison du recul de la production de blé d'hiver en Europe, dont les rendements devraient revenir aux niveaux moyens enregistrés avant le pic de 2014. Toujours en 2014, la production mondiale de riz a avoisiné 495 Mt d'équivalent riz usiné. Elle a donc été légèrement inférieure à celle de 2013 et bien moins élevée que les niveaux qui auraient pu être enregistrés si la croissance avait continué à suivre la tendance observée sur les dix années précédentes (2 % par an). Ces résultats s'expliquent en grande partie par les mauvaises conditions météorologiques en Asie, qui ont entraîné des baisses de productivité en Inde, en Indonésie, au Népal, au Sri Lanka et en Thaïlande. Pour la première fois en dix ans, la consommation mondiale de riz a dépassé la production, ce qui a provoqué une contraction des stocks mondiaux et les a ramenés à 177 Mt.

Principaux éléments des projections

Les prix des céréales de 2014 partent de niveaux faibles par rapport à ceux enregistrés depuis 2007. Sur le court terme, ils pourraient continuer de diminuer à cause d'une croissance économique plus lente, d'une production record au cours des deux dernières années, qui a permis d'accumuler des stocks, et des prix du pétrole peu élevés. En revanche, sur le moyen terme, les prix en valeur nominale devraient subir l'effet des coûts : ils devraient augmenter, mais à un rythme un peu moins soutenu que celui de l'inflation et, par conséquent, afficher une légère diminution en termes réels. Dans le cas du riz, le retournement à la hausse des prix nominaux est attendu une saison plus tard que pour les autres céréales, étant donné le stock de riz considérable accumulé en Thaïlande. Selon les projections, les prix nominaux moyens des trois céréales sur la période étudiée seront 6 à 15 % inférieurs à ceux de la décennie précédente (graphique 3.1).

La production de céréales devrait progresser au cours de la prochaine décennie. En 2024, elle devrait être supérieure de 14 % à celle de la période de référence (2012-14), ce qui s'explique en grande partie par les améliorations du rendement, car l'extension des surfaces devrait être limitée. Par rapport à la période de référence, la production en 2024 devrait enregistrer un accroissement d'une ampleur similaire pour le blé (12 %), les céréales secondaires (15 %) et le riz (14 %). Selon les projections, l'offre mondiale de blé devrait être accrue de 86 Mt, sa production étant assurée en grande partie par l'Inde (15 Mt), la Fédération de Russie (13 Mt), la Chine (8 Mt) ainsi que l'Union européenne et l'Argentine (7 Mt chacune). L'on prévoit également un accroissement de la production de

Graphique 3.1. **Prix mondiaux des céréales**

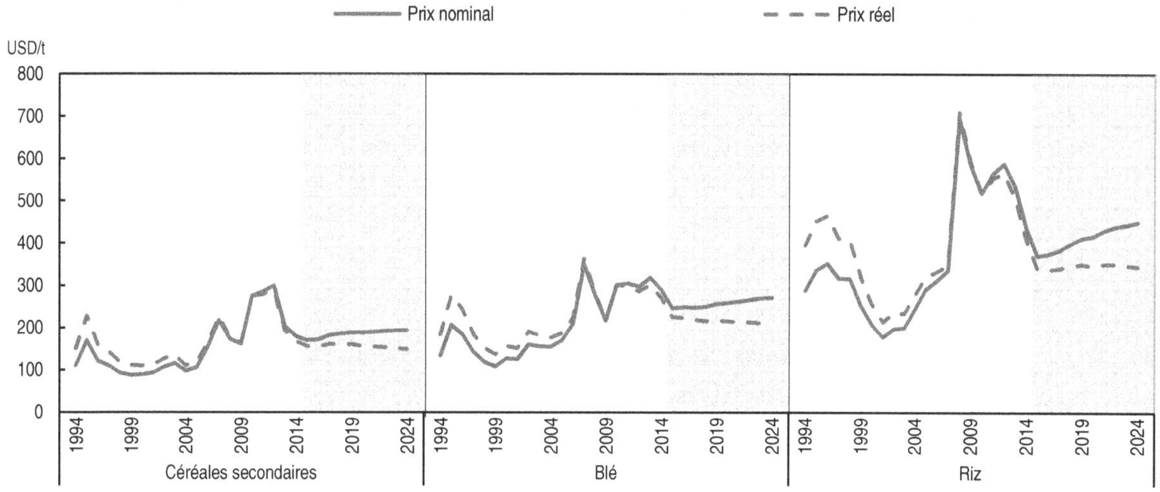

Note : céréales secondaires : prix f.a.b. du maïs jaune de catégorie n° 2, ports des États-Unis ; blé : prix f.a.b. du blé rouge d'hiver de catégorie n° 2, ports des États-Unis ; riz : prix du riz usiné, 100 %, grade B, f.a.b Thaïlande.

Source : OCDE/FAO (2015), « Perspectives agricoles de l'OCDE et de la FAO », *Statistiques agricoles de l'OCDE* (base de données), *http://dx.doi.org/10.1787/agr-outl-data-fr*.

StatLink http://dx.doi.org/10.1787/888933233061

céréales secondaires de 194 Mt (51 Mt produites par les États-Unis, 37 Mt par la Chine, 12 Mt par l'Union européenne, 6 Mt par la Fédération de Russie et 6 Mt par l'Ukraine). L'augmentation de 70 Mt de la production de riz devrait être due au premier chef aux pays asiatiques (61 Mt), principalement l'Inde (17 Mt), l'Indonésie (8 Mt), le Bangladesh et la Thaïlande (6 Mt chacun), et le Viet Nam et la Chine (5 Mt).

La consommation mondiale de céréales devrait progresser de 388 Mt pour se monter à 2 786 Mt à l'horizon 2024. S'agissant du blé, la consommation s'accroît de 13 % par rapport à la période de référence et continue d'être dominée par une utilisation dans l'alimentation humaine, à un taux constant de 69 % environ de l'utilisation totale. Il est prévu que l'utilisation du blé dans l'alimentation animale augmente principalement en Chine, dans la Fédération de Russie et dans l'Union européenne. La consommation de céréales secondaires, elle, continue d'être avant tout destinée à l'alimentation animale ; elle représente plus de deux tiers de la hausse de la consommation mondiale (156 Mt supplémentaires pour l'alimentation animale). La majeure partie de la production supplémentaire d'aliments pour animaux sera consommée dans les pays en développement (1 030 Mt) par un secteur de l'élevage en pleine expansion. La part du riz dans l'alimentation humaine devrait faire grimper la consommation totale à 562 Mt d'ici à 2024. Cette progression devrait être plus forte dans les pays en développement (1.2 % par an) que dans les pays développés (0.4 % par an), près de 80 % de l'augmentation de la consommation mondiale étant attribuable aux pays asiatiques.

L'expansion des échanges céréaliers mondiaux devrait être légèrement plus rapide que celle de la production (1.6 % par an contre 1.3 %), ce qui signifie qu'ils représenteront une proportion croissante de la production mondiale. Pour le blé, cette proportion devrait se monter à 21 % d'ici à 2024, contre 13 % et 9 % pour les céréales secondaires et le riz, respectivement. Conformément aux tendances antérieures, les pays développés devraient continuer de fournir du blé et des céréales secondaires aux pays en développement, tandis que le riz est principalement échangé entre les pays en développement. Sur les marchés internationaux du riz, les acteurs devraient rester les mêmes.

Vu le niveau « normal » des stocks, une fois que les rendements seront retombés à leur niveau moyen en 2015, le risque de détérioration du prix des céréales au cours de la période de projection sera plus élevé que son potentiel de hausse. Il pourrait de plus s'accentuer en raison de la concurrence accrue entre les exportateurs et dans le cas où surviendrait un nouveau ralentissement des économies à croissance rapide, comme celle de la Chine. Quoi qu'il en soit, si de graves sécheresses provoquaient un déficit de l'offre, il pourrait s'ensuivre une envolée des prix internationaux.

Le chapitre détaillé des céréales est disponible en ligne à l'adresse
http://dx.doi.org/10.1787/agr_outlook-2015-7-fr

OLÉAGINEUX ET PRODUITS OLÉAGINEUX

Situation du marché

Au cours de la campagne 2014 (pour une définition de la campagne, se référer au glossaire), la production mondiale d'oléagineux a atteint un niveau record pour la deuxième année consécutive. Cette évolution a provoqué la chute des prix, qui restent soumis à des pressions baissières. Parallèlement, la production de soja a augmenté plus rapidement que celle de colza, de tournesol et d'arachide (autres oléagineux examinés ici), entraînant une concentration accrue du secteur.

La production d'huile végétale n'a pas crû aussi rapidement que celle des oléagineux du fait de la progression plus lente de l'huile de palme et de la part croissante du soja, dont la teneur en huile est nettement inférieure à celle des autres oléagineux principaux. D'autre part, la croissance de la demande a récemment ralenti en raison de la stagnation de la production de biodiesel à partir d'huiles végétales dans les pays développés. Cette situation est responsable du faible niveau des prix actuels des huiles végétales, qui devrait stimuler la demande alimentaire dans un proche avenir.

La croissance continue de la demande de tourteaux protéiques est le principal facteur qui explique la hausse de la production d'oléagineux observée ces dernières années. Elle a également entraîné une augmentation de la part des tourteaux protéiques dans la valeur des oléagineux et favorisé le soja aux dépens des autres oléagineux. Les prix des tourteaux protéiques sont restés relativement élevés en regard de ceux des céréales secondaires et autres produits d'alimentation animale, mais une correction pourrait intervenir en 2015.

Principaux éléments des projections

En valeur nominale, tous les prix des oléagineux et produits oléagineux devraient connaître une augmentation inférieure au taux d'inflation présumé pour la période étudiée. Les prix réels baisseront légèrement, si l'on suppose une nouvelle amélioration de l'efficience du secteur qui devrait lui permettre de satisfaire la demande mondiale croissante à des prix réels plus bas qu'aujourd'hui. Les rapports de prix du secteur connaîtront un léger ajustement. Les prix réels des huiles végétales baisseront plus rapidement que ceux des tourteaux protéiques en raison de la saturation de la demande alimentaire par habitant dans de nombreux pays émergents et du recul de la croissance de la production de biodiesel à partir d'huiles végétales.

La production mondiale d'oléagineux devrait continuer de progresser au cours de la période étudiée, mais à un taux de croissance annuelle de 1.6 % contre 3.5 % au cours de la décennie antérieure. La production de colza au Canada et dans l'Union européenne devrait croître beaucoup plus lentement qu'au cours des dix précédentes années car les oléagineux à forte teneur en huile tels que le colza se ressentent davantage du fait que les prix des huiles végétales montent moins vite.

Les échanges internationaux d'oléagineux continuent d'absorber une part importante de la production mondiale, estimée à environ 31 % pour la prochaine décennie. Les principaux courants d'échanges continuent d'aller des Amériques (États-Unis et Brésil) vers l'Asie (Chine surtout). À l'échelle mondiale, les oléagineux sont pour l'essentiel triturés pour produire des tourteaux et de l'huile et leur consommation alimentaire humaine n'est répandue que dans quelques pays asiatiques. En 2024, plus de 87 % de la production mondiale d'oléagineux sera triturée.

L'huile végétale comprend l'huile obtenue par trituration de graines d'oléagineux (53 % environ), de palmes (36 %), de palmiste, de noix de coco et de graines de coton. La production mondiale d'huile végétale restera concentrée dans quelques pays au cours de la décennie à venir. Malgré le ralentissement de l'extension des surfaces cultivées, la croissance reste solide dans les principales régions productrices d'huile de palme en Indonésie et en Malaisie. L'autre moteur de la croissance est la production d'huile de soja, dont la matière première est de plus en plus abondante. L'essor de la demande d'huile végétale devrait fléchir au cours de la décennie à venir en raison : a) du recul de la croissance de la consommation alimentaire humaine dans les pays en développement, qui sera de 1.1 % par an contre 2.7 % au cours des dix années précédentes ; et b) de la stagnation de la production de biodiesel à partir d'huiles végétales, due à la satisfaction progressive des quotas et aux réductions prévues des objectifs de production de biodiesel.

La production et la consommation de tourteaux protéiques sont dominées par les tourteaux de soja. La hausse de la consommation va sensiblement ralentir par rapport à la décennie écoulée, du fait du fléchissement de la croissance de la production animale mondiale et du niveau de saturation atteint au niveau de l'inclusion des tourteaux protéiques dans les rations alimentaires. Les exploitations commerciales des grands pays en développement, en particulier la Chine, optimisent progressivement l'utilisation des tourteaux protéiques dans les rations alimentaires, entraînant ainsi un tassement de la demande. La consommation chinoise de tourteaux protéiques devrait progresser de 2.0 % par an, contre 7.8 % par an pendant la décennie précédente ; elle restera toutefois supérieure au taux de croissance de la production animale.

La croissance des échanges mondiaux d'oléagineux devrait sensiblement ralentir au cours de la décennie à venir par rapport à la décennie écoulée. Cette évolution est directement liée au fléchissement anticipé du volume de trituration d'oléagineux observé en Chine. Le rapide essor de la production animale dans les principaux pays producteurs de tourteaux protéiques stimulera la croissance de leur consommation intérieure ; les échanges ne progresseront donc que légèrement au cours de la décennie à venir, entraînant ainsi le recul de la part de la production mondiale faisant l'objet d'échanges internationaux.

Alors que les exportations d'oléagineux et de tourteaux protéiques sont dominées par les Amériques, celles d'huile végétale continuent d'être dominées par l'Indonésie et la Malaisie (graphique 3.2). L'huile végétale est l'un des produits agricoles dont la proportion de la production échangée est la plus élevée (39 %). Cette proportion devrait rester stable tout au long de la période de projection.

Outre les problèmes et incertitudes communs à la plupart des produits de base (conjoncture macroéconomique, cours du pétrole brut, conditions météorologiques, etc.), chaque secteur est soumis à différents facteurs influençant l'offre et la demande. Le faible niveau des stocks à la fin de la période considérée est une source d'incertitude concernant la stabilité des prix, en cas de phénomènes météorologiques défavorables par exemple. Les politiques sur les biocarburants mises en œuvre par les États-Unis, l'Union européenne et l'Indonésie sont responsables des principales incertitudes pesant sur le secteur des huiles végétales du fait de leur impact sur une grande partie de la demande de ces pays.

Graphique 3.2. **Exportations d'oléagineux et de produits oléagineux par origine**

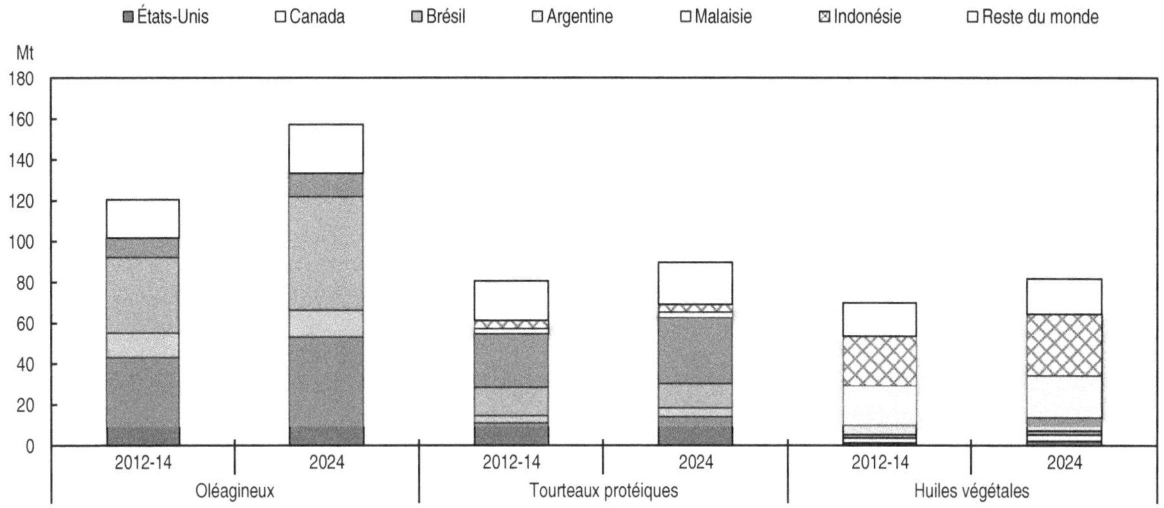

Source : OCDE/FAO (2015), « Perspectives agricoles de l'OCDE et de la FAO », *Statistiques agricoles de l'OCDE* (base de données), *http://dx.doi.org/10.1787/agr-outl-data-fr*.

StatLink http://dx.doi.org/10.1787/888933233070

Le chapitre détaillé des oléagineux est disponible en ligne à l'adresse
http://dx.doi.org/10.1787/agr_outlook-2015-8-fr

SUCRE

Situation du marché

Après une augmentation importante de la production de sucre, qui a abouti à d'importants excédents, les prix mondiaux du sucre ont chuté à des niveaux qui n'avaient pas été atteints depuis 2010. À l'échelon mondial, la production devant une fois être supérieure à la consommation, les cours du sucre devraient rester orientés à la baisse jusqu'à la fin de la campagne (pour une définition de la campagne de commercialisation, voir le glossaire).

Toutefois, la campagne en cours devrait être la dernière à être marquée par une phase de surplus du cycle de production mondiale du sucre[1]. Compte tenu du recul des prix mondiaux et de la reconstitution des stocks dans un certain nombre de pays – le ratio mondial stocks/consommation est élevé pour la troisième année consécutive au début de la période étudiée –, l'investissement dans ce secteur devrait commencer à décliner, annonçant l'entrée du cycle de production dans une phase de déficit.

Graphique 3.3. **Production, consommation et ratio stocks/consommation**

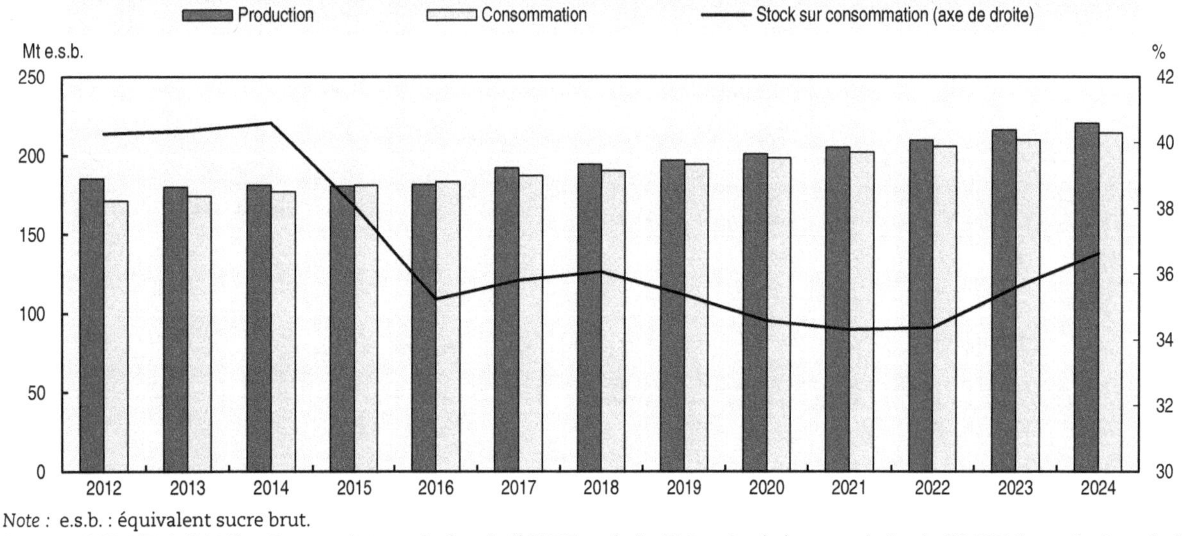

Production
Consommation
Stock sur consommation (axe de droite)
Mt e.s.b.
%
250 200 150 100 50 0
42 40 38 36 34 32 30
2012 2013 2014 2015 2016 2017 2018 2019 2020 2021 2022 2023 2024

Note : e.s.b. : équivalent sucre brut.
Source : OCDE/FAO (2015), « Perspectives agricoles de l'OCDE et de la FAO », *Statistiques agricoles de l'OCDE* (base de données), *http://dx.doi.org/10.1787/agr-outl-data-fr.*

StatLink http://dx.doi.org/10.1787/888933233088

Principaux éléments des projections

Les prix mondiaux du sucre devraient rester volatils sur la période visée, mais s'orienter néanmoins modérément à la hausse, tout en reculant en valeur réelle. Le prix international du sucre brut (Intercontinental Exchange, contrat n° 11 à l'échéance la plus proche) devrait s'élever à 364 USD/t (16.5 cts/lb) en valeur nominale en 2024. Le prix de référence mondial du sucre blanc (Euronext, Liffe contrat n° 407, Londres) devrait s'établir à 434 USD/t (19.7 cts/lb) en valeur nominale en 2024. La surcote du sucre blanc devrait s'amenuiser ces dix prochaines années. Le coût de production au Brésil exprimé en dollars et la répartition de la canne à sucre entre production de sucre et production d'éthanol sont deux facteurs déterminants qui continueront d'orienter les prix mondiaux du sucre sur la période visée.

Compte tenu des hypothèses retenues en ce qui concerne la stabilité des conditions économiques et l'ensemble des projections macroéconomiques, la production mondiale de sucre devrait s'accroître de 2.2 % par an ces dix prochaines années, pour atteindre pratiquement 220 Mt d'ici à 2024, soit une hausse d'environ 38 Mt par rapport à la période de référence (2012-14)[2]. Cette production supplémentaire viendra essentiellement de pays producteurs de canne à sucre et non de pays producteurs de betterave à sucre. Par ailleurs, elle sera davantage liée à un accroissement des superficies, notamment au Brésil, bien qu'on prévoie une augmentation du rendement des cultures sucrières et de la transformation. Une part plus importante de la production mondiale de canne à sucre ira à la production d'éthanol, celle-ci passant d'environ 20 % durant la période de référence à 26 % en 2024.

Soutenue par la progression constante de la demande de sucre, la consommation mondiale devrait progresser d'environ 2 % par an, soit à un rythme légèrement plus rapide que durant la décennie précédente, pour atteindre 214 Mt en 2024. La demande sera essentiellement tirée par certains pays en développement d'Afrique et d'Asie. En revanche, dans de nombreux pays développés, la consommation de sucre devrait connaître une croissance faible ou nulle du fait d'un marché déjà mature ou saturé. Par conséquent, le ratio mondial stocks/consommation devrait reculer pour s'établir à 36 % en moyenne durant la période visée, contre 40 % durant la période de référence.

Ces dix prochaines années, les exportations devraient rester très concentrées sur certaines régions, le Brésil conservant sa position de leader (environ 40 % des exportations mondiales) et la Thaïlande renforçant la sienne. Par ailleurs, les importations resteront plus diversifiées. En fonction des volumes produits, l'Inde continuera d'importer ou d'exporter de grandes quantités de sucre. La part du sucre échangé par rapport au sucre produit dans le monde devrait s'accroître légèrement pour atteindre 33 % en 2024, la progression de la production intérieure soutenant une consommation en hausse dans les pays en développement.

À moyen terme, les autres édulcorants, en particulier le sirop de maïs à forte teneur en fructose, devraient concurrencer encore le sucre sur le marché des édulcorants. Quoi qu'il en soit, le sucre continuera de représenter environ 80 % du marché mondial.

Les projections calculées dans les présentes *Perspectives* reposent sur l'hypothèse selon laquelle le prix du sucre sera suffisamment rémunérateur à court terme pour favoriser des investissements dans les pays producteurs, aussi bien au stade de la production que de la transformation. Tout changement dans les politiques sucrières menées par les principaux pays producteurs, dans la situation économique, dans le prix du pétrole (surtout pour les activités de production ou de transformation très mécanisées), dans les taux de change ou dans les conditions climatiques pourrait produire un choc qui aurait des répercussions sur les résultats présentés dans cette édition des *Perspectives*, et des conséquences pour les producteurs et les consommateurs.

Le chapitre détaillé du sucre est disponible en ligne à l'adresse
http://dx.doi.org/10.1787/agr_outlook-2015-9-fr

VIANDE

Situation du marché

Les prix de la viande ont atteint un niveau record en 2014, principalement à cause de la hausse du prix de la viande bovine. Parallèlement, la diarrhée épidémique porcine aux États-Unis et de peste porcine africaine en Europe ont raréfié l'offre de viande de porc en 2014, tirant du même coup les prix à la hausse. Par ailleurs, les prix de la viande ovine ont augmenté après plusieurs années de réduction des troupeaux de Nouvelle-Zélande. Cette évolution est également liée à la conversion d'élevages d'ovins à la production laitière, une activité plus rentable. Elle a été accentuée par la sécheresse, tandis que les effets de substitution entre différents types de viande ont soutenu la demande et les prix de la volaille.

Après plusieurs années de décapitalisation dans les grandes régions de production bovine, la reconstitution des effectifs a recommencé en 2014, aux États-Unis en particulier, ce qui a soutenu les prix. Bien que cette tendance puisse orienter les prix de la viande bovine à la hausse à court terme, la diarrhée épidémique porcine agit en sens inverse et les prix de la viande porcine et de la volaille devraient épouser la baisse du prix des céréales fourragères. Les prix de la viande ovine comme d'autres viandes devraient rester élevés en raison d'une demande d'importations accrue, en particulier de mouton en Chine et d'agneau dans l'UE, mais aussi de la reconstitution des effectifs en Australie.

Principaux éléments des projections

Les perspectives du marché de la viande restent en grande partie positives, tandis que les prix des céréales fourragères vont se maintenir à un niveau modeste durant la période visée. En effet, ce secteur confronté à des coûts des aliments du bétail particulièrement élevés et instables pour l'essentiel de ces dix dernières années, se consacrera au rétablissement de sa rentabilité.

La production devrait progresser, compte tenu du regain de rentabilité des secteurs de la viande porcine et de la volaille en particulier, mais aussi dans les régions comme les Amériques, où la production de viande est fortement tributaire des apports de céréales fourragères. Toutefois, les *Perspectives* de cette année prévoient un affaiblissement de la croissance économique aussi bien dans les pays développés qu'en développement, ce qui devrait peser dans une certaine mesure sur la consommation.

En valeur nominale, les prix de la viande devraient rester élevés sur toute la durée de la période visée par les *Perspectives*, mais inférieurs à leur niveau de 2014 à l'exception de la viande bovine, dont le prix devrait se maintenir à un niveau élevé pendant deux ans encore, compte tenu de la reconstitution des cheptels dans plusieurs régions du monde. D'ici à 2024, les prix de la viande bovine et porcine devraient s'apprécier pour atteindre environ 4 900 USD/t et 1 900 USD/t équivalent poids carcasse (epc) respectivement, tandis que les prix mondiaux de la viande ovine et de la volaille devraient augmenter pour s'établir à environ 4 350 USD/t epc et à 1 550 USD/t epc respectivement. En valeur réelle, les prix de la viande devraient toutefois s'orienter à la baisse par rapport à leurs hauts niveaux récents, mais ils se maintiendront à un niveau supérieur à celui des dix dernières années (graphique 3.4).

La production mondiale de viande s'est accrue d'environ 20 % ces dix dernières années, tirée par la volaille et la viande porcine. Sur la décennie à venir, elle augmentera plus lentement ; en 2024, elle aura dépassé de 17 % son niveau de la période de référence (2012-14). Selon les prévisions, les pays en développement devraient assurer l'essentiel de cette progression grâce à la proportion croissante d'aliments protéiques d'origine végétale entrant dans la ration alimentaire dans ces pays. Par ailleurs, la volaille devrait représenter plus de la moitié de la production mondiale supplémentaire de viande d'ici à 2024 par rapport à la période de référence. D'une manière générale, ces dix prochaines années, la production bénéficiera d'une amélioration du ratio entre le prix de la viande produite et le prix des aliments du bétail et du taux de conversion alimentaire.

Graphique 3.4. **Prix mondiaux de la viande**

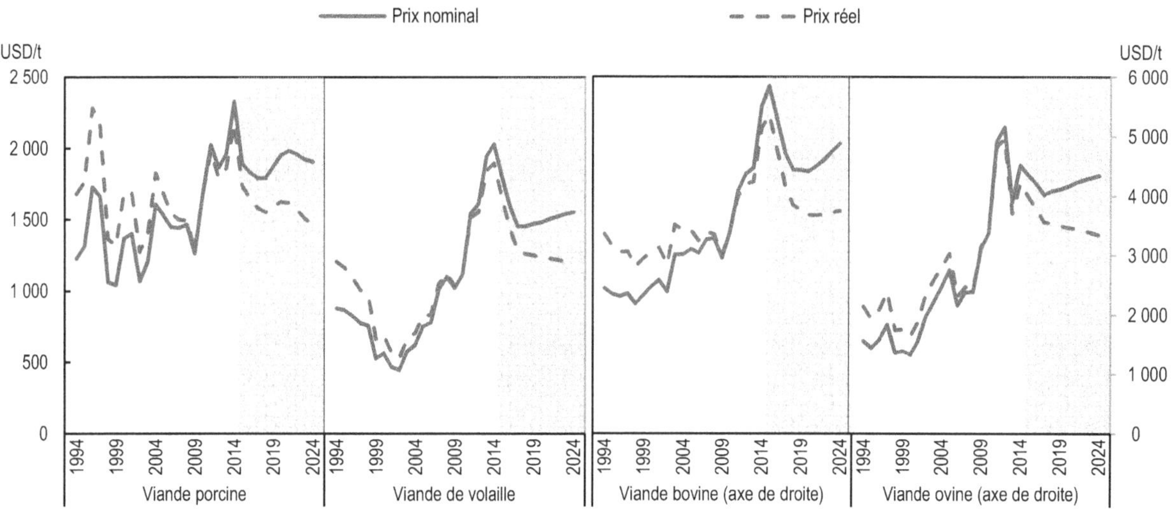

Note : Bouvillons, 1 100-1 300 lb poids paré, Nebraska, États-Unis. Prix du barème de l'agneau poids paré, moyenne toutes catégories, Nouvelle-Zélande. Gorets châtrés et cochettes, n° 1-3-, 230-2-50 lb poids paré, Iowa/Minnesota, États-Unis. Prix moyen au producteur du poulet prêt à cuire au Brésil.

Source : OCDE/FAO (2015), « Perspectives agricoles de l'OCDE et de la FAO », *Statistiques agricoles de l'OCDE* (base de données), *http://dx.doi.org/10.1787/agr-outl-data-fr*.

StatLink http://dx.doi.org/10.1787/888933233096

La consommation mondiale annuelle de viande devrait atteindre 35.5 kg par habitant en poids au détail d'ici à 2024, soit une progression de 1.6 kg par rapport à la période de référence. La volaille absorbera l'essentiel de cette consommation supplémentaire. La consommation mondiale de viande porcine et bovine devrait rester stable, à un niveau comparable à celui de la période de référence. En valeur absolue, la consommation de viande par habitant dans les pays développés devrait continuer à représenter plus du double de la consommation dans les pays en développement (68 kg en poids de détail par rapport à 28 kg à l'horizon 2024). En revanche, durant la période étudiée, la consommation dans les pays développés devrait croître plus lentement que dans les pays en développement. En effet, la croissance démographique et l'urbanisation rapides dans de nombreuses régions en développement orientent de façon déterminante la croissance totale de la consommation.

Selon les prévisions, les échanges de viande devraient progresser moins vite, pratiquement 11 % de la production mondiale faisant l'objet d'échanges commerciaux. C'est en Asie, la région qui absorbe la part la plus importante des importations supplémentaires, tous types de viande confondus, que la demande d'importations croîtra le plus vite. En Afrique aussi, les importations de viande progressent rapidement, même si cette région part d'un niveau plus bas. Bien que les pays développés doivent réaliser légèrement plus de la moitié des exportations mondiales de viande d'ici à 2024, leur présence diminue à un rythme soutenu par rapport à la période de référence. Le Brésil devrait voir sa participation aux exportations mondiales rester stable, à environ 21 %, soit 25 % de la progression attendue durant la période visée.

Les politiques commerciales sont l'un des principaux facteurs qui déterminent les perspectives et la dynamique du marché mondial de la viande. La mise en œuvre de divers accords commerciaux bilatéraux sur la période visée par les *Perspectives* pourrait entraîner une diversification importante des échanges. Aux États-Unis, la diarrhée épidémique porcine montre à quel point la survenue de maladies se répercute sur les marchés intérieurs et internationaux. La contraction de pratiquement 1.5 % de l'offre en provenance des États-Unis sur l'année 2014 a tiré les prix de la viande porcine à la hausse. À l'échelon international, les accords commerciaux et les épizooties ont des conséquences très variables, en fonction de la position importatrice ou exportatrice de la région concernée, mais aussi de son poids sur le marché.

Le chapitre détaillé des viandes est disponible en ligne à l'adresse
http://dx.doi.org/10.1787/agr_outlook-2015-10-fr

PRODUITS LAITIERS

Situation du marché

La baisse de 5.7 % enregistrée par la production laitière chinoise en 2013 a donné lieu à une forte demande d'importations de produits laitiers et à des prix mondiaux plus élevés. Par ailleurs, durant le premier semestre 2013, les grands acteurs du marché mondial des produits laitiers – États-Unis, Union européenne, Nouvelle-Zélande et Australie – ont produit moins de lait qu'un an auparavant. Sont surtout en cause la cherté des aliments du bétail, ainsi que les mauvaises conditions météorologiques en Océanie et dans certaines parties de l'Europe. Les prix du lait en poudre, écrémé et entier, ont atteint un nouveau sommet en avril 2013, dépassant les niveaux observés lors de la flambée des prix des produits de base de 2007-08.

La production a commencé à augmenter au milieu de l'année 2013 dans les principaux pays exportateurs de produits laitiers, parallèlement à une baisse de prix de l'alimentation animale et à une amélioration des marges des producteurs laitiers. Néanmoins, la persistance d'une forte demande sur le marché mondial a maintenu les prix à un niveau élevé jusqu'au début de l'année 2014.

Les prix des produits laitiers ont amorcé leur déclin au début de l'année 2014. Ce dernier s'est intensifié en août au moment de la diminution de la demande chinoise de lait entier en poudre et de l'interdiction, par la Fédération de Russie, d'importer plusieurs produits, notamment les fromages de l'Union européenne, des États-Unis, de l'Australie et d'autres pays. Depuis fin 2014, la production de l'Union européenne est moins dynamique, en particulier à cause de quotas laitiers contraignants jusqu'en mars 2015, tandis que la baisse saisonnière en Océanie est plus marquée qu'un an auparavant. Par ailleurs, la dévaluation de l'euro rend les exportations de produits laitiers de l'Union européenne plus compétitives, d'où leur augmentation. La production laitière des États-Unis reste considérablement supérieure à son niveau de l'année précédente.

Principaux éléments des projections

Les prix internationaux de plusieurs produits laitiers ont diminué en 2014 après les nouveaux pics qu'ils avaient atteints en 2013. Les prix nominaux devraient se raffermir à moyen terme. En termes réels, les prix devraient baisser légèrement durant la prochaine décennie, en restant toutefois bien au-dessus des niveaux antérieurs à 2007.

D'ici à 2024, la production mondiale de lait devrait augmenter de 175 Mt (23 %) par rapport à celle des années de référence (2012-14). La plus grande partie de cette hausse (75 %) devrait provenir des pays en développement, notamment des pays asiatiques. Pendant la période de projection, la progression de la production devrait avoisiner 1.8 % par an, ce qui est inférieur au niveau de 1.9 % par an observé au cours de la dernière décennie. Le cheptel de vaches laitières devrait décliner dans les pays développés, tandis que l'accroissement des effectifs dans les pays en développement devrait ralentir. Dans ces derniers principalement, on s'attend à ce que le rendement laitier par vache augmente plus rapidement qu'au cours des dix dernières années.

À l'échelle mondiale, la production des quatre principaux produits laitiers (beurre, fromage, lait écrémé en poudre et lait entier en poudre) s'accroît au même rythme que la production de lait. Cela accélère légèrement la progression de la production de produits laitiers frais, qui augmente de 3 % par an, notamment dans les pays en développement où le lait et les produits laitiers frais constituent la majeure partie de la consommation.

Dans les pays en développement, la consommation de produits laitiers par habitant devrait enregistrer une progression annuelle de 1.4 à 2 %. Cette hausse correspond à l'accroissement soutenu, quoique plus modeste, des revenus et à la mondialisation des habitudes alimentaires. À titre de comparaison, la consommation par habitant dans le monde développé, déjà relativement élevée, devrait gagner 0.2 à 1 % par an, la hausse la plus faible étant celle du beurre, qui rivalise avec l'huile végétale, et la plus élevée, celle du fromage. Le beurre récupère toutefois d'une consommation en baisse observée pendant la dernière décennie dans les pays développés.

Un essor général des échanges de produits laitiers devrait avoir lieu au cours des dix années à venir. On s'attend à une forte croissance des échanges de lactosérum, de lait en poudre écrémé et entier (plus de 2 % par an). En ce qui concerne le fromage et le beurre, la hausse des échanges devrait se limiter à 2 % et 1.5 % par an, respectivement. L'augmentation des échanges tiendra pour l'essentiel aux plus grands volumes exportés par les États-Unis, l'Union européenne, la Nouvelle-Zélande, l'Australie et l'Argentine (graphique 3.5). Ces dernières années, le marché international des produits laitiers était approvisionné principalement par quelques pays. Cette concentration devrait s'accroître au cours des dix prochaines années. La Nouvelle-Zélande est l'exportatrice principale de beurre et de lait entier en poudre, tandis que l'Union européenne occupe la première place des exportations de fromage et de lait écrémé en poudre.

Graphique 3.5. **Exportations de produits laitiers, par origine**

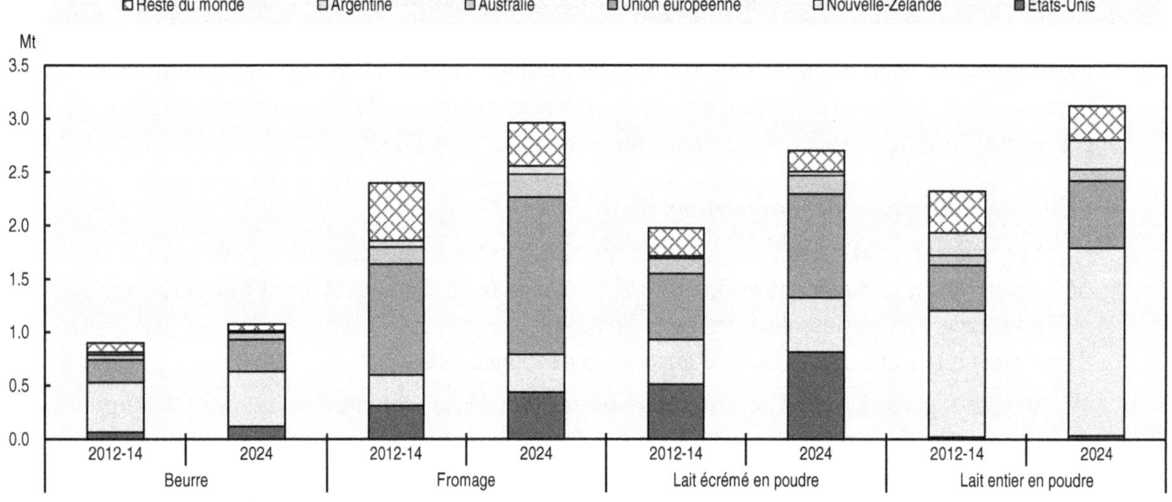

Source : OCDE/FAO (2015), « Perspectives agricoles de l'OCDE et de la FAO », *Statistiques agricoles de l'OCDE* (base de données), *http://dx.doi.org/10.1787/agr-outl-data-fr*.

StatLink http://dx.doi.org/10.1787/888933233107

L'évolution du marché des produits laitiers demeure incertaine et pourrait modifier les résultats décrits. Les épidémies, les restrictions commerciales, les conditions météorologiques et les réformes des politiques peuvent avoir des effets notables. La demande mondiale restera forte, en particulier celle de la Chine. Néanmoins, la situation des prix sur les marchés laitiers mondiaux dépendra pour beaucoup de l'évolution du niveau d'auto-approvisionnement en lait et en produits laitiers de la Chine. Les perspectives tablent sur un faible accroissement de la dépendance de la Chine à l'égard des importations. La Nouvelle-Zélande, première productrice de produits laitiers, est particulièrement tributaire de la météorologie, car sa production repose avant tout sur le pâturage, et les contraintes environnementales pourraient contenir la croissance de la production projetée.

Le chapitre détaillé des produits laitiers est disponible en ligne à l'adresse
http://dx.doi.org/10.1787/agr_outlook-2015-11-fr

POISSON

Situation du marché

Les perspectives du marché des produits halieutiques et aquacoles restent positives. L'année 2014 s'est caractérisée par des pics sans précédent de la production, des échanges et de la consommation, qui n'ont été que légèrement affectés par des événements comme l'interdiction d'importer décidée par la Fédération de Russie et la diminution des prises en Amérique du Sud.

On estime que la consommation apparente de poisson par habitant en 2014 a avoisiné 20 kg ; pour la première fois, l'aquaculture dépasse la pêche comme source principale de poisson destiné à la consommation humaine.

Les pays en développement, en particulier ceux d'Asie, continueront à être à l'origine d'importants changements et joueront un rôle majeur dans l'augmentation de la production, des échanges et de la consommation de poisson dans le monde. Ils en sont les principaux producteurs, exportateurs et sont également des consommateurs de plus en plus importants. Néanmoins, en 2014, les échanges se sont accrus plus rapidement dans les pays développés que dans les pays en développement. Cette situation est contraire à la tendance de long terme, au cours de laquelle les pays en développement, en particulier ceux de l'Amérique du Sud et de l'Asie de l'Est et du Sud, ont vu leur part dans les échanges mondiaux de produits halieutiques et aquacoles augmenter constamment. Les principaux facteurs à l'origine de cette inversion de tendance ont été la forte croissance du marché des États-Unis et une année record pour la Norvège, productrice et exportatrice de premier plan.

Les prix du poisson ont fortement augmenté pendant la première partie de 2014, puis ont baissé le restant de l'année, en raison d'un fléchissement de la demande des consommateurs sur de nombreux marchés européens et au Japon, et d'une amélioration de l'approvisionnement de certaines espèces. Toutefois, ces prix sont restés supérieurs à ceux de 2013 pour la plupart des espèces et produits, notamment dans le cas de l'élevage. L'indice des prix du poisson de la FAO (période de référence 2002-04=100) montre que les prix se situent à des niveaux sans précédent et ont atteint un pic en mars 2014 (164 ; 168 pour les espèces aquacoles).

Principaux éléments des projections

Les prix mondiaux des produits halieutiques, des produits aquacoles et des produits échangés seront principalement conditionnés par la croissance des revenus et de la population, la faible progression de la production halieutique, la poussée des prix de la viande à court terme et les coûts de l'alimentation animale. Tous ces facteurs contribueront à des prix élevés du poisson dans un avenir proche, lesquels diminueront ensuite jusqu'à la fin de cette décennie et augmenteront dans les années 2020. En termes réels, les prix devraient accuser un recul par rapport au niveau record de 2014. Au cours de la période 2015-24, le ratio entre les prix des espèces aquacoles et ceux des céréales secondaires devrait être cyclique et, à terme, se stabiliser à un niveau légèrement inférieur aux moyennes historiques (1990-2014). Le ratio entre les prix des espèces aquacoles et ceux de la farine de poisson restera relativement stable. La demande de farine de poisson destinée à l'alimentation animale dans l'aquaculture et l'élevage en général croît plus rapidement que l'offre. Par conséquent, une hausse du ratio entre les prix de la farine de poisson et ceux des tourteaux oléagineux devrait survenir. L'engouement pour les acides gras Oméga-3 dans l'alimentation humaine et l'essor de l'aquaculture ont contribué à la hausse du ratio entre le prix de l'huile de poisson et celui de l'huile végétale, qui devrait être maintenue à moyen terme. Cependant, étant donné que l'huile de poisson et l'huile végétale affichent au départ un niveau très élevé, les prix devraient accuser une baisse en termes nominaux pendant le reste de cette décennie.

Entre la période de référence de 2012-14 et 2024, la production halieutique et aquacole mondiale devrait progresser de 19 % pour atteindre 191 Mt. Cette hausse sera en grande partie attribuable à l'aquaculture, dont la production devrait s'établir à 96 Mt d'ici à 2024, soit un niveau supérieur de 38 % à celui de la période de référence (moyenne de 2012-14). L'aquaculture demeurera l'un des secteurs alimentaires se développant le plus vite, en dépit d'un repli de son taux de croissance moyen annuel qui passera de 5.6 % pendant la décennie précédente à 2.5 % au cours de la période de projection. En 2023, la production aquacole dépassera celle du secteur halieutique (graphique 3.6). Cette évolution, qui marque une nouvelle ère, est un signe que l'aquaculture sera, de plus en plus, le vecteur principal du changement dans les secteurs halieutique et aquacole. Toutefois, la filière pêche restera en tête pour un certain nombre d'espèces et sera vitale pour la sécurité alimentaire nationale et internationale. La production mondiale de farine de poisson devrait être ramenée à 5 Mt à la fin de la période de projection et la production mondiale d'huile de poisson devrait osciller aux alentours de 1 Mt. La proportion de farine de poisson et d'huile de poisson obtenue à partir de poissons entiers devrait diminuer par rapport à la décennie précédente.

Graphique 3.6. **Production halieutique et aquacole**

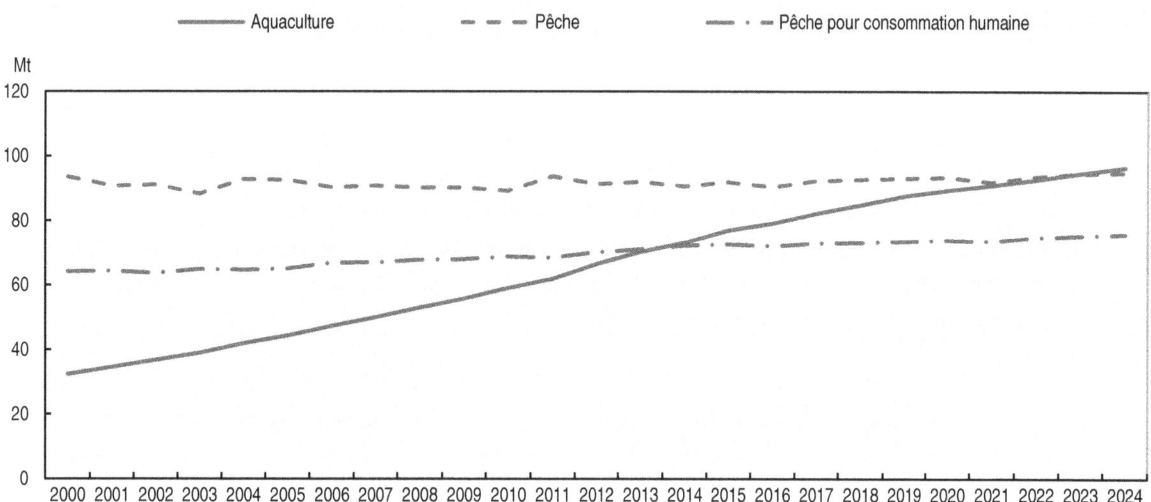

Note : la « pêche pour la consommation humaine » désigne la production halieutique, à l'exception des poissons d'ornement, des poissons destinés à la production de farine de poisson, d'huile de poisson et autres utilisations non alimentaires. L'ensemble de la production aquacole est présumé être destiné à la consommation humaine.

Source : OCDE/FAO (2015), « Perspectives agricoles de l'OCDE et de la FAO », *Statistiques agricoles de l'OCDE* (base de données), *http://dx.doi.org/10.1787/agr-outl-data-fr*.

StatLink http://dx.doi.org/10.1787/888933233114

La consommation mondiale apparente de poisson par habitant devrait, selon les projections, s'établir à 21.5 kg en équivalent poids vif (pv) en 2024, contre 19.7 kg pendant la période de référence. Sa croissance moyenne annuelle devrait ralentir dans la deuxième moitié de la période de projection, en raison de prix de la viande plus compétitifs. La consommation de poisson par habitant devrait progresser sur tous les continents, l'Asie affichant la plus forte progression. Contrairement aux projections établies dans les *Perspectives* précédentes, pour la première fois, une légère hausse est prévue en Afrique. La diminution des prix des aliments pour animaux et du pétrole brut a abaissé les coûts de production et de transport, ce qui a stimulé la production et les importations africaines de produits aquacoles. La consommation par habitant restera plus importante dans les économies avancées, même si elle devrait croître plus rapidement dans les pays en développement.

Les échanges de produits halieutiques et aquacoles frais et transformés (poisson pour la consommation humaine, farine de poisson en poids vif) demeureront florissants, stimulés par une demande continue, et par les innovations et les améliorations dans les secteurs de la transformation, de la conservation, du conditionnement, du transport et de la logistique. Ils représenteront environ 31 % de la production (36 % échanges intra-UE compris) en 2024. Cependant, les échanges mondiaux de produits destinés à l'alimentation humaine devraient croître plus lentement que pendant la décennie précédente en raison d'une hausse de la consommation intérieure dans les principaux pays producteurs. Les pays en développement devraient représenter 64 % des exportations mondiales de poisson destiné à la consommation humaine à l'horizon 2024, contre 66 % pendant la période de référence. Les régions développées resteront les plus grandes importatrices.

La principale incertitude concernant les projections analysées dans ce chapitre demeure les gains de productivité en aquaculture, qui pourraient être influencés par plusieurs facteurs : les ressources disponibles et leur accessibilité, qu'il s'agisse de terres, d'eau ou de moyens financiers ; les améliorations technologiques, les aliments pour animaux, etc. En outre, il est avéré que les maladies animales peuvent avoir des répercussions négatives plus ou moins prononcées sur la production aquacole et, par ricochet, sur les marchés intérieurs et internationaux, en fonction de la taille de ces marchés et des espèces concernées. La productivité naturelle des stocks de poisson et des écosystèmes, ainsi que les manifestations du phénomène *El Niño*, font partie des principales incertitudes qui ont une incidence sur les perspectives de la pêche, mais également de la production de farine et d'huile de poisson. Les mesures commerciales, en particulier les accords commerciaux bilatéraux, continuent d'influencer fortement la dynamique du marché mondial du poisson.

Le chapitre détaillé du poisson est disponible en ligne à l'adresse
http://dx.doi.org/10.1787/agr_outlook-2015-12-fr

BIOCARBURANTS

Situation du marché

En termes nominaux, les prix des céréales, des oléagineux et de l'huile végétale ont continué à baisser en 2014. Parallèlement à la chute brutale des prix du pétrole brut constatée au second semestre, ce phénomène a provoqué le recul des prix mondiaux de l'éthanol[3] et du biodiesel[4], dans un contexte d'offre abondante.

Le cadre d'action entourant les biocarburants est resté incertain, comme en témoigne l'absence de décision finale de la part de l'Agence pour la protection de l'environnement des États-Unis concernant les orientations à suivre en 2014 et 2015 et le Cadre d'action en matière de climat et d'énergie à l'horizon 2030, adopté par l'Union européenne en octobre 2014, qui ne fixe aucun objectif clair dans le domaine des biocarburants au-delà de 2020. Par ailleurs, l'évolution du cours du pétrole brut et divers signaux sur le plan de la politique intérieure ont stimulé le secteur de l'éthanol brésilien.

Principaux éléments des projections

La présente édition des *Perspectives* suppose que la consommation d'éthanol des États-Unis sera limitée par le taux maximal d'incorporation[5] de 10 % et que l'éthanol cellulosique ne sera pas disponible en grande quantité avant les dernières années de la période de projection. S'agissant de l'Union européenne, les biocarburants contribueront vraisemblablement pour 7 %, en équivalent énergie, à la réalisation de l'objectif visé par la Directive sur les énergies renouvelables (DER)[6] d'ici à 2019[7]. Pour le Brésil, les *Perspectives* estiment que les prix de détail de l'essence se maintiendront à un niveau légèrement supérieur à celui des prix internationaux au cours de la première moitié de la décennie à venir[8]. Ailleurs dans le monde, les secteurs des biocarburants continuent globalement d'être influencés par l'évolution des prix et des mesures de soutien efficaces. Les objectifs de production et de consommation suggérés fluctuent considérablement selon les pays, d'où des prévisions de croissance très variables de l'un à l'autre.

Le déclin des prix du pétrole brut et des matières premières utilisées pour produire des biocarburants devrait entraîner une chute sévère des prix de l'éthanol et du biodiesel au début de la période de projection. Ces derniers devraient ensuite repartir à la hausse en termes nominaux et avoisiner leurs niveaux de 2014 (graphique 3.7).

La production mondiale d'éthanol et de biodiesel va vraisemblablement se développer, pour atteindre respectivement 134.5 et 39 milliards de litres à l'horizon 2024. Au cours de la décennie à venir, les matières premières alimentaires devraient continuer de dominer cette production, comme le laissent entrevoir le manque d'investissements dans la recherche-développement (R-D) consacrée aux biocarburants avancés, l'ampleur des investissements nécessaires et le manque de visibilité dont disposent les acteurs du secteur. Le Brésil devrait être à l'origine de la majeure partie de la production supplémentaire d'éthanol. En outre, les incitations découlant des politiques nationales en matière de biocarburants continueront d'influencer les modèles de production du biodiesel. Durant les dernières années de la période de projection, l'Indonésie dépassera les États-Unis et le Brésil et deviendra le deuxième producteur mondial de biodiesel, derrière l'Union européenne.

Aux États-Unis, l'utilisation de l'éthanol sera limitée par le taux maximal d'incorporation et la baisse de la consommation d'essence au cours des dernières années de la période de projection. Au Brésil, l'envolée de la consommation d'éthanol résulte de l'obligation d'incorporation élevée visant l'éthanol anhydre ainsi que d'un régime fiscal variable permettant à l'éthanol hydraté de rivaliser avec le bioéthanol, du moins dans certains États. Au sein de l'Union européenne, la consommation de biodiesel atteindra vraisemblablement un niveau record en 2019, année de réalisation supposée de l'objectif de la DER.

Aucun développement des échanges d'éthanol et de biodiesel n'est à prévoir au cours des dix prochaines années. Les échanges bilatéraux d'éthanol observés par le passé entre le Brésil et les États-Unis ne devraient pas se renouveler, car les besoins d'éthanol de canne à sucre pour satisfaire l'obligation d'incorporation de biocarburants avancés aux États-Unis devraient être limités. L'Argentine et l'Indonésie domineront toujours les exportations de biodiesel, produit dont les États-Unis et l'Union européenne constituent les uniques grands importateurs.

La principale incertitude concerne la manière dont va évoluer la volonté politique de soutenir l'incorporation de biocarburants aux carburants pétroliers. Ce processus de décision dépendra essentiellement de l'évolution de la situation macroéconomique de pays majeurs, des prix relatifs des matières premières agricoles et des combustibles fossiles, des points de vue dominants quant aux bénéfices environnementaux des biocarburants et de la sécurité alimentaire à l'échelle mondiale.

Graphique 3.7. **Évolution des prix mondiaux des biocarburants**

Exprimés en termes nominaux (gauche) et réels (droite)

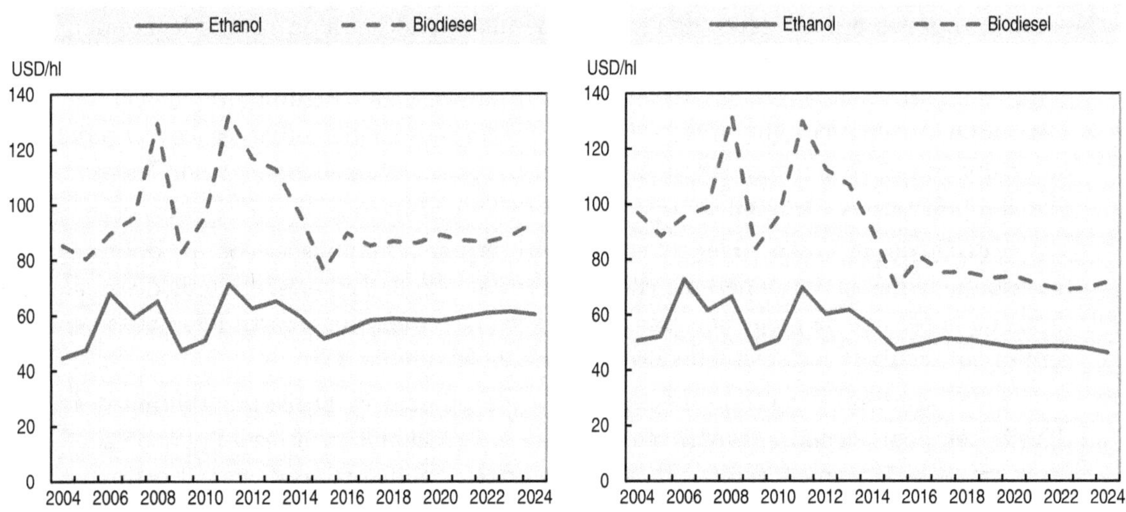

Note : éthanol : prix de gros, États-Unis, Omaha ; biodiesel : prix à la production en Allemagne net de droits de douanes.
Source : OCDE/FAO (2015), « Perspectives agricoles de l'OCDE et de la FAO », *Statistiques agricoles de l'OCDE* (base de données), *http://dx.doi.org/10.1787/agr-outl-data-fr*.

StatLink http://dx.doi.org/10.1787/888933233126

Le chapitre détaillé des biocarburants est disponible en ligne à l'adresse
http://dx.doi.org/10.1787/agr_outlook-2015-13-fr

COTON

Situation du marché

En 2014, les changements dans la politique agricole de la Chine, qui a réduit le soutien à ses agriculteurs, se sont répercutés sur le marché mondial du coton. En effet, les mesures prises par ce pays ont réduit l'écart entre les prix sur le marché intérieur et les prix internationaux à partir de 2011. Le recul des prix intérieurs a fait repartir la consommation industrielle à la hausse après plusieurs saisons de baisse, tandis que la diminution des contingents d'importation a fortement atténué la demande chinoise de coton auprès du reste du monde.

Ces dernières années, la production mondiale de coton a cédé du terrain tandis que la consommation augmentait. Cependant, le marché international doit encore parvenir à l'équilibre. En effet, la production mondiale, de 25.8 Mt en 2014, dépasse la consommation, tandis que les stocks mondiaux de coton progressent pour la cinquième année d'affilée, le ratio stocks/consommation grimpant à 86 %. Les États-Unis et le Pakistan ont étoffé leur production en 2014, mais, en début d'année 2014, la chute des prix internationaux a mis un frein à la production dans les pays de l'hémisphère sud comme le Brésil ou l'Australie. Le rebond de la consommation industrielle mondiale s'est poursuivi en 2014. À l'exception du Brésil, les plus grands pays utilisateurs de coton à des fins industrielles, à savoir la Chine, l'Inde, le Pakistan, la Turquie, le Bengladesh, les États-Unis et l'Indonésie ont accru leur consommation.

Les importations mondiales se contractent pour la seconde saison d'affilée, s'établissant à 7.6 Mt. En effet, la Chine, l'Indonésie et la Turquie ont restreint leurs importations. Par ailleurs, les changements dans la politique chinoise et le recul de la demande d'importation d'autres pays sape les exportations. Les exportations de l'Inde ont elles aussi fortement chuté, mais l'accroissement de ses superficies lui a permis de supplanter la Chine au titre de premier producteur mondial de coton en 2014.

Principaux éléments des projections

Les prix du coton devraient rester relativement stables sur la période 2015-24 après une hausse brutale en 2010, qui avait provoqué de fortes fluctuations. Le recul prévu des prix mondiaux dans les premières années de la période visée par les *Perspectives* est principalement dû au fait que la Chine passe d'une phase de constitution à une phase de réduction de ses stocks. D'ici à 2024, les prix mondiaux devraient être plus bas qu'en 2012-14 en valeur réelle et nominale. Ainsi, en 2024, ils devraient s'établir, en valeur réelle, à 23 % en dessous de leur niveau durant la période de référence (2012-14) et à 9 % en dessous de leur niveau moyen sur la période 2000-09.

La production mondiale devrait progresser un peu plus lentement que la consommation durant les premières années de la période visée, en raison de la baisse des prix qui fera probablement suite à l'accumulation de stocks mondiaux importants entre 2010 et 2015. Le ratio stocks/consommation s'élèvera à 46 % en 2024. Dans le monde, les superficies en coton progressent sur toute la durée de la période visée, sans toutefois dépasser les pics atteints en 2004 et en 2011. Si les rendements augmentent partout dans le monde, leur progression est très lente en moyenne car la production migre de pays aux rendements relativement élevés, comme la Chine, vers des pays aux rendements relativement faibles de l'Asie du Sud et de l'Afrique subsaharienne.

La consommation mondiale de coton devrait croître au rythme de 1.8 % par an, soit une allure légèrement supérieure à la moyenne à long terme, de 1.7 % ces 20 dernières années. En 2006 et en 2007, la consommation mondiale avait atteint un niveau record de 26.5 Mt avant de baisser nettement sur la période 2008-11. La reprise étant relativement lente, ce pic ne devrait pas être franchi à nouveau avant 2017. Si la consommation mondiale par habitant progresse, le niveau qu'elle atteindra en 2024 devrait toutefois rester inférieur aux niveaux historiques. Par ailleurs, la Chine devrait rester le principal consommateur de fibre de coton, quoique la progression sera moins rapide qu'en Inde ou dans d'autres pays dont la consommation augmente, comme le Bangladesh ou le Viet Nam. Par conséquent, la Chine devrait voir sa part stagner dans la consommation mondiale (graphique 3.8). Alors que les changements dans la politique de soutien au coton en Chine devraient permettre à ce pays de conserver sa part des volumes de coton utilisés par les filatures, cette dernière sera limitée par l'augmentation des salaires et l'évolution de la démographie. L'Inde devrait voir sa consommation de coton croître de 39 % à moyen terme, ce pays connaissant la croissance la plus rapide en l'occurrence.

Graphique 3.8. **Consommation de coton des principaux pays consommateurs**

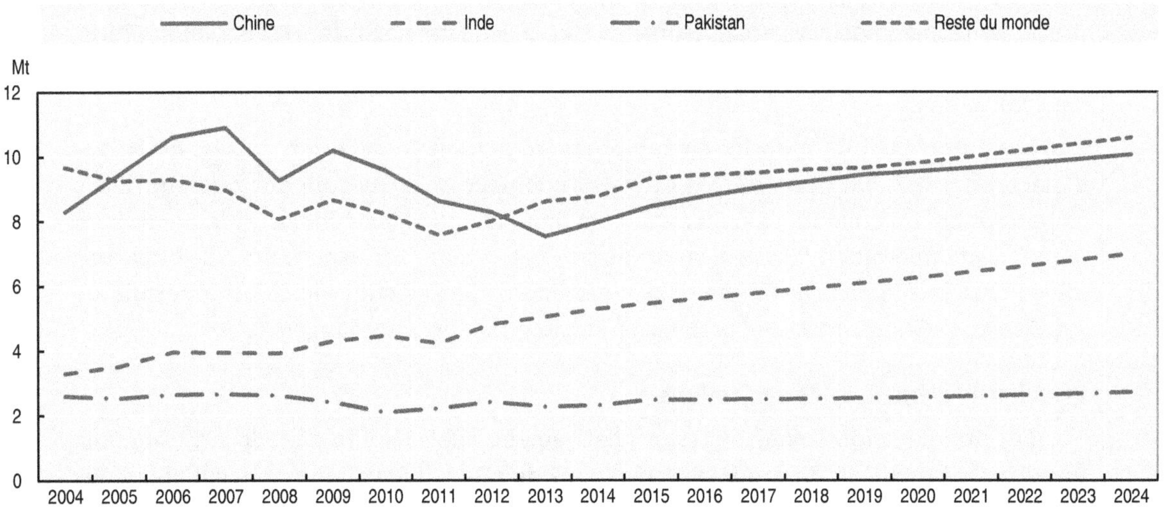

Source : OCDE/FAO (2015), « Perspectives agricoles de l'OCDE et de la FAO », *Statistiques agricoles de l'OCDE* (base de données), *http://dx.doi.org/10.1787/agr-outl-data-fr*.

StatLink http://dx.doi.org/10.1787/888933233132

Sur la période étudiée, les échanges mondiaux de coton devraient augmenter à un rythme supérieur à leur moyenne à long terme, avec, en 2024, une hausse de 19 % des exportations par rapport à la période de référence. À l'origine d'environ 24 % des échanges mondiaux, les États-Unis maintiendront leur position de premier exportateur mondial. L'Inde conservera la seconde, sa part du commerce mondial passant de 18 % pendant la période de référence à 20 % en 2024. Le Brésil et les pays les moins avancés (PMA) d'Afrique subsaharienne devraient également prendre une part plus importante dans les exportations. La Chine conservera sa place de premier importateur mondial de coton tout au long de la période de projections. Conformément au rebond de sa consommation, elle devrait voir sa part du commerce mondial de coton se hisser à 39 % en 2024. Par ailleurs, une hausse des importations est prévue au Vietnam et en Indonésie, ce qui renforcera leur position sur le marché mondial.

La demande des consommateurs et ses liens avec la demande industrielle de fibre de coton, la plus importante des fibres naturelles d'origine végétale ou animale, constitue un facteur d'incertitude important dans les présentes *Perspectives*. La valeur ajoutée considérable engendrée par la production de biens de consommation et la possibilité pour les fabricants de remplacer le coton par des fibres synthétiques peuvent entraîner des fluctuations importantes de la relation entre les dépenses d'habillement des consommateurs et le volume de coton consommé. La politique chinoise du coton et les gains de productivité prévus dans le monde représentent une autre source d'incertitude.

Le chapitre détaillé du coton est disponible en ligne à l'adresse
http://dx.doi.org/10.1787/agr_outlook-2015-14-fr

Notes

1. Dans certains des principaux pays producteurs d'Asie, comme l'Inde, des fluctuations contraires entre prix administrés de la canne à sucre et prix libres du sucre créent des arriérés de paiement des sucreries aux producteurs, ce qui se traduit par des périodes d'excédent suivies de périodes de déficit.
2. Pour une définition de la campagne du sucre, voir le glossaire. Les hypothèses retenues pour les projections de référence figurent dans l'encadré sur les hypothèses macroéconomiques.
3. Prix de gros, États-Unis, Omaha.
4. Prix à la production, Allemagne, net de droits de douane et de taxes sur l'énergie.
5. Le « taux maximal d'incorporation » renvoie aux contraintes techniques à court terme qui freinent la progression de la consommation d'éthanol. La présente édition des *Perspectives* suppose qu'aux États-Unis, les voitures ne pourront pas utiliser de l'essence mélangée à plus de 10 % d'éthanol.
6. *http://eur-lex.europa.eu/LexUriServ/LexUriServ.do?uri=OJ:L:2009:140:0016:0062:FR:PDF.*
7. Le reste de l'objectif DER sera au moins en partie réalisé par les véhicules électriques et d'autres sources.
8. Le chapitre 2 décrit le secteur de l'éthanol brésilien ainsi que sa relation avec le niveau des prix de l'essence.

Annexe : tableaux de l'aperçu par produit

Tableau 3.A1.1. **Projections mondiales des céréales**

Année commerciale

		Moyenne 2012-14est	2015	2016	2017	2018	2019	2020	2021	2022	2023	2024
BLÉ												
Monde												
Production	Mt	700.4	723.8	723.8	731.6	740.3	745.9	756.4	763.2	771.6	779.2	786.7
Surface	Mha	221.6	224.6	222.8	223.5	224.2	223.9	224.7	225.0	225.4	225.8	226.1
Rendements	t/ha	3.16	3.22	3.25	3.27	3.30	3.33	3.37	3.39	3.42	3.45	3.48
Consommation	Mt	694.4	711.1	720.9	727.1	737.4	744.1	752.7	760.2	768.4	776.9	784.3
Alimentation animale	Mt	125.7	129.3	132.5	133.6	137.1	138.0	140.4	141.9	144.0	147.0	148.9
Alimentation humaine	Mt	480.9	489.2	495.1	500.1	505.8	510.7	515.5	519.7	525.1	530.6	535.7
Biocarburant	Mt	6.6	6.9	7.3	8.1	8.3	8.6	8.2	8.1	7.9	7.6	7.5
Autre	Mt	81.2	85.7	85.9	85.3	86.2	86.8	88.6	90.5	91.5	91.8	92.2
Exportations	Mt	147.7	150.9	150.3	153.3	156.0	157.6	159.6	160.9	162.2	163.2	164.6
Stocks, fin de période	Mt	180.6	211.4	214.2	218.7	221.7	223.4	227.1	230.2	233.3	235.6	238.0
Prix[1]	USD/t	302.0	246.6	249.0	248.2	249.5	256.7	258.5	262.2	266.3	270.2	271.8
Pays développés												
Production	Mt	362.4	368.5	367.2	370.2	375.7	376.9	382.7	385.0	388.9	392.4	395.6
Consommation	Mt	265.2	267.9	270.8	269.9	273.1	274.2	276.7	278.3	280.5	282.5	283.9
Échanges nets	Mt	99.2	97.9	96.4	97.9	100.0	101.6	103.9	105.2	106.9	108.6	110.6
Stocks, fin de période	Mt	67.2	77.3	77.3	79.8	82.3	83.5	85.6	87.1	88.6	89.8	90.9
Pays en développement												
Production	Mt	338.0	355.3	356.6	361.4	364.6	369.0	373.7	378.2	382.7	386.8	391.1
Consommation	Mt	429.3	443.2	450.1	457.2	464.2	470.0	476.0	481.9	487.9	494.4	500.4
Échanges nets	Mt	-97.1	-97.9	-96.4	-97.9	-100.0	-101.6	-103.9	-105.2	-106.9	-108.6	-110.6
Stocks, fin de période	Mt	113.4	134.0	136.9	139.0	139.4	140.0	141.6	143.1	144.7	145.8	147.1
OCDE[2]												
Production	Mt	285.7	288.0	284.8	285.5	288.9	289.0	293.6	294.7	297.4	299.9	302.2
Consommation	Mt	219.2	220.9	222.6	220.7	222.5	222.7	224.4	225.2	226.8	228.3	229.1
Échanges nets	Mt	65.4	65.4	62.3	62.9	64.1	65.1	67.3	68.3	69.5	70.6	72.4
Stocks, fin de période	Mt	49.0	56.1	56.0	57.9	60.2	61.3	63.2	64.4	65.6	66.6	67.4
CÉRÉALES SECONDAIRES												
Monde												
Production	Mt	1 255.3	1 276.2	1 297.2	1 323.9	1 345.3	1 365.6	1 381.5	1 396.4	1 414.7	1 431.0	1 449.4
Surface	Mha	336.8	341.7	344.4	346.6	348.9	350.4	351.1	351.6	352.3	353.0	353.7
Rendements	t/ha	3.73	3.73	3.77	3.82	3.86	3.90	3.94	3.97	4.02	4.05	4.10
Consommation	Mt	1 215.0	1 280.0	1 296.5	1 312.2	1 334.6	1 353.6	1 371.1	1 391.0	1 408.0	1 424.7	1 440.1
Alimentation animale	Mt	694.7	736.3	747.9	760.5	775.3	788.1	800.3	813.9	826.0	839.1	850.7
Alimentation humaine	Mt	200.2	205.5	209.5	212.9	216.4	220.3	224.0	227.7	231.7	235.7	239.5
Biocarburant	Mt	143.9	150.9	150.7	150.6	153.8	155.0	153.8	154.1	153.8	153.0	152.1
Autre	Mt	130.9	140.6	141.1	139.3	139.5	139.7	141.5	143.0	143.6	143.4	143.8
Exportations	Mt	159.4	155.4	158.7	161.9	164.7	167.6	171.0	174.2	178.0	181.3	185.0
Stocks, fin de période	Mt	220.4	251.1	245.9	251.7	256.5	262.5	267.1	266.6	267.5	267.9	271.2
Prix[3]	USD/t	227.4	169.9	171.5	182.1	186.0	188.2	188.0	190.0	191.9	193.4	193.7
Pays développés												
Production	Mt	645.8	664.8	675.0	687.4	697.2	703.9	708.2	711.5	717.4	723.0	729.8
Consommation	Mt	580.9	605.9	608.7	612.4	620.8	626.9	629.7	635.6	639.3	642.9	646.0
Échanges nets	Mt	54.8	67.1	69.7	70.5	71.6	72.7	74.9	76.2	78.0	79.7	82.1
Stocks, fin de période	Mt	81.3	97.0	93.6	98.0	102.8	107.1	110.7	110.3	110.4	110.7	112.4
Pays en développement												
Production	Mt	609.5	611.4	622.2	636.5	648.0	661.8	673.4	685.0	697.3	708.0	719.6
Consommation	Mt	634.1	674.2	687.8	699.7	713.8	726.8	741.4	755.4	768.7	781.7	794.1
Échanges nets	Mt	-39.5	-59.4	-61.4	-61.9	-63.1	-64.0	-65.9	-66.8	-68.3	-69.7	-71.7
Stocks, fin de période	Mt	139.0	154.1	152.3	153.7	153.7	155.4	156.5	156.3	157.1	157.2	158.8
OCDE[2]												
Production	Mt	585.3	600.4	608.5	618.7	626.6	632.1	635.4	637.8	642.9	647.5	653.3
Consommation	Mt	571.8	595.7	598.6	601.4	609.1	615.0	618.2	624.1	627.8	631.6	635.1
Échanges nets	Mt	3.5	12.4	13.3	13.0	12.6	12.8	13.9	14.2	14.9	15.7	16.6
Stocks, fin de période	Mt	76.6	90.7	87.3	91.7	96.5	100.8	104.2	103.8	103.9	104.0	105.7

StatLink http://dx.doi.org/10.1787/888933233147

Tableau 3.A1.1. **Projections mondiales des céréales** *(suite)*

Année commerciale

		Moyenne 2012-14est	2015	2016	2017	2018	2019	2020	2021	2022	2023	2024
RIZ												
Monde												
Production	Mt	494.0	506.3	509.2	516.3	523.3	530.3	538.2	545.8	552.2	558.0	564.1
Surface	Mha	162.3	161.4	160.3	160.3	160.0	160.1	160.3	160.3	160.3	160.5	160.9
Rendements	t/ha	3.04	3.14	3.18	3.22	3.27	3.31	3.36	3.41	3.45	3.48	3.51
Consommation	Mt	488.8	505.6	511.3	518.7	524.3	529.6	536.2	543.4	549.6	555.5	561.9
Alimentation animale	Mt	17.6	18.7	19.4	19.8	20.4	20.7	21.1	21.6	22.0	22.6	23.1
Alimentation humaine	Mt	409.5	420.3	424.7	431.4	436.3	441.1	446.7	452.7	457.9	462.6	467.5
Exportations	Mt	40.1	42.8	42.5	43.5	44.4	45.5	46.7	48.4	49.7	51.0	52.2
Stocks, fin de période	Mt	178.2	177.7	175.6	173.2	172.1	172.8	174.8	177.2	179.8	182.3	184.5
Prix[4]	USD/t	518.9	369.8	374.9	384.8	399.4	411.9	416.0	430.3	438.8	443.5	449.4
Pays développés												
Production	Mt	17.9	18.7	18.5	18.7	18.9	19.0	19.1	19.2	19.4	19.5	19.6
Consommation	Mt	18.7	19.1	19.0	19.2	19.3	19.4	19.5	19.5	19.6	19.7	19.8
Échanges nets	Mt	-0.8	-0.5	-0.5	-0.5	-0.5	-0.4	-0.4	-0.3	-0.3	-0.2	-0.2
Stocks, fin de période	Mt	4.7	4.5	4.4	4.4	4.5	4.5	4.5	4.5	4.6	4.6	4.6
Pays en développement												
Production	Mt	476.2	487.6	490.7	497.6	504.4	511.4	519.1	526.6	532.8	538.5	544.5
Consommation	Mt	470.1	486.5	492.3	499.5	505.0	510.3	516.7	523.8	530.0	535.8	542.1
Échanges nets	Mt	1.1	0.5	0.5	0.5	0.5	0.4	0.4	0.3	0.3	0.2	0.2
Stocks, fin de période	Mt	173.6	173.3	171.1	168.7	167.7	168.4	170.3	172.7	175.2	177.7	180.0
OCDE[2]												
Production	Mt	21.4	22.2	22.0	22.3	22.3	22.4	22.5	22.6	22.8	22.9	23.0
Consommation	Mt	22.4	23.0	23.0	23.2	23.3	23.4	23.6	23.7	23.8	23.9	24.0
Échanges nets	Mt	-1.1	-0.9	-0.9	-0.9	-0.9	-1.0	-1.0	-1.0	-1.0	-1.0	-1.0
Stocks, fin de période	Mt	6.5	6.4	6.3	6.3	6.3	6.2	6.3	6.2	6.2	6.2	6.2

Note : Année commerciale : Voir le glossaire terminologique pour les définitions.
Moyenne 2012-14est : Les données pour 2014 sont estimées.

1. Prix f.a.b. du blé rouge d'hiver de catégorie No.2, protéine ordinaire, ports des États-Unis (juin/mai), moins les paiements EEP, le cas échéant.
2. Exclut l'Islande mais comprend l'ensemble des 28 membres de l'Union européenne.
3. Prix à l'exportation f.a.b. du maïs jaune de catégorie No.2, aux ports des États-Unis (Sept/Août).
4. Usiné 100%, classe b, estimation de prix nominal, f.a.b. Bangkok (janvier/décembre).

Source : OCDE/FAO (2015), « Perspectives Agricoles de l'OCDE et de la FAO », *Statistiques agricoles de l'OCDE* (base de données). doi: dx.doi.org/10.1787/agr-outl-data-fr

StatLink http://dx.doi.org/10.1787/888933233147

Tableau 3.A1.2. **Projections mondiales des oléagineux**

		Moyenne 2012-14est	2015	2016	2017	2018	2019	2020	2021	2022	2023	2024
OLÉAGINEUX (année commerciale)												
Monde												
Production	Mt	425.2	451.4	455.6	463.4	468.7	479.6	486.8	494.3	501.8	508.3	516.4
Surface	Mha	196.0	201.8	201.8	203.1	203.4	205.8	207.0	208.3	209.4	210.2	211.4
Rendements	t/ha	2.17	2.24	2.26	2.28	2.30	2.33	2.35	2.37	2.40	2.42	2.44
Consommation	Mt	428.4	450.7	459.4	466.4	470.8	478.9	486.3	494.1	501.3	508.3	515.7
Trituration	Mt	368.3	389.7	397.7	404.8	408.9	416.4	422.9	430.2	437.0	443.5	450.6
Exportations	Mt	120.7	138.3	142.0	144.1	145.8	147.6	150.2	152.0	154.2	155.8	157.4
Stocks, fin de période	Mt	41.0	50.7	46.9	43.9	41.9	42.6	43.1	43.3	43.8	43.8	44.4
Prix[1]	USD/t	511.2	403.0	396.9	403.9	434.3	433.9	435.2	444.7	446.7	456.7	459.6
Pays développés												
Production	Mt	186.8	201.4	198.7	200.0	201.3	204.8	207.2	210.0	212.2	214.3	216.7
Consommation	Mt	149.0	155.7	156.9	158.2	158.1	160.0	161.4	163.3	164.8	166.1	167.5
Trituration	Mt	134.7	140.7	142.0	143.3	143.3	145.2	146.5	148.3	149.7	151.0	152.3
Stocks, fin de période	Mt	15.6	22.7	20.3	17.2	15.5	15.8	16.0	16.2	16.4	16.4	16.7
Pays en développement												
Production	Mt	238.4	250.0	256.9	263.4	267.4	274.8	279.6	284.3	289.6	294.0	299.7
Consommation	Mt	279.5	295.0	302.5	308.2	312.7	318.9	324.9	330.8	336.5	342.1	348.2
Trituration	Mt	233.6	248.9	255.7	261.5	265.7	271.2	276.4	281.9	287.3	292.5	298.3
Stocks, fin de période	Mt	25.5	28.0	26.7	26.7	26.3	26.8	27.1	27.1	27.4	27.4	27.8
OCDE[2]												
Production	Mt	156.9	169.1	165.6	166.6	167.5	170.2	172.3	174.7	176.4	178.2	180.1
Consommation	Mt	131.3	136.6	137.4	138.6	138.5	140.0	141.2	142.9	144.2	145.3	146.4
Trituration	Mt	118.2	123.1	124.0	125.2	125.2	126.8	127.9	129.4	130.7	131.8	132.9
Stocks, fin de période	Mt	14.1	21.4	18.9	15.8	14.2	14.4	14.6	14.8	15.0	15.0	15.2
TOURTEAUX PROTEIQUES (année commerciale)												
Monde												
Production	Mt	289.2	305.9	312.1	317.7	321.2	327.0	332.3	338.2	343.8	349.1	354.8
Consommation	Mt	287.1	306.0	312.3	317.6	321.3	326.8	332.1	338.2	343.5	349.0	354.5
Stocks, fin de période	Mt	17.0	17.3	17.1	17.1	17.0	17.3	17.5	17.6	17.9	18.0	18.3
Prix[3]	USD/t	453.1	354.1	356.4	354.4	375.0	378.4	379.8	396.2	398.0	408.7	411.1
Pays développés												
Production	Mt	93.7	98.0	98.9	99.7	99.6	100.8	101.8	103.2	104.2	105.3	106.2
Consommation	Mt	109.5	114.7	115.2	115.9	114.7	115.1	115.2	116.3	116.7	117.2	117.9
Stocks, fin de période	Mt	1.8	1.9	1.9	1.9	1.9	1.9	1.9	1.9	2.0	2.0	2.0
Pays en développement												
Production	Mt	195.4	207.9	213.3	218.0	221.5	226.2	230.5	235.1	239.5	243.9	248.6
Consommation	Mt	177.6	191.2	197.0	201.7	206.6	211.7	216.9	221.9	226.8	231.8	236.6
Stocks, fin de période	Mt	15.2	15.4	15.2	15.2	15.1	15.4	15.6	15.6	15.9	16.0	16.3
OCDE[2]												
Production	Mt	87.2	90.4	91.3	92.0	91.9	92.9	93.8	95.0	96.0	96.9	97.8
Consommation	Mt	114.5	119.6	120.2	120.8	119.8	120.2	120.4	121.5	122.0	122.6	123.3
Stocks, fin de période	Mt	2.0	2.1	2.1	2.1	2.0	2.1	2.1	2.1	2.1	2.1	2.1
HUILES VÉGÉTALES (année commerciale)												
Monde												
Production	Mt	169.4	179.1	183.1	186.9	190.0	193.8	197.3	200.9	204.2	207.3	210.5
Dont huile de palme	Mt	58.4	62.7	64.7	66.5	68.3	69.9	71.5	73.0	74.3	75.6	76.8
Consommation	Mt	167.5	178.8	183.1	186.7	190.0	193.5	197.2	200.7	204.0	207.2	210.4
Alimentation humaine	Mt	136.7	143.6	146.7	149.5	151.9	154.5	157.3	160.4	163.2	165.9	168.6
Biocarburants	Mt	20.4	23.3	24.3	24.9	25.7	26.4	27.0	27.2	27.6	27.8	28.2
Exportations	Mt	69.9	70.3	71.7	73.2	74.4	75.6	76.9	78.3	79.4	80.7	81.8
Stocks, fin de période	Mt	23.1	23.8	23.9	24.1	24.0	24.4	24.5	24.8	24.9	25.1	25.2
Prix[4]	USD/t	902.6	698.1	726.9	725.9	754.0	773.3	784.5	796.0	809.3	822.9	839.4
Pays développés												
Production	Mt	43.0	44.3	44.5	44.9	44.9	45.5	45.9	46.3	46.8	47.1	47.4
Consommation	Mt	48.8	49.9	50.0	50.2	50.5	50.6	50.8	50.7	50.6	50.5	50.4
Stocks, fin de période	Mt	3.3	3.5	3.6	3.6	3.6	3.5	3.5	3.5	3.5	3.5	3.5
Pays en développement												
Production	Mt	126.4	134.8	138.6	142.0	145.0	148.4	151.5	154.5	157.4	160.2	163.1
Consommation	Mt	118.7	128.9	133.1	136.5	139.5	142.9	146.3	149.9	153.4	156.7	160.0
Stocks, fin de période	Mt	19.8	20.4	20.3	20.4	20.5	20.8	21.0	21.2	21.4	21.6	21.7
OCDE[2]												
Production	Mt	36.0	36.9	37.1	37.5	37.5	37.9	38.2	38.7	39.0	39.3	39.5
Consommation	Mt	48.0	49.1	49.2	49.4	49.6	49.7	49.9	49.8	49.6	49.6	49.5
Stocks, fin de période	Mt	2.8	3.1	3.2	3.3	3.2	3.2	3.1	3.1	3.1	3.2	3.2

Note : Moyenne 2012-14est : Les données pour 2014 sont estimées.

1. Prix moyen pondéré des huiles oléagineuses, port Européen.
2. Exclut l'Islande mais comprend l'ensemble des 28 membres de l'Union européenne.
3. Prix moyen pondéré des tourteaux protéiques, port Européen.
4. Prix moyen pondéré des huiles oléagineuses et de l'huile de palme, port Européen.

Source : OCDE/FAO (2015), « Perspectives Agricoles de l'OCDE et de la FAO », *Statistiques agricoles de l'OCDE* (base de données). doi: dx.doi.org/10.1787/agr-outl-data-fr

StatLink http://dx.doi.org/10.1787/888933233158

Tableau 3.A1.3. **Projections mondiales du sucre**

Année commerciale

		Moyenne 2012-14est	2015	2016	2017	2018	2019	2020	2021	2022	2023	2024
MONDE												
BETTERAVE À SUCRE												
Production	Mt	257.7	255.9	258.6	263.2	266.9	269.6	271.0	271.8	273.3	274.9	275.6
Surface	Mha	4.6	4.6	4.6	4.6	4.7	4.7	4.7	4.7	4.7	4.7	4.7
Rendements	t/ha	56.35	55.91	56.19	56.63	57.03	57.42	57.79	58.00	58.23	58.50	58.77
Utilisation en biocarburant	Mt	14.5	15.5	15.7	12.6	12.5	12.5	12.4	12.4	11.3	11.3	11.1
CANNE À SUCRE												
Production	Mt	1 766.0	1 807.8	1 843.7	1 954.9	1 962.5	1 983.9	2 017.3	2 060.2	2 102.6	2 174.7	2 213.0
Surface	Mha	25.1	25.7	26.0	27.3	27.4	27.5	27.7	28.0	28.4	29.2	29.6
Rendements	t/ha	70.37	70.47	70.81	71.53	71.71	72.10	72.84	73.46	74.03	74.43	74.83
Utilisation en biocarburant	Mt	352.0	398.1	427.0	445.3	447.2	465.6	484.3	503.8	526.0	547.8	564.9
SUCRE												
Production	Mt esb	182.2	180.6	181.7	192.3	194.5	197.0	200.9	205.2	209.8	216.2	220.5
Consommation	Mt esb	174.3	181.2	183.6	187.5	190.5	194.5	198.6	202.1	205.9	209.9	214.3
Stocks, fin de période	Mt esb	70.4	69.0	64.7	67.1	68.7	68.8	68.7	69.3	70.8	74.7	78.5
Prix, sucre brut[1]	USD/t	364.8	347.4	388.5	361.7	347.5	351.3	359.8	370.3	385.5	375.3	363.9
Prix, sucre raffiné[2]	USD/t	452.4	415.3	467.3	455.4	440.8	436.2	429.7	440.2	451.6	447.5	434.0
Price, isoglucose[3]	USD/t	596.4	475.4	469.8	456.1	477.1	483.9	477.7	481.6	488.8	485.2	479.6
DÉVELOPPÉS												
BETTERAVE À SUCRE												
Production	Mt	202.9	197.9	198.5	200.7	202.9	204.4	204.7	204.4	204.5	204.5	203.9
CANNE À SUCRE												
Production	Mt	76.6	79.1	79.9	80.3	81.2	82.0	83.1	83.6	83.8	83.9	84.2
SUCRE												
Production	Mt esb	42.1	41.7	42.1	43.2	43.9	44.4	44.7	44.8	45.1	45.2	45.3
Consommation	Mt esb	49.7	50.0	50.0	50.6	50.1	50.4	50.8	50.9	51.2	51.5	51.9
Stocks, fin de période	Mt esb	15.4	14.6	13.3	12.5	12.5	12.5	12.7	12.9	13.0	13.4	13.8
ISOGLUCOSE												
Production	Mt	9.7	9.8	9.9	10.5	10.7	10.8	11.1	11.4	11.6	11.8	12.0
Consommation	Mt	8.1	8.2	8.2	8.9	9.0	9.1	9.2	9.5	9.7	9.9	10.0
PAYS EN DÉVELOPPEMENT												
BETTERAVE À SUCRE												
Production	Mt	54.7	58.0	60.2	62.5	64.0	65.3	66.3	67.4	68.8	70.3	71.6
CANNE À SUCRE												
Production	Mt	1 689.4	1 728.7	1 763.8	1 874.6	1 881.3	1 901.9	1 934.2	1 976.6	2 018.7	2 090.8	2 128.8
SUCRE												
Production	Mt esb	140.1	138.9	139.6	149.1	150.6	152.6	156.2	160.4	164.6	171.0	175.2
Consommation	Mt esb	124.6	131.2	133.5	136.9	140.3	144.0	147.8	151.2	154.7	158.4	162.4
Stocks, fin de période	Mt esb	55.0	54.4	51.4	54.7	56.2	56.3	55.9	56.4	57.8	61.3	64.6
ISOGLUCOSE												
Production	Mt	3.1	3.1	3.2	3.2	3.2	3.3	3.3	3.4	3.4	3.5	3.5
Consommation	Mt	3.8	3.9	4.0	4.1	4.2	4.3	4.4	4.5	4.6	4.7	4.8
OCDE[4]												
BETTERAVE À SUCRE												
Production	Mt	167.2	165.5	166.2	168.3	171.0	172.7	173.6	173.4	173.6	173.8	173.8
CANNE À SUCRE												
Production	Mt	116.7	118.9	120.7	123.3	124.8	125.1	124.9	125.0	125.6	126.4	127.7
SUCRE												
Production	Mt esb	41.2	40.1	40.6	41.8	42.5	43.0	43.2	43.3	43.6	43.8	43.9
Consommation	Mt esb	45.7	46.1	46.1	46.6	46.1	46.3	46.6	46.7	46.9	47.1	47.4
Stocks, fin de période	Mt esb	13.0	12.5	11.4	10.4	10.3	10.1	10.3	10.5	10.7	11.0	11.3
ISOGLUCOSE												
Production	Mt	10.9	11.0	11.1	11.8	11.9	12.1	12.4	12.7	12.9	13.2	13.4
Consommation	Mt	10.2	10.4	10.5	11.3	11.4	11.6	11.8	12.2	12.4	12.6	12.9

Note : Année commerciale : Voir le glossaire terminologique pour les définitions.
Moyenne 2012-14est : Les données pour 2014 sont estimées.
esb : équivalent sucre brut.

1. Prix mondial du sucre brut, ICE contrat No11 le plus proche, octobre/septembre.
2. Prix du sucre raffiné, contrats futurs No. 407,marché de l'Euronext, Liffe, Londres, octobre/septembre.
3. Prix de gros des Etats-Unis, référence HFCS-55 , octobre/septembre.
4. Exclut l'Islande mais comprend l'ensemble des 28 membres de l'Union européenne.

Source : OCDE/FAO (2015), « Perspectives Agricoles de l'OCDE et de la FAO », *Statistiques agricoles de l'OCDE* (base de données). doi: dx.doi.org/10.1787/agr-outl-data-fr

StatLink http://dx.doi.org/10.1787/888933233169

Tableau 3.A1.4. **Projections mondiales des viandes**

Année civile

		Moyenne 2012-14est	2015	2016	2017	2018	2019	2020	2021	2022	2023	2024
MONDE												
VIANDE BOVINE												
Production	kt epc	67 139	68 091	68 205	68 778	69 820	71 084	72 006	72 944	73 921	74 657	75 391
Consommation	kt epc	66 704	67 567	67 651	68 248	69 304	70 554	71 472	72 412	73 389	74 125	74 863
VIANDE PORCINE												
Production	kt epc	115 315	118 444	120 219	121 799	123 158	124 119	125 069	126 042	126 846	127 836	128 762
Consommation	kt epc	114 641	118 230	119 733	121 327	122 680	123 642	124 604	125 574	126 365	127 344	128 265
VIANDE DE VOLAILLE												
Production	kt pac	107 638	111 954	114 386	117 474	119 941	122 164	124 630	126 935	129 294	131 552	133 785
Consommation	kt pac	107 081	111 108	113 543	116 649	119 114	121 340	123 805	126 107	128 468	130 727	132 956
VIANDE OVINE												
Production	kt epc	13 962	14 457	14 726	14 995	15 294	15 638	15 924	16 232	16 525	16 833	17 124
Consommation	kt epc	13 846	14 416	14 685	14 963	15 243	15 586	15 873	16 181	16 476	16 780	17 071
TOTAL VIANDE												
Consommation par tête[1]	kg pad	33.9	34.1	34.2	34.5	34.7	34.9	35.0	35.1	35.3	35.4	35.5
PAYS DÉVELOPPÉS												
VIANDE BOVINE												
Production	kt epc	29 094	28 250	27 719	27 562	27 869	28 283	28 694	29 050	29 361	29 530	29 675
Consommation	kt epc	28 815	27 978	27 450	27 314	27 656	28 164	28 521	28 804	29 060	29 171	29 284
VIANDE PORCINE												
Production	kt epc	41 806	42 485	43 042	42 903	43 214	43 387	43 480	43 630	43 863	44 159	44 486
Consommation	kt epc	39 092	39 742	40 141	40 009	40 188	40 249	40 307	40 308	40 334	40 430	40 538
VIANDE DE VOLAILLE												
Production	kt pac	44 499	46 341	47 467	48 451	49 338	49 985	50 778	51 556	52 214	52 889	53 515
Consommation	kt pac	41 996	43 605	44 487	45 295	45 819	46 200	46 807	47 338	47 790	48 267	48 762
VIANDE OVINE												
Production	kt epc	3 287	3 333	3 353	3 374	3 415	3 454	3 492	3 527	3 562	3 593	3 623
Consommation	kt epc	2 650	2 669	2 665	2 670	2 662	2 674	2 692	2 710	2 728	2 741	2 756
TOTAL VIANDE												
Consommation par tête[1]	kg pad	64.5	65.0	65.3	65.4	65.8	66.1	66.5	66.8	67.1	67.3	67.6
PAYS EN DÉVELOPPEMENT												
VIANDE BOVINE												
Production	kt epc	38 045	39 841	40 486	41 216	41 951	42 801	43 312	43 893	44 560	45 127	45 715
Consommation	kt epc	37 889	39 589	40 201	40 934	41 648	42 390	42 951	43 608	44 329	44 954	45 579
VIANDE PORCINE												
Production	kt epc	73 509	75 959	77 176	78 896	79 945	80 732	81 589	82 411	82 983	83 677	84 277
Consommation	kt epc	75 549	78 488	79 592	81 317	82 492	83 394	84 297	85 265	86 031	86 914	87 727
VIANDE DE VOLAILLE												
Production	kt pac	63 140	65 613	66 919	69 023	70 604	72 179	73 852	75 379	77 080	78 663	80 271
Consommation	kt pac	65 085	67 504	69 056	71 354	73 295	75 140	76 998	78 768	80 678	82 460	84 194
VIANDE OVINE												
Production	kt epc	10 676	11 125	11 373	11 622	11 879	12 184	12 432	12 705	12 963	13 239	13 501
Consommation	kt epc	11 195	11 747	12 019	12 293	12 582	12 912	13 181	13 472	13 748	14 039	14 315
TOTAL VIANDE												
Consommation par tête[1]	kg pad	26.5	26.8	27.0	27.3	27.5	27.7	27.9	28.0	28.2	28.3	28.5
OCDE[2]												
VIANDE BOVINE												
Production	kt epc	27 162	26 338	25 761	25 634	25 937	26 320	26 690	27 017	27 349	27 538	27 720
Consommation	kt epc	26 366	25 849	25 301	25 206	25 502	25 871	26 216	26 495	26 778	26 907	27 053
VIANDE PORCINE												
Production	kt epc	39 858	40 347	40 793	40 609	40 819	40 964	41 064	41 243	41 471	41 744	42 087
Consommation	kt epc	36 744	37 791	38 219	38 047	38 178	38 234	38 319	38 385	38 415	38 481	38 587
VIANDE DE VOLAILLE												
Production	kt pac	43 182	44 698	45 851	46 864	47 738	48 389	49 203	49 983	50 661	51 340	51 987
Consommation	kt pac	40 361	41 848	42 787	43 714	44 299	44 700	45 316	45 858	46 317	46 807	47 315
VIANDE OVINE												
Production	kt epc	2 639	2 690	2 710	2 726	2 763	2 798	2 832	2 861	2 891	2 919	2 947
Consommation	kt epc	2 006	2 027	2 020	2 016	2 001	2 008	2 020	2 032	2 046	2 053	2 067
TOTAL VIANDE												
Consommation par tête[1]	kg pad	64.7	65.4	65.6	65.7	66.0	66.2	66.5	66.8	67.0	67.1	67.3

Note : Année civile : Année se terminant le 30 Septembre pour la Nouvelle-Zélande.

Moyenne 2012-14est : Les données pour 2014 sont estimées.

1. La consommation par habitant est exprimée en poids au détail. Les coefficients de conversion poids carcasse-poids au détail sont de 0.7 pour la viande bovine, de 0.78 pour la viande porcine et de 0.88 pour la viande ovine et la viande de volaille.
2. Exclut l'Islande mais comprend l'ensemble des 28 membres de l'Union européenne.

Source : OCDE/FAO (2015), « Perspectives Agricoles de l'OCDE et de la FAO », *Statistiques agricoles de l'OCDE* (base de données). doi: dx.doi.org/10.1787/agr-outl-data-fr

StatLink http://dx.doi.org/10.1787/888933233175

Tableau 3.A1.5. **Projections mondiales du secteur laitier : Beurre et fromage**

Année civile

		Moyenne 2012-14est	2015	2016	2017	2018	2019	2020	2021	2022	2023	2024
BEURRE												
Monde												
Production	kt pp	9 972	10 357	10 537	10 760	11 021	11 266	11 520	11 759	12 013	12 272	12 522
Consommation	kt pp	9 890	10 279	10 528	10 746	11 002	11 233	11 487	11 727	11 983	12 241	12 491
Variation de stocks	kt pp	1	16	5	2	1	0	0	-1	-2	-2	-2
Prix[1]	USD/t	3 695	3 387	3 433	3 578	3 571	3 635	3 648	3 711	3 784	3 852	3 937
Pays développés												
Production	kt pp	4 442	4 581	4 577	4 617	4 665	4 702	4 749	4 780	4 814	4 847	4 879
Consommation	kt pp	3 916	3 993	4 036	4 052	4 075	4 081	4 107	4 121	4 138	4 155	4 173
Pays en développement												
Production	kt pp	5 530	5 777	5 960	6 143	6 356	6 564	6 771	6 979	7 200	7 425	7 643
Consommation	kt pp	5 974	6 286	6 493	6 694	6 927	7 152	7 380	7 607	7 845	8 086	8 318
OCDE[2]												
Production	kt pp	4 131	4 263	4 273	4 323	4 377	4 421	4 477	4 516	4 560	4 602	4 643
Consommation	kt pp	3 535	3 643	3 676	3 702	3 731	3 745	3 781	3 804	3 831	3 858	3 887
Variation de stocks	kt pp	1	16	5	2	1	0	0	-1	-2	-2	-2
FROMAGE												
Monde												
Production	kt pp	21 501	22 284	22 483	22 874	23 273	23 651	24 037	24 367	24 717	25 078	25 466
Consommation	kt pp	21 251	21 997	22 277	22 626	23 005	23 387	23 775	24 107	24 460	24 824	25 211
Variation de stocks	kt pp	23	32	-49	-7	13	9	8	5	2	0	1
Prix[3]	USD/t	4 226	3 667	3 974	4 130	4 201	4 299	4 346	4 457	4 558	4 640	4 714
Pays développés												
Production	kt pp	17 311	17 865	18 057	18 397	18 705	19 003	19 319	19 575	19 834	20 098	20 387
Consommation	kt pp	16 576	17 042	17 206	17 434	17 669	17 919	18 166	18 357	18 560	18 768	18 996
Pays en développement												
Production	kt pp	4 190	4 419	4 425	4 478	4 568	4 648	4 718	4 792	4 882	4 980	5 079
Consommation	kt pp	4 674	4 956	5 071	5 193	5 336	5 469	5 608	5 751	5 900	6 056	6 216
OCDE[2]												
Production	kt pp	16 714	17 338	17 478	17 770	18 054	18 336	18 628	18 862	19 102	19 351	19 629
Consommation	kt pp	15 879	16 374	16 506	16 729	16 958	17 200	17 443	17 626	17 823	18 025	18 247
Variation de stocks	kt pp	23	32	-49	-7	13	9	8	5	2	0	1

Note : Année civile : Année se terminant le 30 juin pour l'Australie et le 31 mai pour la Nouvelle-Zélande dans l'agrégat OCDE.
Moyenne 2012-14est : Les données pour 2014 sont estimées.

1. Prix à l'exportation f.a.b., beurre à 82% m.g., Océanie
2. Exclut l'Islande mais comprend l'ensemble des 28 membres de l'Union européenne.
3. Prix à l'exportation, f.a.b., fromage cheddar, 39% d'humidité, Océanie.

Source : OCDE/FAO (2015), « Perspectives Agricoles de l'OCDE et de la FAO », *Statistiques agricoles de l'OCDE* (base de données). doi: dx.doi.org/10.1787/agr-outl-data-fr

StatLink http://dx.doi.org/10.1787/888933233181

Tableau 3.A1.6. **Projections mondiales du secteur laitier : Poudres et caséine**

Année civile

		Moyenne 2012-14est	2015	2016	2017	2018	2019	2020	2021	2022	2023	2024
LAIT ÉCRÉMÉ EN POUDRE												
Monde												
Production	kt pp	3 804	4 081	4 121	4 196	4 286	4 369	4 447	4 528	4 606	4 687	4 776
Consommation	kt pp	3 826	4 057	4 125	4 197	4 287	4 369	4 447	4 526	4 604	4 686	4 775
Variation de stocks	kt pp	2	1	-2	-2	-2	0	1	2	1	1	0
Prix[1]	USD/t	3 771	2 678	3 172	3 213	3 301	3 337	3 371	3 463	3 524	3 592	3 630
Pays développés												
Production	kt pp	3 356	3 623	3 662	3 726	3 821	3 907	3 982	4 059	4 138	4 210	4 284
Consommation	kt pp	1 825	1 871	1 888	1 888	1 909	1 918	1 922	1 931	1 936	1 946	1 959
Pays en développement												
Production	kt pp	448	458	458	470	465	462	465	469	468	477	492
Consommation	kt pp	2 001	2 186	2 236	2 309	2 378	2 451	2 524	2 595	2 668	2 741	2 817
OCDE[2]												
Production	kt pp	3 191	3 457	3 496	3 559	3 652	3 737	3 809	3 885	3 962	4 035	4 115
Consommation	kt pp	1 982	2 052	2 071	2 071	2 092	2 100	2 106	2 116	2 122	2 133	2 148
Variation de stocks	kt pp	2	1	-2	-2	-2	0	1	2	1	1	0
LAIT ENTIER EN POUDRE												
Monde												
Production	kt pp	4 843	5 224	5 382	5 534	5 691	5 871	6 017	6 176	6 333	6 499	6 657
Consommation	kt pp	4 854	5 224	5 382	5 534	5 691	5 871	6 017	6 176	6 333	6 499	6 657
Variation de stocks	kt pp	1	0	0	0	0	0	0	0	0	0	0
Prix[3]	USD/t	3 900	2 941	3 263	3 357	3 395	3 444	3 473	3 560	3 616	3 682	3 728
Pays développés												
Production	kt pp	2 237	2 519	2 562	2 630	2 703	2 781	2 845	2 917	2 985	3 051	3 117
Consommation	kt pp	563	620	597	602	608	612	618	623	630	635	641
Pays en développement												
Production	kt pp	2 606	2 705	2 820	2 904	2 988	3 091	3 172	3 258	3 348	3 448	3 540
Consommation	kt pp	4 291	4 604	4 784	4 932	5 083	5 260	5 398	5 552	5 703	5 864	6 016
OCDE[2]												
Production	kt pp	2 472	2 752	2 801	2 873	2 950	3 030	3 097	3 173	3 246	3 316	3 387
Consommation	kt pp	837	903	888	901	914	926	941	954	968	982	997
Variation de stocks	kt pp	1	0	0	0	0	0	0	0	0	0	0
POUDRE DE LACTOSÉRUM												
Prix de gros, États-Unis[4]	USD/t	1 296	1 221	1 278	1 244	1 296	1 290	1 287	1 316	1 313	1 324	1 318
CASÉINE												
Prix[5]	USD/t	8 924	8 683	9 215	9 121	9 306	9 207	9 213	9 338	9 332	9 434	9 338

Note : Année civile : Année se terminant le 30 juin pour l'Australie et le 31 mai pour la Nouvelle-Zélande dans l'agrégat OCDE.
Moyenne 2012-14est : Les données pour 2014 sont estimées.

1. Prix à l'exportation f.a.b., lait écrémé en poudre, 1.25% de matière grasse, Océanie.
2. Exclut l'Islande mais comprend l'ensemble des 28 membres de l'Union européenne.
3. Prix à l'exportation f.a.b., lait entier en poudre 26% de matière grasse, Océanie.
4. Poudre de lactosérum, Région Ouest, Etats-Unis.
5. Prix à l'exportation, Nouvelle Zélande.

Source : OCDE/FAO (2015), « Perspectives Agricoles de l'OCDE et de la FAO », *Statistiques agricoles de l'OCDE* (base de données). doi: dx.doi.org/10.1787/agr-outl-data-fr

StatLink http://dx.doi.org/10.1787/888933233198

Tableau 3.A1.7. **Projections mondiales de la pêche et l'aquaculture**

Année civile

		Moyenne 2012-14est	2015	2016	2017	2018	2019	2020	2021	2022	2023	2024
POISSON												
Monde												
Production	kt	161 180	168 792	169 486	174 471	177 582	180 775	182 833	182 831	186 256	189 130	191 348
dont aquaculture	kt	69 942	76 945	79 113	82 124	84 843	87 544	89 352	90 869	92 648	94 618	96 395
Consommation	kt	160 982	168 779	169 473	174 458	177 569	180 762	182 820	182 818	186 243	189 117	191 335
alimentation humaine	kt	140 807	149 520	151 142	155 028	158 031	161 124	163 298	164 577	167 327	169 905	172 199
transformation industrielle	kt	14 998	14 774	13 911	15 075	15 248	15 413	15 362	14 147	14 886	15 247	15 236
Prix												
Aquaculture[1]	USD/t	2 132.1	2 183.9	2 187.2	2 075.6	2 015.4	2 007.4	2 041.0	2 158.4	2 174.5	2 188.3	2 215.3
Pêche[2]	USD/t	1 525.2	1 528.7	1 564.4	1 535.5	1 521.2	1 537.2	1 566.2	1 621.5	1 644.4	1 666.9	1 693.5
Produits échangés[3]	USD/t	2 913.9	2 983.5	2 992.1	2 843.3	2 760.9	2 749.9	2 795.9	2 956.7	2 978.7	2 997.6	3 034.6
Pays développés												
Production	kt	28 472	28 780	28 884	29 095	29 202	29 367	29 492	29 552	29 641	29 729	29 821
dont aquaculture	kt	4 310	4 439	4 574	4 762	4 968	5 175	5 333	5 440	5 560	5 659	5 762
Consommation	kt	36 665	36 921	36 372	36 770	36 855	37 010	37 093	37 073	37 247	37 519	37 696
alimentation humaine	kt	31 634	32 231	31 692	32 140	32 276	32 494	32 636	32 635	32 894	33 203	33 417
transformation industrielle	kt	4 221	4 073	4 062	4 013	3 960	3 898	3 839	3 820	3 735	3 698	3 660
Pays en développement												
Production	kt	132 707	140 012	140 601	145 376	148 380	151 408	153 341	153 279	156 615	159 401	161 527
dont aquaculture	kt	65 632	72 505	74 540	77 362	79 875	82 369	84 019	85 429	87 088	88 958	90 632
Consommation	kt	124 317	131 858	133 101	137 688	140 715	143 753	145 728	145 745	148 996	151 599	153 639
alimentation humaine	kt	109 173	117 290	119 450	122 888	125 755	128 630	130 662	131 942	134 433	136 702	138 782
transformation industrielle	kt	10 777	10 701	9 849	11 062	11 288	11 515	11 524	10 326	11 151	11 550	11 576
OCDE												
Production	kt	30 829	31 302	31 144	31 571	31 771	32 061	32 277	32 183	32 526	32 642	32 766
dont aquaculture	kt	5 962	6 184	6 385	6 644	6 906	7 196	7 434	7 615	7 766	7 918	8 061
Consommation	kt	38 509	39 057	38 492	38 993	39 167	39 432	39 613	39 571	39 950	40 321	40 596
alimentation humaine	kt	31 656	32 568	32 185	32 702	32 909	33 210	33 446	33 529	33 905	34 329	34 655
transformation industrielle	kt	6 097	5 961	5 779	5 763	5 729	5 695	5 639	5 514	5 516	5 464	5 413
FARINE DE POISSON												
Monde												
Production	kt	4 666.3	4 701.3	4 518.7	4 840.2	4 913.2	4 986.3	5 009.3	4 728.6	4 950.5	5 072.2	5 100.4
à partir de poisson entier	kt	3 446.2	3 433.0	3 239.1	3 535.8	3 592.0	3 646.3	3 647.7	3 359.1	3 556.9	3 661.9	3 673.0
Consommation	kt	4 872.8	4 782.4	4 573.8	4 600.9	4 863.0	4 936.0	5 067.8	4 971.4	4 693.7	5 045.9	5 074.1
Variation de stocks	kt	-206.5	-81.1	-55.1	239.3	50.2	50.3	-58.6	-242.8	256.8	26.4	26.3
Prix[4]	USD/t	1 674.3	1 574.5	1 547.9	1 296.7	1 323.1	1 370.7	1 387.1	1 565.4	1 459.2	1 487.5	1 520.3
Pays développés												
Production	kt	1 316.5	1 377.3	1 394.5	1 397.0	1 395.9	1 398.2	1 398.7	1 405.2	1 399.0	1 402.7	1 406.5
à partir de poisson entier	kt	977.3	978.0	979.3	971.5	962.5	951.0	940.1	939.3	921.9	916.2	910.3
Consommation	kt	1 689.2	1 502.1	1 411.8	1 422.3	1 474.6	1 453.7	1 457.7	1 385.6	1 288.0	1 377.8	1 381.1
Variation de stocks	kt	11.7	-42.4	-6.1	24.3	0.2	0.3	-28.6	19.2	14.8	1.4	1.3
Pays en développement												
Production	kt	3 349.8	3 324.0	3 124.2	3 443.2	3 517.3	3 588.1	3 610.6	3 323.5	3 551.5	3 669.5	3 693.9
à partir de poisson entier	kt	2 469.0	2 455.0	2 259.9	2 564.3	2 629.4	2 695.3	2 707.5	2 419.8	2 635.1	2 745.7	2 762.7
Consommation	kt	3 183.6	3 280.3	3 162.0	3 178.6	3 388.5	3 482.3	3 610.1	3 585.8	3 405.7	3 668.0	3 693.0
Variation de stocks	kt	-218.2	-38.7	-49.0	215.0	50.0	50.0	-30.0	-262.0	242.0	25.0	25.0
OCDE												
Production	kt	1 684.8	1 760.4	1 737.0	1 745.8	1 748.7	1 757.2	1 758.0	1 739.8	1 754.0	1 754.4	1 755.1
à partir de poisson entier	kt	1 327.1	1 351.9	1 312.6	1 311.0	1 306.1	1 300.8	1 290.2	1 264.7	1 267.7	1 258.6	1 249.8
Consommation	kt	1 913.6	1 735.2	1 628.8	1 662.7	1 728.8	1 720.4	1 736.7	1 650.6	1 542.2	1 660.9	1 672.6
Variation de stocks	kt	-30.1:	-53.1:	-18.1:	34.3:	0.2:	0.3:	-28.6:	8.2:	25.8:	1.4:	1.3

StatLink http://dx.doi.org/10.1787/888933233201

Tableau 3.A1.7. **Projections mondiales de la pêche et l'aquaculture** *(suite)*

Année civile

		Moyenne 2012-14est	2015	2016	2017	2018	2019	2020	2021	2022	2023	2024
HUILE DE POISSON												
Monde												
Production	kt	951.7	1 021.3	974.2	1 036.3	1 048.3	1 063.2	1 065.3	1 006.7	1 049.0	1 071.1	1 074.3
à partir de poisson entier	kt	575.3	600.4	552.3	610.5	618.4	625.9	622.5	559.7	597.2	614.4	612.7
Consommation	kt	996.3	1 039.9	1 029.9	942.0	1 049.2	1 064.0	1 066.0	1 102.5	954.2	1 071.6	1 074.8
Variation de stocks	kt	-44.6	-18.7	-55.6	94.3	-0.9	-0.8	-0.7	-95.8	94.8	-0.5	-0.5
Prix[5]	USD/t	1 951.3	1 731.1	1 661.1	1 571.5	1 575.9	1 608.8	1 639.0	1 823.1	1 700.1	1 727.0	1 754.5
Pays développés												
Production	kt	418.7	460.0	459.0	458.9	461.0	465.8	468.4	471.6	472.1	474.9	477.8
à partir de poisson entier	kt	173.8	181.1	179.3	175.6	173.7	171.4	168.8	168.1	164.1	162.3	160.5
Consommation	kt	596.4	661.9	654.5	565.6	630.6	631.1	624.6	660.2	535.1	604.5	599.5
Variation de stocks	kt	11.1	-9.7	-23.6	22.3	-0.9	-0.8	-0.7	-23.8	22.8	-0.5	-0.5
Pays en développement												
Production	kt	533.0	561.3	515.3	577.4	587.4	597.5	596.9	535.1	576.9	596.1	596.5
à partir de poisson entier	kt	401.5	419.3	373.0	434.9	444.7	454.5	453.6	391.6	433.2	452.1	452.2
Consommation	kt	399.9	378.0	375.3	376.4	418.6	432.9	441.3	442.4	419.1	467.1	475.2
Variation de stocks	kt	-55.7	-9.0	-32.0	72.0	0.0	0.0	0.0	-72.0	72.0	0.0	0.0
OCDE												
Production	kt	554.7	614.9	606.1	608.6	610.4	615.3	617.4	614.9	619.5	621.4	623.4
à partir de poisson entier	kt	268.7	286.4	276.5	275.3	273.0	270.6	267.2	260.5	260.4	257.5	254.7
Consommation	kt	747.4	806.1	792.4	702.0	783.4	786.6	781.0	810.3	674.8	760.1	753.8
Variation de stocks	kt	10.7	-23.5	-30.6	29.3	-0.9	-0.8	-0.7	-30.8	29.8	-0.5	-0.5

Note : Sous la terminologie "produits de la pêche et aquaculture" sont compris les poissons, les crustacés, les mollusques et autres animaux marins, mais sont exclus les mammifères marins, les crocodiles, caïmans, aligators et les plantes aquatiques.
Moyenne 2012-14est : Les données pour 2014 sont estimées.

1. Valeur unitaire mondiale de la production de poissons issue de l'aquaculture (base poids vivant).
2. La valeur de la production de poissons pêchés est estimée par la FAO, déduction faite des poissons utilisés pour réduction.
3. Valeur unitaire mondiale des échanges (somme des importations et des exportations).
4. Farine de poisson, protéine 64-65% , Hambourg, Allemagne.
5. Huile de poisson, sans origine, N.O. Europe.

Source : OCDE/FAO (2015), « Perspectives Agricoles de l'OCDE et de la FAO », *Statistiques agricoles de l'OCDE* (base de données). doi: dx.doi.org/10.1787/agr-outl-data-fr

StatLink http://dx.doi.org/10.1787/888933233201

Tableau 3.A1.8. **Projections mondiales des biocarburants: Éthanol**

	PRODUCTION (mln L)		Croissance (%)[1]	CONSOMMATION (mln L)		Croissance (%)[1]	UTILISATION EN CARBURANT (mln L)		Croissance (%)[1]	PART DANS L'UTILISATION DE L'ESSENCE (%)				ÉCHANGES NETS (mln L)[2]	
										Part en énergie		Part en volume			
	Moyenne 2012-14est	2024	2015-24	Moyenne 2012-14est	2024	2015-24	Moyenne 2012-14est	2024	2015-24	Moyenne 2012-14est	2024	Moyenne 2012-14est	2024	Moyenne 2012-14est	2024
AMÉRIQUE DU NORD															
Canada	1 853	2 039	0.08	2 880	3 034	0.52	2 880	3 034	0.52	4.7	5.1	6.8	7.4	-1 027	-996
États-Unis	53 961	56 691	0.04	52 499	55 063	0.05	51 452	53 447	-0.07	6.7	7.2	9.7	10.4	1 416	1 621
dont seconde génération	0	1 273	..	..	..	..	..	..	..	..	..	..	..	..	..
EUROPE															
Union européenne	6 896	9 491	2.19	7 783	11 074	3.51	5 419	8 568	4.78	3.1	5.4	4.5	7.8	-887	-1 583
dont seconde génération	67	430	..	..	..	..	..	..	..	..	..	..	..	..	..
PAYS D'OCÉANIE DÉVELOPPÉS															
Australie	340	348	0.05	327	347	0.05	327	347	0.05	1.0	1.0	1.4	1.5	13	0
AUTRES PAYS DÉVELOPPÉS															
Japon	356	361	0.00	1 338	1 774	1.50	887	1 298	2.11	0.0	0.0	0.0	0.0	-982	-1 413
Afrique du Sud	265	466	6.53	87	263	11.22	46	222	15.53	..	..	..	..	179	203
AFRIQUE SUB-SAHARIENNE															
Mozambique	92	128	0.67	126	160	2.27	70	103	3.69	..	..	..	..	-34	-33
Tanzanie	145	195	0.39	199	254	2.35	110	163	3.82	..	..	..	..	-53	-59
AMÉRIQUE LATINE ET CARAÏBES															
Argentine	664	1 750	6.21	598	1 130	3.65	495	1 023	4.13	4.1	7.9	5.9	11.3	65	620
Brésil	26 566	42 482	3.71	24 367	38 968	3.13	22 600	36 890	3.26	37.7	45.0	47.5	55.0	2 199	3 514
Colombie	417	536	3.01	531	695	2.96	460	621	3.33	..	..	..	..	-114	-159
Mexique	84	227	9.19	285	533	3.06	0	0	..	0.0	0.0	0.0	0.0	-200	-306
Pérou	361	377	0.38	331	368	1.63	234	283	2.14	..	..	..	..	29	9
ASIE ET PACIFIQUE															
Chine	8 064	8 898	1.54	8 185	9 334	2.10	5 294	6 153	2.16	3.0	1.9	4.4	2.7	-121	-436
Inde	2 081	2 317	0.14	1 943	2 426	1.37	1 138	1 595	2.10	..	..	..	..	138	-109
Indonésie	197	207	0.66	156	209	1.31	108	157	1.75	..	..	..	..	41	-2
Malaisie	0	0	-0.01	0	0	1.26	0	0	2.30	..	..	..	..	0	0
Philippines	191	294	0.64	519	736	2.43	462	663	2.71	..	..	..	..	-328	-442
Thaïlande	1 242	2 323	5.09	1 092	2 100	4.71	984	1 980	5.08	..	..	..	..	150	223
Turquie	104	118	0.24	160	170	1.08	105	117	1.57	..	..	..	..	-55	-52
Vietnam	448	582	2.74	357	475	2.47	254	380	3.15	..	..	..	..	91	108
TOTAL	**108 197**	**134 436**	**1.57**	**107 771**	**134 118**	**1.58**	**93 777**	**117 522**	**1.57**	**7.0**	**7.8**	**10.1**	**11.3**	**5 667**	**4 300**

.. Non disponible

Note : Moyenne 2012-14est : Les données pour 2014 sont estimées.

1. Taux de croissance des moindres carrés (voir glossaire).
2. Pour le total des échanges nets, la somme de toutes les positions positives des échanges nets.

Source : OCDE/FAO (2015), « Perspectives Agricoles de l'OCDE et de la FAO », *Statistiques agricoles de l'OCDE* (base de données). doi: dx.doi.org/10.1787/agr-outl-data-fr

StatLink http://dx.doi.org/10.1787/888933233217

Tableau 3.A1.9. **Projections mondiales des biocarburants: Biodiesel**

	PRODUCTION (mln L)		Croissance (%)[1]	CONSOMMATION (mln L)		Croissance (%)[1]	PART DANS L'UTILISATION DU DIESEL (%)				ÉCHANGES NETS (mln L)[2]	
							Part en énergie		Part en volume			
	Moyenne 2012-14est	2024	2015-24	Moyenne 2012-14est	2024	2015-24	Moyenne 2012-14est	2024	Moyenne 2012-14est	2024	Moyenne 2012-14est	2024
AMÉRIQUE DU NORD												
Canada	392	486	0.33	538	794	1.56	1.9	2.1	2.1	2.3	-145	-308
États-Unis	5 149	4 723	0.41	5 719	6 633	2.19	2.3	2.4	2.5	2.6	-570	-1 910
EUROPE												
Union européenne	11 599	13 120	0.27	13 014	13 452	-0.34	5.3	5.9	5.7	6.4	-1 415	-332
dont seconde génération	52	185	..	..	..	..	..	..	..	..	..	..
PAYS D'OCÉANIE DÉVELOPPÉS												
Australie	63	280	11.96	72	276	11.04	0.3	1.1	0.3	1.2	-9	4
AUTRES PAYS DÉVELOPPÉS												
Afrique du Sud	77	268	17.55	77	268	17.55	..	..	..	..	0	0
AFRIQUE SUB-SAHARIENNE												
Mozambique	74	78	-0.07	29	42	3.70	..	..	..	..	45	37
Tanzanie	63	101	4.70	6	38	14.97	..	..	..	..	56	63
AMÉRIQUE LATINE ET CARAÏBES												
Argentine	2 565	2 923	1.17	1 043	1 429	0.62	6.7	9.5	7.3	10.3	1 522	1 494
Brésil	3 118	5 094	1.23	3 119	5 070	1.19	4.9	6.5	5.3	7.0	-1	24
Colombie	666	968	3.34	665	968	3.37	..	..	..	..	1	0
Pérou	98	108	0.03	275	272	1.57	..	..	..	..	-177	-165
ASIE ET PACIFIQUE												
Inde	300	792	12.89	433	900	8.65	..	..	..	..	-133	-108
Indonésie	2 044	6 789	7.62	1 007	5 638	9.92	..	..	..	..	1 037	1 151
Malaisie	240	619	5.42	105	294	11.28	..	..	..	..	135	325
Philippines	187	281	2.04	187	281	2.04	..	..	..	..	0	0
Thaïlande	944	1 001	1.01	944	1 001	1.01	..	..	..	..	0	0
Turquie	13	14	0.88	13	14	0.92	..	..	..	..	0	0
Vietnam	28	145	10.02	28	145	10.14	..	..	..	..	0	0
TOTAL	**27 913**	**38 569**	**2.13**	**27 568**	**38 297**	**2.14**	**3.2**	**3.6**	**3.5**	**4.0**	**1 795**	**1 700**

.. Non disponible

Note : Moyenne 2012-14est : Les données pour 2014 sont estimées.

1. Taux de croissance des moindres carrés (voir glossaire).
2. Pour le total des échanges nets, la somme de toutes les positions positives des échanges nets.

Source : OCDE/FAO (2015), « Perspectives Agricoles de l'OCDE et de la FAO », *Statistiques agricoles de l'OCDE* (base de données). doi: dx.doi.org/10.1787/agr-outl-data-fr

StatLink http://dx.doi.org/10.1787/888933233224

Tableau 3.A1.10. **Projections mondiales du coton**

Année commerciale

		Moyenne 2012-14est	2015	2016	2017	2018	2019	2020	2021	2022	2023	2024
MONDE												
Production	Mt	26.0	25.1	25.1	25.4	26.0	26.6	27.3	28.0	28.6	29.3	29.9
Surface	Mha	33.2	32.7	32.6	32.7	33.0	33.3	33.8	34.2	34.6	35.0	35.3
Rendements	t/ha	0.71	0.77	0.77	0.78	0.79	0.80	0.81	0.82	0.83	0.84	0.85
Consommation	Mt	23.8	25.7	26.3	26.8	27.3	27.7	28.2	28.7	29.2	29.8	30.4
Exportations	Mt	8.8	8.0	8.4	8.6	8.8	9.1	9.4	9.7	10.0	10.3	10.5
Stocks, fin de période	Mt	19.2	20.6	19.6	18.4	17.3	16.3	15.6	15.1	14.7	14.4	14.0
Prix[1]	USD/t	1 830.6	1 377.3	1 396.5	1 472.6	1 551.9	1 678.2	1 718.3	1 709.1	1 713.3	1 725.6	1 754.9
PAYS DÉVELOPPÉS												
Production	Mt	6.1	5.7	5.6	5.6	5.7	5.8	6.0	6.2	6.3	6.4	6.5
Consommation	Mt	1.7	1.8	1.9	1.9	1.9	1.9	1.9	1.9	2.0	2.0	2.0
Exportations	Mt	4.8	4.1	4.2	4.2	4.2	4.3	4.4	4.5	4.6	4.7	4.8
Importations	Mt	0.3	0.4	0.3	0.3	0.3	0.3	0.3	0.3	0.3	0.3	0.3
Stocks, fin de période	Mt	1.7	1.9	1.8	1.7	1.7	1.6	1.7	1.7	1.8	1.8	1.8
PAYS EN DÉVELOPPEMENT												
Production	Mt	20.0	19.5	19.6	19.9	20.3	20.8	21.3	21.9	22.3	22.8	23.3
Consommation	Mt	22.1	23.9	24.5	25.0	25.4	25.9	26.3	26.8	27.3	27.8	28.3
Exportations	Mt	4.0	3.9	4.3	4.4	4.6	4.8	5.0	5.2	5.4	5.6	5.8
Importations	Mt	8.4	7.7	8.1	8.3	8.5	8.8	9.1	9.4	9.7	10.0	10.3
Stocks, fin de période	Mt	17.5	18.7	17.8	16.7	15.6	14.7	14.0	13.4	12.9	12.5	12.2
OCDE[2]												
Production	Mt	5.4	5.1	5.1	5.1	5.3	5.3	5.5	5.6	5.7	5.9	6.0
Consommation	Mt	3.2	3.4	3.4	3.4	3.4	3.3	3.3	3.4	3.4	3.4	3.4
Exportations	Mt	3.8	3.3	3.5	3.5	3.5	3.6	3.6	3.7	3.8	4.0	4.1
Importations	Mt	1.6	1.7	1.6	1.6	1.6	1.6	1.5	1.5	1.5	1.5	1.5
Stocks, fin de période	Mt	1.8	2.2	2.1	1.9	1.9	1.9	1.9	2.0	2.0	2.1	2.1

Note : Année commerciale : Voir le glossaire terminologique pour les définitions.
Moyenne 2012-14est : Les données pour 2014 sont estimées.

1. Indice Cotlook A, Middling 1 3/32", coût et fret hors assurance, ports d'extrême Orient (août/juillet).
2. Exclut l'Islande mais comprend l'ensemble des 28 membres de l'Union européenne.

Source : OCDE/FAO (2015), « Perspectives Agricoles de l'OCDE et de la FAO », *Statistiques agricoles de l'OCDE* (base de données). doi: dx.doi.org/10.1787/agr-outl-data-fr

StatLink http://dx.doi.org/10.1787/888933233231

ÉDITIONS OCDE, 2, rue André-Pascal, 75775 PARIS CEDEX 16
(51 2015 02 2 P) ISBN 978-92-64-23209-9 – 2015-17

www.ingramcontent.com/pod-product-compliance
Lightning Source LLC
LaVergne TN
LVHW081403110826
845149LV00010B/1652

* 9 7 8 9 2 6 4 2 3 2 0 9 9 *